KUKA 工业机器人应用工程师系列

KUKA 工业机器人仿真
操作与应用技巧

林　祥　编著

机 械 工 业 出 版 社

本书以 KUKA 工业机器人官方虚拟仿真软件 KUKA.Sim Pro 3.1 为对象，采用图文结合的方式对 KUKA.Sim Pro 软件进行全面系统的介绍。本书先从软件安装、功能模块、对接面板组、基本操作、文件管理等方面对软件总体进行认识，到布局的创建、机器人示教与编程、设备组合管理、AGV 应用、搭建机器人工作站，运用设备组件快速搭建和测试多种设备的协同作业，再到使用任务管理进行工作站布局和工艺工序管理，并利用工程图制作将 3D 视图中的布局按比例生成二维图形，便于现场施工安装，其中还介绍了组件建模创建自定义的机械装置，与西门子 S7-1500 和 TwinCAT PLC 连通进行虚拟仿真调试应用以及用户定制设置等功能，最后通过机器人拆垛与码垛工作站和机器人焊接、机床上下料、码垛流水线两个完整案例进行实际仿真应用。

本书通俗易懂，循序渐进，实用性强，同时为了帮助读者学习，本书配套的部分学习资源包含模型素材、涉及实操部分的完整虚拟仿真工作站，可通过手机扫描前言中的二维码下载获取。本书既可以作为工业机器人相关专业的教学及参考书，又可以作为工业机器人培训机构用书，同时也可以作为工业机器人设计人员、调试人员、操作人员、相关专业的技术人员及爱好者的参考用书。

图书在版编目（CIP）数据

KUKA工业机器人仿真操作与应用技巧/林祥编著. —北京：机械工业出版社，2023.1
（KUKA工业机器人应用工程师系列）
ISBN 978-7-111-72103-1

Ⅰ．①K… Ⅱ．①林… Ⅲ．①工业机器人—计算机仿真 Ⅳ．①TP242.2

中国国家版本馆CIP数据核字（2022）第220180号

机械工业出版社（北京市百万庄大街22号 邮政编码100037）
策划编辑：周国萍　　　　责任编辑：周国萍　王　春
责任校对：张晓蓉　张　薇　责任印制：常天培
天津嘉恒印务有限公司印刷
2023年2月第1版第1次印刷
184mm×260mm · 17印张 · 405千字
标准书号：ISBN 978-7-111-72103-1
定价：69.00元

电话服务　　　　　　　　网络服务
客服电话：010-88361066　机　工　官　网：www.cmpbook.com
　　　　　010-88379833　机　工　官　博：weibo.com/cmp1952
　　　　　010-68326294　金　书　网：www.golden-book.com
封底无防伪标均为盗版　　机工教育服务网：www.cmpedu.com

前　言

随着工业机器人在我国的大量应用，工业机器人的离线三维仿真技术已成为技术人员必须掌握的技能。1959 年，第一台工业机器人诞生，最初使用的是示教编程。示教编程是通过示教器直接控制工业机器人移动，变换其姿态和位置，记录其移动轨迹，改变并调节速度和运动方式。利用示教器上的操作手柄或者操作按键，可以很直观地看到工业机器人每个轴或者每个关节的运动姿态和速度；但示教编程要求现场作业，编程工作量比较大，效率低，无法通过模拟的方式验证方案的可行性，同时也无法获得准确的周期时间。运用离线三维仿真软件，可以远离操作现场和工作环境进行机器人仿真、轨迹编程和轨迹程序的输出，同时它围绕一个离线的三维世界进行模拟，在这个三维世界中模拟现实中的工业机器人和周边设备的布局，通过其中的示教器示教，进一步模拟运动轨迹。通过这样的模拟可以验证方案的可行性，同时获得准确的周期时间。

KUKA.Sim Pro 是用于 KUKA 工业机器人高效离线编程的智能模拟软件，使用 KUKA.Sim Pro 软件可以在生产环境之外轻松快速地优化设备和工业机器人的使用情况。KUKA.Sim Pro 软件在将设备投入运行之前，可以先以虚拟形式让工业机器人应用栩栩如生，实时显示离线编程的工业机器人运动流程，并从节拍时间方面对其进行分析和优化，可以通过可达性检查和碰撞识别等功能来确保机器人程序和工作单元布局可以实现。这种数字化模拟提供了非常高的生产流程规划可靠性，同时成本更低、所需操作更少，并使生产停机时间尽可能短。

KUKA.Sim Pro 模拟生产流程具有显著优点，可通过虚拟方式快速、轻松、个性化地进行设备和工业机器人方案的规划；协助销售，以专业的方式将解决方案呈现给终端客户，进而提升销售达标率；以精准的节拍时间事先规划设备方案，提升规划安全性和竞争力。

本书以 KUKA 工业机器人官方虚拟仿真软件 KUKA.Sim Pro 3.1 为对象，采用图文结合的方式对 KUKA.Sim Pro 软件进行全面系统的介绍。本书先从软件安装、功能模块、对接面板组、基本操作、文件管理等方面对软件总体进行认识，到布局的创建、机器人示教与编程、设备组合管理、AGV 应用、搭建机器人工作站，运用设备组件快速搭建和测试多种设备的协同作业，再到使用任务管理进行工作站布局和工艺工序管理，并利用工程图制作将 3D 视图中的布局按比例生成二维图形，便于现场施工安装，其中还介绍了组件建模创建自定义的机械装置，与西门子 S7-1500 和 TwinCAT PLC 连通进行虚拟仿真调试应用，以及用户定制设置等功能，最后通过机器人拆垛与码垛工作站和机器人焊接、上下料、码垛流水线两个完整案例进行实际仿真应用。

本书由林祥编著。本书赠送配套的模型素材、涉及实操部分的完整虚拟仿真工作站，可通过手机扫描下面的二维码下载获取。编著者虽然尽力使内容清晰准确，但肯定还会有不足之处，欢迎读者提出宝贵的意见和建议。

编著者

目　录

前　言

第 1 章　KUKA.Sim Pro 3.1 基础 ············· 1

1.1　KUKA.Sim Pro 的特点 ················· 1

1.2　安装要求 ····························· 2

　　1.2.1　计算机最低配置 ················· 2

　　1.2.2　计算机推荐配置 ················· 3

1.3　软件安装 ····························· 3

1.4　许可授权 ····························· 6

　　1.4.1　独立许可证 ····················· 6

　　1.4.2　浮动许可证 ····················· 8

　　1.4.3　试用许可证 ···················· 10

1.5　功能模块 ··························· 10

　　1.5.1　"开始"选项卡 ·················· 11

　　1.5.2　快速访问工具栏 ················ 11

　　1.5.3　仿真控制器 ···················· 12

　　1.5.4　迷你工具栏 ···················· 14

　　1.5.5　"建模"选项卡 ·················· 14

　　1.5.6　"程序"选项卡 ·················· 15

　　1.5.7　"图纸"选项卡 ·················· 16

　　1.5.8　"帮助"选项卡 ·················· 16

1.6　对接面板组 ························· 16

　　1.6.1　"电子目录"面板 ················ 16

　　1.6.2　"单元组件类别"面板 ············ 17

　　1.6.3　"组件属性"面板 ················ 18

　　1.6.4　"输出"面板 ···················· 20

　　1.6.5　"作业图"面板 ·················· 20

　　1.6.6　"点动"面板 ···················· 22

　　1.6.7　面板定位操作 ·················· 23

1.7　基本操作 ··························· 23

　　1.7.1　导入组件 ······················ 23

　　1.7.2　选择组件 ······················ 25

　　1.7.3　变换视图方位 ·················· 27

　　1.7.4　变换组件显示方式 ·············· 29

　　1.7.5　移动和旋转组件 ················ 33

　　1.7.6　与组件交互 ···················· 34

　　1.7.7　示教与编程 ···················· 35

　　1.7.8　运行仿真 ······················ 38

　　1.7.9　修改运动语句 ·················· 38

1.8　文件管理 ··························· 39

　　1.8.1　"文件"选项卡 ·················· 39

　　1.8.2　新建布局 ······················ 39

　　1.8.3　保存布局 ······················ 40

　　1.8.4　打开布局 ······················ 42

　　1.8.5　导出布局 ······················ 43

1.9　编辑来源并添加收藏 ··············· 43

第 2 章　布局的创建 ···················· 46

2.1　给组件添加依附关系 ··············· 46

2.2　坐标之间的关系 ···················· 47

2.3　添加并验证依附关系 ··············· 48

2.4　捕捉对象 ··························· 48

2.5　将工件依附到定位器上 ············· 50

2.6　将物料依附到物料箱里 ············· 51

2.7　组件的物理连接 ···················· 53

　　2.7.1　将机器人放置到基座上 ·········· 53

　　2.7.2　传送带与供料器连接 ············ 54

2.8　组件的信号连接 ···················· 55

2.9　组件的远程连接 ···················· 58

第 3 章　机器人示教与编程 ············· 61

3.1　机器人吸取和释放工件 ············· 61

　　3.1.1　导入组件并定位 ················ 61

　　3.1.2　设置吸盘控制 ·················· 62

　　3.1.3　设置坐标系 ···················· 62

　　3.1.4　编制程序 ······················ 62

　　3.1.5　要点提示 ······················ 64

3.2　机器人抓取和释放工作 ············· 66

3.2.1　导入组件并定位 ················ 66
3.2.2　设置夹爪控制 ·················· 66
3.2.3　设置坐标 ····················· 66
3.2.4　编制程序 ····················· 67
3.2.5　设置延时等待 ·················· 68
3.2.6　要点提示 ····················· 68
3.3　两个机器人交替进行焊接加工 ····· 69
3.3.1　导入组件并定位 ················ 69
3.3.2　设置坐标 ····················· 70
3.3.3　编制程序 ····················· 70
3.3.4　连接信号端口 ·················· 71
3.3.5　设置机器人输入输出信号 ······· 71
3.4　机器人运动轨迹跟踪 ············ 72
3.5　机器人焊接轨迹跟踪 ············ 73
3.5.1　导入布局 ····················· 73
3.5.2　设置坐标 ····················· 73
3.5.3　编制程序 ····················· 74
3.5.4　跟踪焊接轨迹 ·················· 74
3.6　更换机器人与碰撞检测 ·········· 75
3.6.1　导入组件并定位 ················ 75
3.6.2　设置吸盘控制 ·················· 75
3.6.3　设置坐标 ····················· 75
3.6.4　连接信号端口 ·················· 76
3.6.5　编制主程序 ···················· 76
3.6.6　插入子程序 ···················· 77
3.6.7　更换机器人 ···················· 78
3.6.8　碰撞检测 ····················· 78
3.6.9　要点提示 ····················· 79
3.7　使用分度工作台 ················ 80
3.7.1　导入组件并定位 ················ 80
3.7.2　设置吸盘控制 ·················· 81
3.7.3　设置坐标 ····················· 81
3.7.4　连接信号端口 ·················· 81
3.7.5　编辑程序 ····················· 82
3.8　安装和拆卸工具 ················ 84
3.8.1　导入组件并定位 ················ 84
3.8.2　设置夹爪控制 ·················· 85
3.8.3　安装夹爪工具 ·················· 85

3.8.4　抓取和释放立方块 ·············· 86
3.8.5　拆卸夹爪工具 ·················· 89
3.8.6　安装三角夹爪工具 ·············· 90
3.8.7　抓取和释放圆柱 ················ 91
3.8.8　拆卸三角夹爪工具 ·············· 92
3.9　机器人离线编程 ················ 93
3.9.1　导入组件 ····················· 93
3.9.2　编制程序 ····················· 93
3.9.3　导出机器人程序 ················ 94

第4章　设备组合管理：多工位机床上下料 ·· 96
4.1　查找组件 ····················· 96
4.2　组件特性 ····················· 97
4.2.1　进料口 ······················ 97
4.2.2　出料口 ······················ 97
4.2.3　机器人管理器 ·················· 98
4.2.4　资源管理器 ···················· 99
4.2.5　加工设备 ···················· 100
4.3　建立布局 ···················· 102
4.4　配置布局 ···················· 103
4.5　测试布局 ···················· 104
4.6　使用产品筛选器 ··············· 104
4.7　拾取和放置打包的组件 ········· 105
4.8　用托盘运送组件 ··············· 106

第5章　任务管理：搬运分拣 ········· 107
5.1　查找组件 ···················· 107
5.2　组件特性 ···················· 108
5.2.1　任务处理器 ··················· 108
5.2.2　操作人员 ···················· 117
5.2.3　操作位置 ···················· 117
5.2.4　机器人控制器 ················· 117
5.2.5　任务控制器 ··················· 117
5.3　工件转运管理 ················· 118
5.3.1　导入组件并定位 ··············· 118
5.3.2　在"Works Process"中设定任务 ····· 118
5.3.3　在"Works Process #2"中设定任务 ··· 119
5.3.4　给机器人设定任务 ············· 120
5.3.5　在"Works Process #3"中设定任务 ··· 120
5.3.6　修改已设定的任务 ············· 122

5.4 工艺工序管理 ······ 123
　5.4.1 导入组件并定位 ······ 123
　5.4.2 在"Works Process"中设定任务 ····· 124
　5.4.3 在"Works Process #2"中设定任务 ····· 124
　5.4.4 给"Works Human Resource"
　　　　设定任务 ······ 125
　5.4.5 在"Labor resource location"
　　　　中设定任务 ······ 125
　5.4.6 在"Works Process #3"中设定任务 ··· 126
　5.4.7 在"Works Process #4"中设定任务 ··· 127
　5.4.8 在"Works Process #5"中设定任务 ··· 128
　5.4.9 在"Works Process #6"中设定任务 ··· 129
　5.4.10 给机器人设定任务 ······ 130

第 6 章　AGV 应用 ······ 131
6.1 查找组件 ······ 131
6.2 创建服务区域 ······ 131
6.3 添加控制器和小车 ······ 132
6.4 定义装载与卸料位置 ······ 133
6.5 定义装载计数和堆垛高度 ······ 134
6.6 添加和使用车厢 ······ 135
6.7 定义充电站和充电间隔 ······ 136
6.8 设定运行路线 ······ 137
6.9 定义装载序列 ······ 137
6.10 定义等待位置 ······ 139

第 7 章　工程图制作 ······ 141
7.1 创建布局 ······ 141
7.2 使用模板 ······ 143
7.3 添加视图 ······ 144
7.4 添加尺寸和注释 ······ 146
　7.4.1 添加尺寸 ······ 146
　7.4.2 添加注释 ······ 147
7.5 打印和导出图纸 ······ 148
　7.5.1 打印图纸 ······ 148
　7.5.2 导出图纸 ······ 148
7.6 创建图纸的主要设置 ······ 149

第 8 章　组件建模应用 ······ 150
8.1 组件结构 ······ 150

　8.1.1 节点 ······ 151
　8.1.2 属性 ······ 151
　8.1.3 特征 ······ 151
　8.1.4 行为 ······ 151
8.2 创建根节点和特征 ······ 152
8.3 变换特征 ······ 152
　8.3.1 创建和分配属性 ······ 152
　8.3.2 创建和应用操作特征 ······ 153
8.4 保存组件 ······ 154
8.5 创建和连接行为 ······ 154
　8.5.1 创建行为 ······ 155
　8.5.2 连接行为 ······ 156
8.6 创建行为的位置 ······ 157
　8.6.1 创建参考点 ······ 157
　8.6.2 创建和定义路径 ······ 158
　8.6.3 切换行为端口连接 ······ 158
8.7 物理连接组件 ······ 159
　8.7.1 创建接口节段和字段 ······ 159
　8.7.2 连接接口 ······ 160
8.8 创建双向路径组件 ······ 161
　8.8.1 创建新组件 ······ 161
　8.8.2 创建参考点 ······ 161
　8.8.3 定义双向路径 ······ 162
　8.8.4 创建输入接口 ······ 162
　8.8.5 创建输出接口 ······ 163
　8.8.6 连接组件 ······ 164
8.9 组件的结构 ······ 165

第 9 章　与 PLC 和 KUKA.OfficeLite
　　　　连通调试 ······ 167
9.1 启用连通性功能 ······ 167
9.2 创建布局 ······ 167
9.3 连接至 TwinCAT PLC ······ 168
　9.3.1 在 TwinCAT 中编写 PLC 程序 ······ 168
　9.3.2 连接模拟器与服务器 ······ 172
　9.3.3 变量配对 ······ 173
　9.3.4 实现 PLC 控制 ······ 175
9.4 连接至西门子仿真 PLC ······ 177
　9.4.1 在西门子博途中创建项目 ······ 177

9.4.2 创建虚拟 PLC ·········· 181
9.4.3 下载 PLC 程序至虚拟 PLC ····· 181
9.4.4 连接模拟器与服务器 ······ 183
9.4.5 变量配对 ·············· 184
9.4.6 实现 PLC 控制 ·········· 186
9.5 与 KUKA.OfficeLite 连接应用 ····· 186
9.5.1 物理主机的设置 ·········· 187
9.5.2 KUKA.OfficeLite 中安装
VRC Interface ········ 188
9.5.3 物理主机和虚拟机之间的通信 ··· 189
9.5.4 设置物理主机和虚拟机 hosts 文件 · 192
9.5.5 KUKA.Sim Pro 与 KUKA.OfficeLite
连接 ··············· 194
9.5.6 KUKA.Sim pro 与 KUKA.OfficeLite
程序同步运行 ········ 197

第 10 章 用户定制设置 ·········· 200
10.1 个性化偏好设置 ·········· 200
10.2 定制快速访问工具栏 ········ 201
10.3 下载本地副本 ············ 202
10.4 定制收藏 ·············· 203
10.5 定制收藏组 ············· 204
10.6 自定义智能收藏 ·········· 205
10.7 编辑 / 查看元数据 ········· 206
10.8 项目元数据详细信息 ······· 207
10.9 将仿真导出为图像 ········· 208
10.10 将仿真录制为视频 ········ 209
10.11 将仿真录制为动画 ········ 210
10.12 将 3D 视图打印输出 ······ 210

第 11 章 机器人拆垛与码垛工作站 ····· 212
11.1 导入组件并定位 ·········· 213
11.2 在 "Works Process" 中设定任务 ·· 214
11.3 在 "Works Process #2" 中设定任务 · 215
11.4 在 "Works Process #3" 中设定任务 · 215
11.5 连接信号端口 ············ 215
11.6 编制机器人程序 ·········· 217
11.6.1 控制传送带停止程序 ······ 217
11.6.2 第一个箱体吸取和放置程序 ··· 217

11.6.3 第一行拆垛与码垛程序 ····· 222
11.6.4 第一层拆垛与码垛程序 ····· 223
11.6.5 第三层拆垛与码垛程序 ····· 226
11.6.6 循环执行拆垛与码垛 ······ 227

第 12 章 机器人焊接、机床上下料、
码垛流水线 ·········· 230
12.1 自动出料工序 ············ 230
12.1.1 导入组件并定位 ········· 230
12.1.2 设置组件属性和任务 ······ 231
12.2 人工上料工序 ············ 232
12.2.1 导入组件并定位 ········· 232
12.2.2 设置组件任务 ·········· 233
12.3 机器人 1 焊接工序 ········· 234
12.3.1 导入组件并定位 ········· 234
12.3.2 设置组件任务 ·········· 235
12.3.3 编制机器人焊接程序 ······ 235
12.3.4 跟踪焊接轨迹 ·········· 238
12.4 机器人 2 机床上下料工序 ····· 239
12.4.1 导入组件并定位 ········· 239
12.4.2 设置组件任务 ·········· 240
12.4.3 任务处理器之间的信号传递 ·· 243
12.4.4 机器人轨迹优化 ········· 244
12.5 机器人 3 码垛工序 ········· 245
12.5.1 导入组件并定位 ········· 245
12.5.2 设置组件任务 ·········· 246
12.5.3 添加其他组件 ·········· 248

附录 ····················· 249
附录 A "开始"选项卡命令详解表 ··· 249
附录 B 仿真设置功能详解表 ······ 251
附录 C "建模"选项卡命令详解表 ··· 251
附录 D "程序"选项卡命令详解表 ··· 254
附录 E "图纸"选项卡命令详解表 ··· 256
附录 F "帮助"选项卡命令详解表 ··· 257
附录 G "文件"选项卡功能详解表 ··· 258
附录 H "连通性"选项卡命令详解表 · 258
附录 I 本软件支持的 CAD 文件 ···· 259
附录 J 快捷键详解表 ·········· 260

第1章 KUKA.Sim Pro 3.1 基础

KUKA.Sim Pro 是一个易于使用的智能工厂虚拟仿真系统，该软件可应用于工程规划、智能制造、机器人应用、专业教育、计算机辅助设计、销售和营销等领域。

KUKA.Sim Pro 其实是芬兰 Visual Components 软件的特殊版本，KUKA.Sim Pro 界面与 Visual Components 很相似，能独立运行。KUKA.Sim Pro 增加了与 KUKA OfficeLite 的连接功能，KUKA OfficeLite 是 KUKA 的虚拟机器人控制器，通过该编程系统，可在任何一台计算机上离线创建并优化程序。创建完成的程序可直接传输给机器人并可确保即时形成生产力。KUKA OfficeLite 是虚拟机系统，而 KUKA.Sim Pro 安装在物理主机中。

由于 KUKA.Sim Pro 是 Visual Components 的特殊版本，所以 Visual Components 中的很多组件和布局等库文件可以被 KUKA.Sim Pro 直接使用，本书中就大量使用了 Visual Components Premium 4.1 版本的库文件 eCatalog4.1。

1.1 KUKA.Sim Pro 的特点

KUKA.Sim Pro 的特点如下：

1. 模型库中组件丰富，品牌众多

KUKA.Sim Pro 拥有丰富的模型库，提供了 KUKA 所有工业机器人模型及 AGV、数控机床、输送机构、末端执行器等仿真模型且还在不断增加中，所有的模型都是按照设备的真实尺寸和动作建立的，并提供对应的运动仿真与效果渲染，可根据工程需求调用模型库中的组件三维模型，从而快速搭建智能制造三维虚拟场景，构建工厂规划和工业设计的布局，大大提高了规划设计工作的效率。

2. 使用便捷，操作灵活

KUKA.Sim Pro 通过简单的拖曳操作即可轻松创建布局，可以快速进行复杂的大型智能工厂或智能生产线的虚拟仿真设计。

3. 可进行海量仿真，优化设计

KUKA.Sim Pro 优化了虚拟仿真模型，可同时提供上百台加工中心、工业机器人及物流线的海量仿真数据操作，能够仿真和记录多层面的工程、营销和商业解决方案。可以在虚拟环境中真实地模拟生产线的运动和节拍，能够在软件中方便地修改设计缺陷，从而对生产线系统进行不断的改进，直至获得最优的智能生产线设计方案。

4. 可对机器人运动路径进行智能规划

KUKA.Sim Pro 除了包含基本的机器人示教功能外，还可以通过选择路径或者直接生成路径进行机器人路径规划编程操作，降低烦琐的路径规划编程强度。

5. 具有人机工程仿真功能

KUKA.Sim Pro 把人、机、环境系统作为仿真对象，充分考虑人和机器的特征与功能，合理分配人和机器承担的操作职能，使之相互协调配合，达到生产和工作的最佳效果。

6. 具有智能干涉及检测功能

当布局出现干涉或错误设置（参数和位置等），逻辑检查功能会发出提示，从而快速了解故障点的位置，并及时修改故障的布局设计。

7. 具有布局优化功能，以及统计和报告工具

KUKA.Sim Pro 拥有智能布局优化功能，通过各个环节的数据导出进行对比，寻找更优化的智能工厂布局方案，能有效地进行智能工厂系统评估，在工厂建设之前提供最优化的设计方案。能够对仿真过程进行数据收集和分析，通过实时的统计和报告工具，可以方便快速地完成不同参数布局方案的成本效益分析、单站设备分析和全线产能分析。

8. 具有物理仿真功能

KUKA.Sim Pro 可以创建包含物理规律的虚拟环境，能模拟现实生活中的物理现象，如重力、弹性碰撞等。可以模拟运动物体所具有的密度、质量、速度、加速度、旋转角速度、冲量等各种现实的物理动力学属性。在发生碰撞、摩擦、受力的运动模拟中，不同的动力学属性能得到不同的运动效果。

9. 可实现控制验证，进行虚拟调试

在工业应用中，通常使用可编程控制器（PLC）实现机器人周边设备的自动运行。对于PLC 程序编写中的 PLC 逻辑验证问题，多数 PLC 逻辑验证软件只是单纯地对 PLC 程序本身的逻辑关系进行验证，缺少 PLC 程序与设备综合运用时的逻辑关系验证，即缺少 PLC 程序是否能正确地驱动设备完成相应的控制功能。

KUKA.Sim Pro 提供了三维仿真场景的 PLC 验证功能，可直接连接 PLC 程序或通过OPC 服务器进行连接，即可使用 PLC 程序控制仿真场景进行三维虚拟验证，相当于外部控制器与生产设备实时连接的逻辑验证，从而解决了 PLC 程序功能和控制功能不匹配的问题。

10. 可创建自定义的模型组件

使用 KUKA.Sim Pro 开放的通用接口可直接导入由各种 CAD 软件建立的机器人与生产线组件的三维模型，进行 CAD 数据格式转换，为模型库中没有的非标机构创建自定义组件，并可为自建模型加入运动学与动力学分析算法，赐予其属性和行为等。

11. 具有可视化方案导出功能

KUKA.Sim Pro 可直接将布局导出为三维动态的 PDF 通用格式文件，便于通过电子邮件预览布局，进行方案的展示与沟通。

12. 可进行机器人离线编程

在 KUKA.Sim Pro 中可以根据工作要求示教机器人组建的操作动作，进而生成机器人的运动轨迹，然后运用软件的编译功能将机器人的运动轨迹转换成对应的控制程序，经过后置处理即可应用到实际的工业机器人中。

1.2 安装要求

为了正确运行 KUKA.Sim Pro，需要查验所使用的计算机是否符合规格要求。

1.2.1 计算机最低配置

运行 KUKA.Sim Pro，计算机最低配置如下：

1）CPU 为 Intel i5 或者同等功能的处理器。

2）内存为 4GB。

3）硬盘的可用空间不少于 1GB。

4）显卡驱动（专业图形卡）相当于 NVIDIA Quadro 或者 AMD FirePro，有至少 2GB 的专用内存。

5）图形显示器的分辨率至少为 1280×1024。

6）三键鼠标（左、中、右键）。

7）Windows7 到 Windows11，64 位操作系统。

1.2.2　计算机推荐配置

运行 KUKA.Sim Pro，计算机推荐配置如下：

1）CPU 为 Intel i7 或者同等功能的处理器。

2）内存不低于 8GB。

3）硬盘的可用空间不少于 2GB。

4）显卡驱动（专业图形卡）相当于 NVIDIA Quadro 或者 AMD FirePro，有至少 2GB 的专用内存。

5）图形显示器的分辨率至少为 1920×1080 全高清或更高。

6）三键鼠标（左、中、右键）。

7）Windows7 到 Windows11，64 位操作系统。

1.3　软件安装

软件安装步骤如下：

1）以管理员身份运行 KUKA.Sim Pro 安装程序。

2）在安装向导对话框中，单击"Next"按钮，如图 1-1 所示。

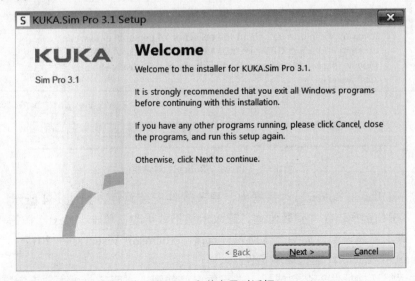

图 1-1　安装向导对话框

3）在"License Agreement"对话框中，阅读软件许可协议书并接受，如图 1-2 所示，选择"I agree to the terms of this license agreement"选项，再单击"Next"按钮。

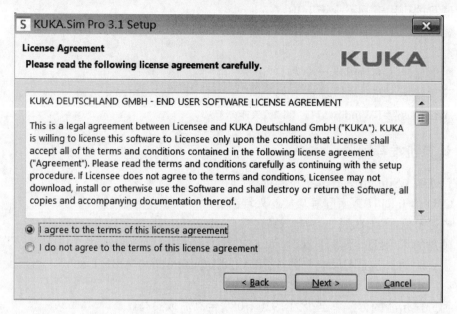

图 1-2　"License Agreement"对话框

4）在"Privacy Policy"对话框中，阅读保密规则，如图 1-3 所示，单击"Next"按钮。

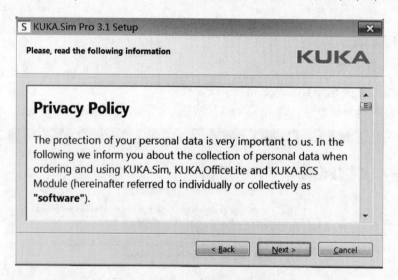

图 1-3　"Privacy Policy"对话框

5）在"Installation Folder"对话框中，更改软件安装路径，如图 1-4 所示，通过单击"Change…"按钮选择软件的安装位置，建议默认不做更改，单击"Next"按钮。

6）软件进入安装过程，如图 1-5 所示，安装"Microsoft Visual C++ 2017""Microsoft.NET Framework4.7.2"软件运行环境插件。

7）软件运行环境插件安装完成后，进行重启，如图 1-6 所示，单击"确定"按钮。

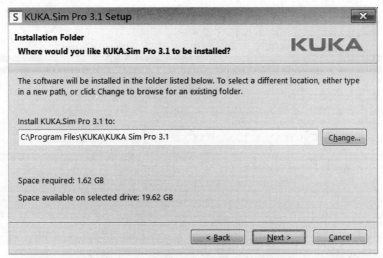

图 1-4　"Installation Folder" 对话框

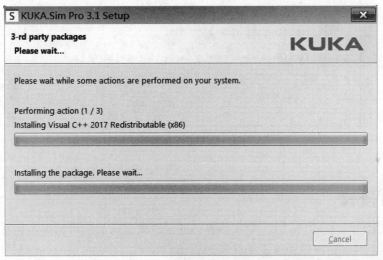

图 1-5　安装软件运行环境插件

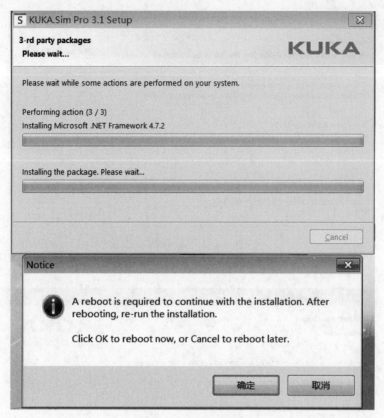

图 1-6　重启计算机

1.4　许可授权

　　首次运行 KUKA.Sim Pro 时，需提供许可证，许可证分为三种，第一种是独立许可证，第二种是浮动许可证，第三种是试用许可证。

1.4.1　独立许可证

　　独立许可证是一个 16 位数的产品密钥，该密钥在使用之前必须经过联网验证并激活，运行 KUKA.Sim Pro。具体操作如下：

　　1）在激活向导对话框中，单击"Next"按钮，如图 1-7 所示。

　　2）在许可证类别对话框中，选择"I have a standalone product key"选项，如图 1-8 所示，然后单击"Next"按钮。

　　3）在独立许可证对话框中，输入 16 位产品密钥，如图 1-9 所示，然后单击"Next"按钮。

　　4）如果出现错误或问题，请按照对话框中给出的建议步骤进行。

　　5）在图 1-10 所示注册对话框中，执行下列操作：

　　① 如果要注册一个账户，需要连接互联网，并提供一个电子邮箱地址和密码，然后单击"Register"按钮。如果在注册过程中遇到问题，请按照对话框中的建议步骤进行。

②如果不注册账户，请单击“Skip”按钮。

Welcome to KUKA.Sim Pro 3.1 activation guide
KUKA
Sim Pro 3.1
Thank you for installing KUKA.Sim Pro 3.1. Activation is required to authenticate this product.
This wizard will guide you through the activation process.
Cancel
< Back
Next >
Finish

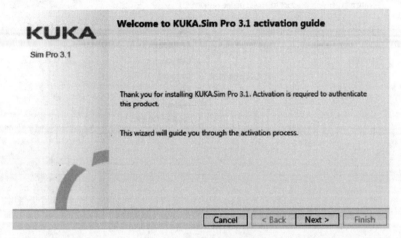

图 1-7　激活向导对话框

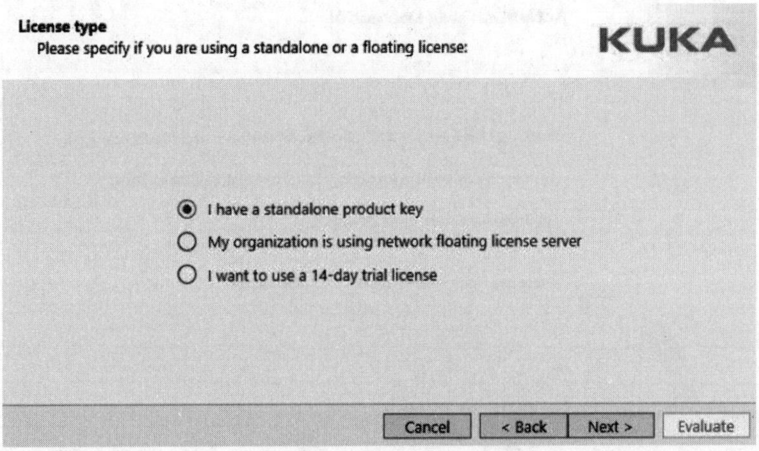

License type
Please specify if you are using a standalone or a floating license:
KUKA
I have a standalone product key
My organization is using network floating license server
I want to use a 14-day trial license
Cancel
< Back
Next >
Evaluate

图 1-8　许可证类别对话框

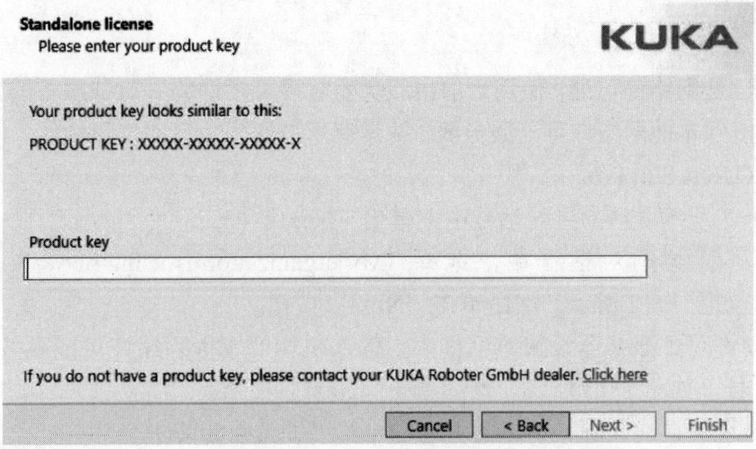

Standalone license
Please enter your product key
KUKA
Your product key looks similar to this:
PRODUCT KEY : XXXXX-XXXXX-XXXXX-X
Product key
If you do not have a product key, please contact your KUKA Roboter GmbH dealer. Click here
Cancel
< Back
Next >
Finish

图 1-9　独立许可证对话框

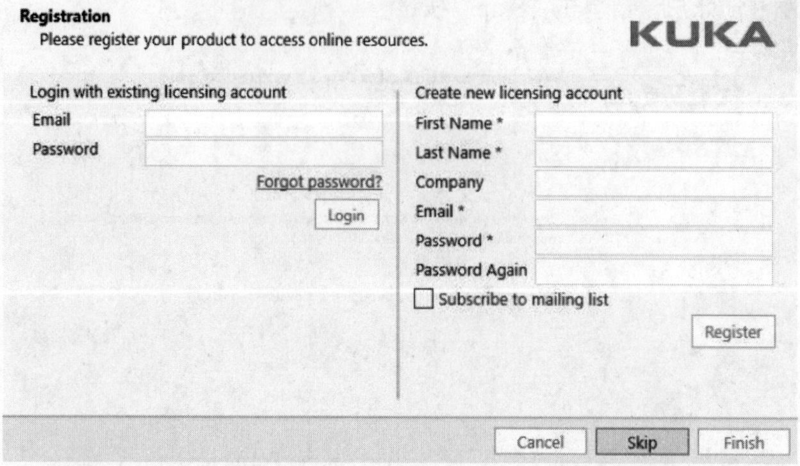

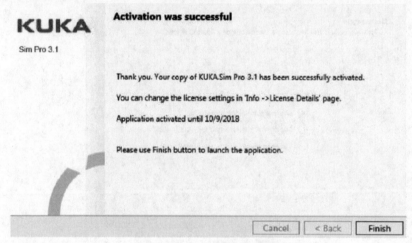

图 1-10　注册对话框

6）单击"Finish"按钮，结束软件使用许可授权设置，如图 1-11 所示。

图 1-11　独立许可授权成功

1.4.2　浮动许可证

浮动许可证是网络许可证，使用之前由服务器管理员在网络许可证服务器上验证并激活，用户需要先连接到本地网络许可证服务器，并具有用户权限才可以使用软件。具体操作如下：

1）运行 KUKA.Sim Pro。

2）在图 1-7 所示激活向导对话框中，单击"Next"按钮。

3）在许可证类别对话框中，选择"My organization is using network floating license server"选项，如图 1-12 所示，然后单击"Next"按钮。

4）在浮动许可证服务器设置对话框中，输入机构的本地网络许可证服务器主机名或者 IP 地址和端口号，如图 1-13 所示，然后单击"Next"按钮。

5）如果出现错误或问题，请按照对话框中给出的建议步骤进行。

6）单击"Finish"按钮，结束软件使用许可授权设置，如图 1-14 所示。

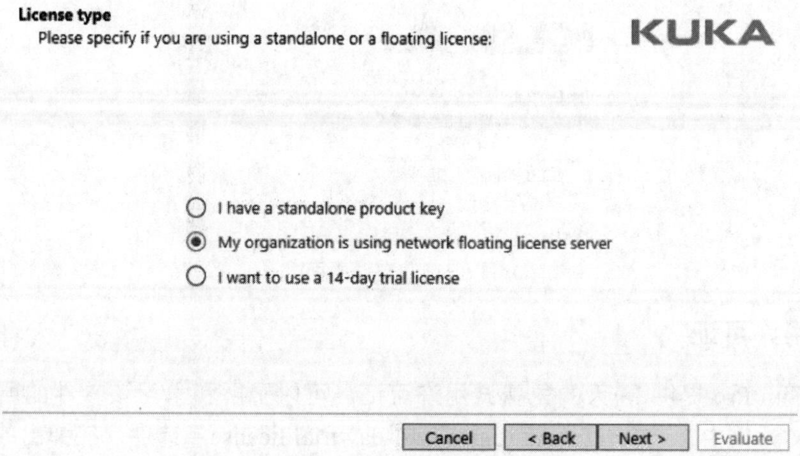

License type
Please specify if you are using a standalone or a floating license:

KUKA

○ I have a standalone product key
◉ My organization is using network floating license server
○ I want to use a 14-day trial license

Cancel | < Back | Next > | Evaluate

图 1-12　许可证类别对话框

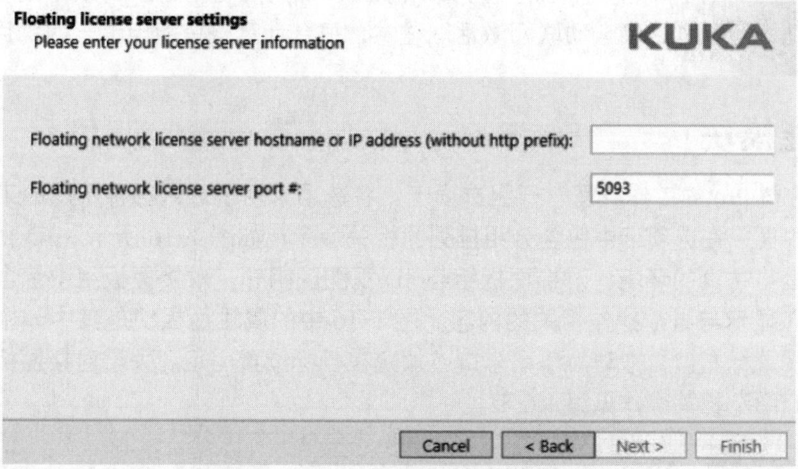

Floating license server settings
Please enter your license server information

KUKA

Floating network license server hostname or IP address (without http prefix):

Floating network license server port #:　5093

Cancel | < Back | Next > | Finish

图 1-13　浮动许可证服务器设置对话框

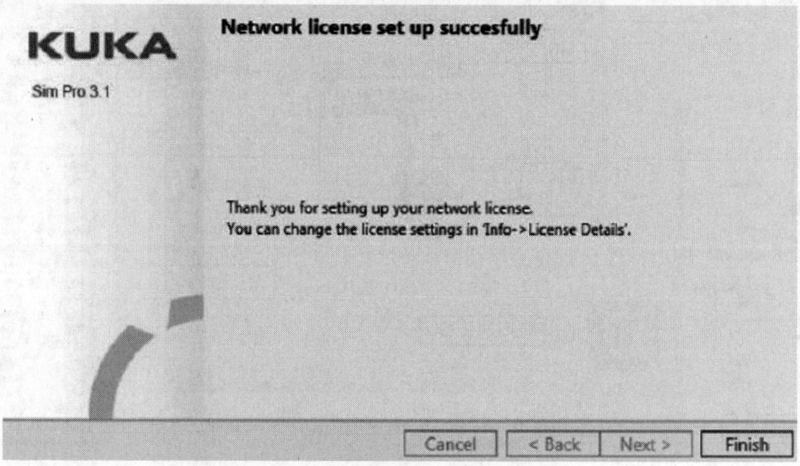

KUKA

Sim Pro 3.1

Network license set up succesfully

Thank you for setting up your network license.
You can change the license settings in 'Info->License Details'.

Cancel | < Back | Next > | **Finish**

图 1-14　浮动许可授权成功

7）KUKA.Sim Pro 开始启动，启动界面如图 1-15 所示。

图 1-15 启动界面

1.4.3 试用许可证

KUKA.Sim Pro 提供 14 天的免费试用许可证，可以了解和学习该软件的所有功能。在许可证类别对话框中，选择"I want to use a 14-day trial license"选项，在弹出的网页界面使用可用的电子邮箱（尽量使用公司性质的邮箱）进行注册登录，服务器会发送一个试用版的密钥至注册使用的电子邮箱，然后将电子邮箱获得的试用版密钥输入到软件激活页面，单击"Next"按钮即可，软件会自动联网激活。注意，每台计算机只能申请一次试用许可证。

1.5 功能模块

KUKA.Sim Pro 的工作界面有一组选项卡，各选项卡用于进入各种不同的工作环境以及控制工作的界面，在选项卡中包含分组排列的相关命令，如图 1-16 所示。3D 视图区适用于操作组件和运行仿真的环境；对接面板组与 3D 视图区相邻，对接面板组中包含若干对接面板，用于动态显示与当前操作相关的内容。图 1-16 中的属性面板便是其中一个对接面板，可以通过长按鼠标左键，拖动为浮动窗口或放置在目标位置固定。关于对接面板组中各对接面板的详细介绍及相关操作见第 1.6 节。

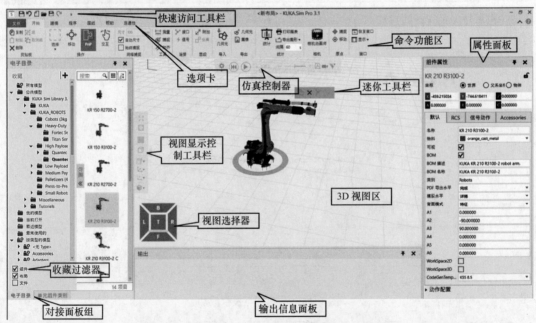

图 1-16 KUKA.Sim Pro 虚拟仿真系统的工作界面

使用者可以通过固定、移动或隐藏对接面板来重新排列工作界面，还可以通过右击命令功能区的任意空白区域选择"最小化功能区"命令，折叠命令功能区，以及在快速访问工具栏中启用和添加命令按钮。

在某些情况下，根据使用者在 3D 视图区中的选择，相关命令才是可用的。有时，单击一个命令按钮会显示出一个"任务面板"，其中包含用于执行该命令的一组附加选项和简短的使用向导。

1.5.1 "开始"选项卡

"开始"选项卡上的分组命令如图 1-17 所示，各命令的详细说明参见附录 A。

图 1-17 "开始"选项卡

"开始"选项卡的工作环境也称为布局视图，默认情况下会显示以下对接面板。

1）电子目录：用于浏览连接到文件来源的项目并可将它们添加到布局中。

2）单元组件类别：用于列出、选择和编辑不居中的组件。

3）属性：用于读取和写入布局中选中组件的属性。

布局视图的主要功能如下：

1）打开、保存和创建新的布局。

2）添加、选择、编辑和操作组件。

3）运行仿真并将它们录制为 3D PDF。

4）在不同环境中设置组件的显示方法和渲染模式。

5）将组件和布局导出为图片或 CAD 文件。

1.5.2 快速访问工具栏

可以在快速访问工具栏上控制标准命令的可用性以及工具栏自身在工作空间中的位置。

1）在快速访问工具栏的右边，单击"自定义快速访问工具栏"下拉箭头以展开命令列表，如图 1-18 所示。

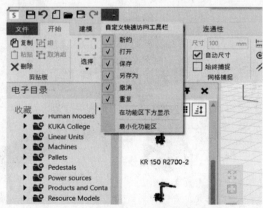

图 1-18 快速访问工具栏命令列表

2）执行以下一项或者全部操作：

①如果要使命令可用，指向未做标记的命令，然后单击该命令。

②如果要使命令不可用，指向已做标记的命令，然后单击该命令。

③如果要更改快速访问工具栏的位置，根据快速访问工具栏的当前位置，单击"在功能区上方显示"或者"在功能区下方显示"命令，而单击"最小化功能区"命令将把命令功能区折叠起来。

1.5.3 仿真控制器

仿真控制器位于 3D 视图区的顶部中间位置，如图 1-19 所示。使用者可以在 3D 视图中随时开始和停止，还可以控制仿真的速度、时间以及重放。

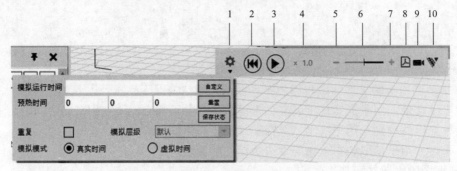

图 1-19 仿真控制器

1—设置 2—重置 3—播放/暂停 4—速度系数 5—减速 6—速度滑块
7—增速 8—导出至 PDF 9—录制视频 10—导出至动画

单击设置按钮 ❂ 展开仿真设置下滑面板，使用其中控件可以自定义仿真时间、速度和运行时间，详细说明参见附录 B。

当运行仿真时，布局中的组件可能会执行一个或多个任务。例如，机器人执行其程序动作时，输送系统运动，将沿着路径传送组件，如图 1-20 所示。

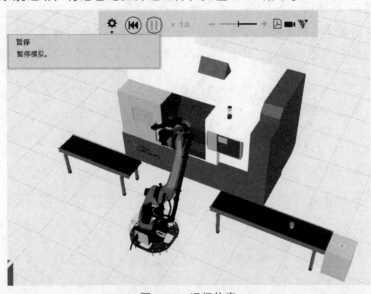

图 1-20 运行仿真

当重置仿真时，可用 3D 视图的布局返回到其初始状态，这意味着：

1）组件重置为其初始状态或仿真开始时保存的状态，因此在仿真过程中创建的动态组件将从布局中移除，如图 1-21 所示；静态组件会返回至其保存位置，并且具有与其在开始时相同的层级和连接。

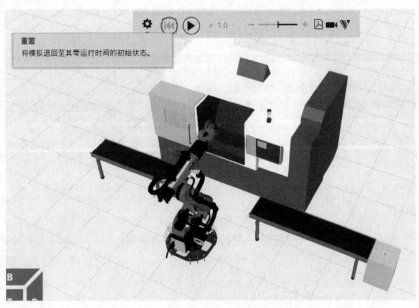

图 1-21　重置仿真

2）动态组件（例如机器人）的关节和轴线将恢复到开始时的值，如图 1-21 所示。

3）基坐标框和工具坐标框会恢复到其初始位置，在仿真过程中设置的基坐标框和工具的效果会被撤销。

4）信号和机器人变量将重置为默认值，即储存信息时的保存状态。

向右或向左拖动速度滑块可提高或降低仿真速度，单击"+"或"−"也可以提高或降低仿真的速度，而双击速度滑块可以重置仿真速度系数为 1.0。仿真速度可以以真实时间运行，或者设定为在虚拟时间内进行，仿真速度的设置有助于促进实时和模拟实时的运动规划。

如果想要记录一个仿真过程，可以选择将该仿真输出为可用于虚拟现实体验的 3D PDF 文档、视频或者动画，该记录可以在仿真过程中的任意时间开始或停止，如果没有定义仿真运行的时间，就需要手动停止录制。将仿真录制为 3D PDF 文档的步骤如下：

1）重置仿真，然后在仿真控制器上单击导出至 PDF 按钮。

2）在"导出至 PDF"任务面板中，在"Title"中输入标题，然后单击"开始录制"按钮，如图 1-22 所示。

3）指定文件的名称和保存位置，单击"保存"按钮自动开始录制。

4）如果要停止录制，在"导出至 PDF"任务面板中，单击"停止和保存"按钮以结束录制并生成 PDF 文件，如图 1-23 所示。至此系统将自动启动 PDF 浏览器（必须能够支持 3D PDF 格式），播放刚录制的 3D PDF 动态仿真，在 3D PDF 中可以使用鼠标进行旋转、平移、缩放等操作来调整视图。

5）在"导出至 PDF"任务面板中单击"关闭"按钮退出。

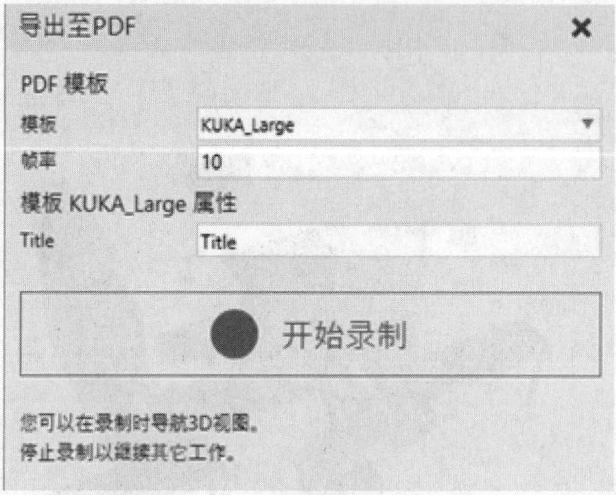

图 1-22　"导出至 PDF"任务面板

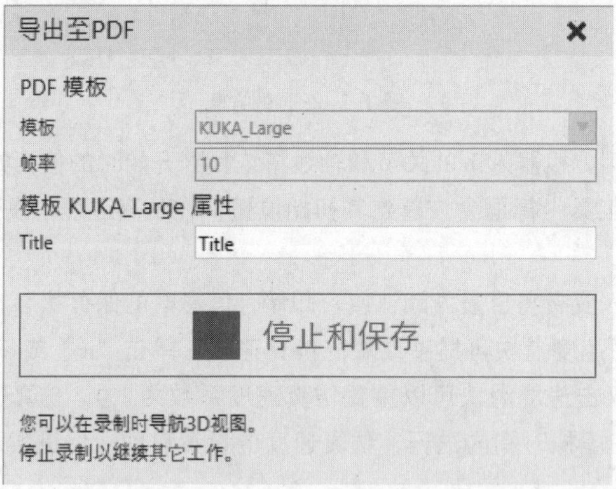

图 1-23　停止和保存录制的 PDF 文件

1.5.4　迷你工具栏

当在 3D 视图中选择一个组件时，会短暂显示一个迷你工具栏，如图 1-24 所示，利用它可以快速执行诸如复制、删除、接口、信号等命令，加速布局的创建。

图 1-24　迷你工具栏

1.5.5　"建模"选项卡

"建模"选项卡上的分组命令如图 1-25 所示，各命令的详细说明参见附录 C。

图 1-25 "建模"选项卡

1）"建模"选项卡的工作环境也称为建模视图，默认情况下会显示以下对接面板：

① 组件图形：用于查看和编辑选中组件的数据结构。面板本身由两个窗格组成，上部窗格（组件节点树）显示组件的节点结构以及组件的属性和行为；下部窗格（节点特征树）显示组件中选中节点的特征结构，可能包含基元、来自 CAD 文件的导出几何元、物理元素，以及转换和操纵其他特征的操作。

② 属性：用于读/写组件中选中对象的属性，包括节点、行为和特征。组件属性拥有其自身的属性集，在属性任务面板中列出。

2）建模视图用来创建新组件或者为已有组件添加特征，其主要功能为：

① 创建、编辑和链接节点以形成一个关节运动链。

② 创建和连接行为以执行和仿真内外部任务及动作。

③ 在特征中包含、创建和操纵 CAD 几何元及拓扑，包括对 CAD 文件中的几何元的数据分析、清理、重组和简化，一般在小、中和大型布局中使用。

④ 创建和引用组件属性以控制和限制组件中其他属性的值。

⑤ 使用数学方程式和表达式定义属性，使组件参数化。

⑥ 创建静态和运动物体以及实体，用于模拟物理现象，包括还原硬度和弹性。

⑦ 使用 Python2.7 和 API 实施脚本，定义组件特征、逻辑，以及人物、运作和事件处理的自动化。

1.5.6 "程序"选项卡

"程序"选项卡上的分组命令如图 1-26 所示，各命令的详细说明参见附录 D。

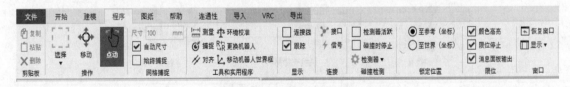

图 1-26 "程序"选项卡

1）"程序"选项卡的工作环境也称为机器人视图，默认情况下会显示以下对接面板。

① 作业图：用于读取、写入和编辑布局中的机器人和其他组件的程序。

② 点动：用于在一个布局中示教选中的机器人。

③ 属性：用于读取、写入布局中对象的属性，包括组件、机器人控制器数据，以及机器人运动，如动作语句。

2）机器人视图用来示教机器人及编程，其主要功能为：

① 对选中的机器人及任何外部关节示教定位、路径和其他动作。

② 读取、写入和编辑机器人程序以及控制器数据。

③ 执行离线编程、碰撞检测、限位测试、校准以及优化。

④ 显示和编辑机器人 I/O 端口连线。

⑤ 选择、编辑和操纵机器人的动作位置。

1.5.7 "图纸"选项卡

"图纸"选项卡上的分组命令如图 1-27 所示，各命令的详细说明参见附录 E。

图 1-27 "图纸"选项卡

"图纸"选项卡的工作环境也称为图纸视图，默认情况下会显示"图纸属性"面板，用于在工程图中读取和写入选中对象的属性，包括诸如注释、尺寸和投影视图等布局项目（即非组件的可见对象）。

图纸视图用来创建、设计和导出工程图，其主要功能为：

1）导入图纸模板和准备可打印的文档。

2）手动创建或使用标准正交视图按钮，自动创建 3D 空间的二维视图。

3）使用注释、尺寸和物料清单来表达视图的比例、大小和标注。

4）将图纸导出为矢量图形和 CAD 文件。

1.5.8 "帮助"选项卡

"帮助"选项卡可用于访问帮助文档、在线支持和社交媒体，如图 1-28 所示，各命令的详细说明参见附录 F。

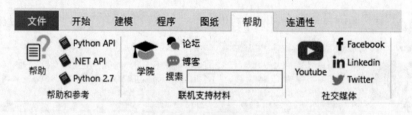

图 1-28 "帮助"选项卡

另外，将光标指向选项卡中的命令按钮，可以获取有关此命令的说明。单击窗口右上角（图标）按钮或者按 <F1> 键，可以直接打开帮助文件。

1.6 对接面板组

1.6.1 "电子目录"面板

"电子目录"面板管理着链接至源文件的资源，并可将这些文件载入到 3D 视图中。"电子目录"使用 HTTP 协议和元数据来链接、索引、排序、过滤和显示文件来源。每个源都是本地文件夹的文件路径或者远程存储或资源的 URL。基本上"电子目录"面板的作用就像一个 Web 浏览器,并作为一个文件管理器使用,如图 1-29 所示。

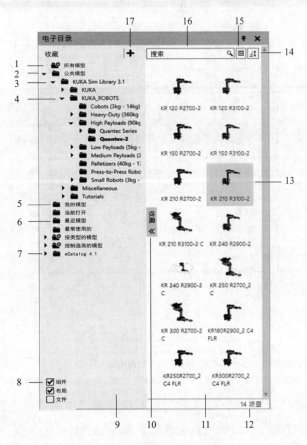

图 1-29 "电子目录"面板

1—系统收藏的所有链接文件　2—系统为"公共文档"提供的源文件　3—智能收藏　4—智能收藏组
5—系统为"我的文档"提供的源文件　6—系统收藏的使用历史记录　7—来源　8—收藏过滤器　9—"收藏"窗格
10—"收藏"窗格收起/展开器　11—项目预览区　12—列出项目的数量　13—选中项目　14—项目排序方式按钮
15—项目显示方式按钮　16—"搜索"栏　17—编辑来源并添加收藏按钮

在"电子目录"面板的"收藏"窗格中可以对要添加到 3D 视图中的项目进行过滤、查找和快速排序。例如,选择一个收藏或者来源,然后在收藏过滤器中分别勾选"组件""布局""文件"复选框,可以根据项目的类型和文件格式对它们进行过滤;在"搜索"栏中,输入一个或者多个关键词可以在选定的收藏或者来源中查找特定的项目;单击项目排序方式按钮圖展开下拉列表,可以根据一个或者多个可用选项对项目进行排序;单击项目显示方式按钮圖展开选项列表,然后拖动左边的滑块或直接单击选项可以更改项目预览模式。

1.6.2 "单元组件类别"面板

"单元组件类别"面板提供了当前布局中所有组件的略图,如图 1-30 所示,可用于选择组件，控制组件的可见性，以及锁定组件的编辑功能。

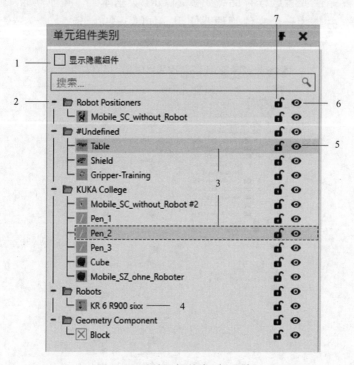

图 1-30 "单元组件类别" 面板

1—显示 / 隐藏 3D 视图中不可见的组件　2—组件类别　3—选中的组件　4—组件名称
5—组件编辑锁定与可见性控制　6—同类组件可见性控制　7—同类组件编辑锁定控制

在 "单元组件类别" 面板中，按名称列出和排序布局中的组件，并且按类型分组。在 3D 视图中选择一个组件时会在面板中以高亮底色显示出来。

1.6.3 "组件属性" 面板

在 3D 视图中选择一个对象时，就可以在图 1-31 所示的 "组件属性" 面板中查看和编辑其属性。在有些情况下，选中对象的名称时可能会显示前缀以表明当前选择对象的类别。

若选中组件包含两组或者更多组属性，那么每组会在 "组件属性" 面板中显示为一个页面。单击页面标签可显示其中的属性，然后进行编辑。

当两个或者多个对象被同时选中时，"组件属性" 面板中会显示出选择计数、最后被选中对象的位置，以及所有被选中对象的共同属性，如图 1-32 所示，此时可同时编辑多个对象的共同属性。

一个标记为 <multipe values> 的属性字段是说明该属性在一个或者多个选中对象中具有不同的值。在这种情况下，属性不一定必须具有一个唯一值，而有的属性必须具有一个唯一的值，例如组件必须具有独一无二的名称，因此应避免编辑 "名称" 属性的值。

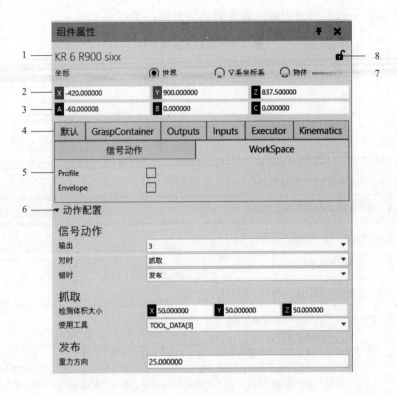

图 1-31 "组件属性"面板

1—选中对象的名称 2—位置值 3—方向角度值 4—属性选项 5—属性
6—属性分区 7—坐标系 8—属性编辑锁定控制

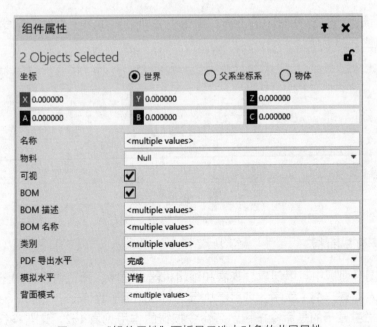

图 1-32 "组件属性"面板显示选中对象的共同属性

每个组件都有一组在创建组件时建立的共同属性，见表 1-1。

表 1-1　组件的共同属性

名　称	说　明
名称	组件名称
物料	组件及其任何子系节点的材料，以及没有指定材料的特征
可视	开启 / 关闭组件的可见性
BOM	定义物料清单中是否包含组件
BOM 描述	定义在物料清单中的组件描述
BOM 名称	定义在物料清单中的组件名称
类别	定义组件类型的元数据属性
PDF 导出水平	定义如何将组件几何元输出为 3D PDF 文件
模拟水平	表示组件运动模拟的精度设置 1）默认：精度由模拟定义 2）详情：尽可能精确地模拟组件运动，即模拟出组件运动的整个过程 3）平衡：以合适的性能模拟组件运动，组件可以从一点直接移动到另一点，无须模拟不必要的关节运动 4）快速：尽可能快速地模拟组件运动，使组件可以快速达到关节配置或者从一点直接调至另一点
背面模式	定义如何在一个场景中渲染组件几何元的背面

1.6.4　"输出"面板

"输出"面板位于 3D 视图区的下部，面板中会即时显示关于事件、命令和其他动作的反馈信息，如图 1-33 所示。

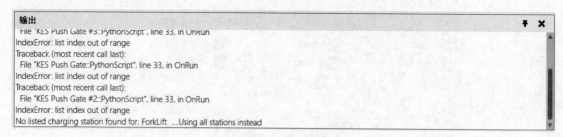

图 1-33　"输出"面板

1.6.5　"作业图"面板

在"作业图"面板中可以创建、查看和编辑机器人程序、预览动作，如图 1-34 所示。每个机器人都有一个主程序，可用于执行语句和调用子程序。

语句工具栏中显示的是命令按钮，各命令按钮的作用见表 1-2，这些按钮用于给 3D 视图中选定的机器人添加语句程序。

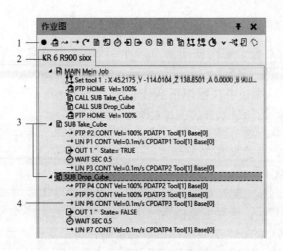

图1-34 "作业图"面板

1—语句工具栏 2—主程序 3—子程序 4—运动类型语句

表1-2 语句工具栏命令的作用

按 钮	名 称	作 用
●	修改 PTP 或者 LIN 点	使用当前配置，为选中机器人的新位置更新和保存运动动作
🔧	添加 PTPHome 命令	添加机器人 Home 点
↝	添加 PTP 命令	根据关节插值，以点到点方式运动到某一位置
→	添加 LIN 命令	根据当前配置，以直线方式运动到某一位置
↻	添加 CIRC 命令	根据当前配置，以圆弧方式运动到某一位置
▤	添加 USERKRL 命令	用户自定义的 KUKA 机器人编程语言指令
▨	添加 COMMENT 命令	注释指令
⏱	添加 WAIT 命令	延时指令，延迟后续程序的执行，延时以秒计算
⏏	添加 WAIT FOR $IN 命令	等待输入信号指令，暂停程序的执行，以等待连接至机器人信号输入端的数字信号达到某个特定值，然后继续执行程序
⏩	添加 $OUT 命令	信号输出指令，向连接至机器人信号输出端的组件发出数字信号及其值，也可用于执行信号动作，如抓取、释放和跟踪
⊗	添加 HALT 命令	HALT 指令用于暂停程序运行
🗂	添加 FOLDER 命令	折合指令，用于展开和隐藏程序内容，便于程序管理
🗐	添加子程序	新建子程序
🗐	添加调用子程序命令	调用子程序指令
⇅	添加 Set Tool 命令	设置机器人工具坐标框的属性，可更改工具坐标的位置和方向
⇅	添加 Set Base 命令	设置机器人基坐标框的属性，可更改基坐标的位置和方向
⏲	TT_COMMAND_TIMER	计时器指令，用于计时器的开始、停止、复位，可以选择计时器编号
∨	添加 Assign Variable 命令	为变量指定一个值
⤨	添加 IF 命令	定义 "if-then-else" 条件，从而在条件为 "Ture" 时执行一组语句，条件为 "False" 时执行另一组语句
⟳	添加 WHILE 命令	定义循环执行一组语句的条件
⬠	添加 PATH 命令	自动生成路径，沿边或者曲线生成一个位置路径以执行运动

1.6.6 "点动"面板

"点动"面板与点动命令一同使用，可以在 3D 视图中操纵、配置和示教机器人。在"程序"选项卡的"操作"组中，单击"点动"按钮，选择想要编程的机器人，可以在图 1-35 所示的"点动"面板中执行以下操作：

1）在"坐标"中，选择想要参考的坐标系。

2）在"基坐标"中，单击展开下拉列表，选择想要参考的基坐标框。

3）在"工具"中，单击展开下拉列表，选择想要参考的工具坐标框 [即其工具中心点（Tool Center Point，TCP）]。

4）在"配置"中，单击展开下拉列表，选择一个想要使用或者参考的可用关节配置。

5）在"外部 TCP"中，如果需要使用一个外部工具配置，则在下拉列表中选择"True"（例如，组件中不会移动的一个工具坐标框），否则，将设定保持为"False"。

6）在"关节"区域，编辑一个或者多个关节属性。拖动滑块可显示机器人中各个关节的当前值和软限制。

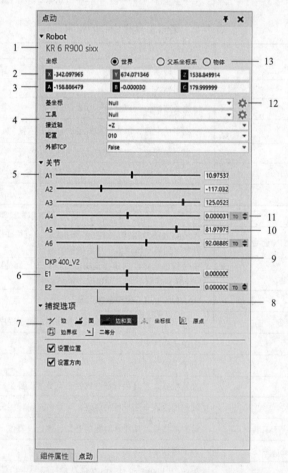

图 1-35 "点动"面板

1—选中机器人的名称　2—TCP/ 手臂末端的位置值　3—TCP/ 手臂末端的方向角度值　4—机器人和操纵器的配置
5—选中机器人的关节　6—已连接的外部关节　7—操纵器的捕捉选项　8—关节在当前状态中达到的最小和最大值
9—关节的最小和最大范围　10—关节值　11—关节值增量　12—转到基坐标属性面板　13—坐标系

1.6.7 面板定位操作

在工作界面内可以移动对接面板的位置，将鼠标指针指向想要移动的面板的标题栏或者标签，拖动面板至一个由对接管理器指明的可用区域，可以在中对接管理器指定的一个区域内对接一个面板，这种操作适用于任何固定或者自由悬浮在子窗口的面板，如图 1-36 所示。如果面板属于一个面板组，那么对接组中的任何面板都会对整个组进行对接，除非拖动组中一个面板的标签。若面板在相同区域对接，可以使它们相互成组。

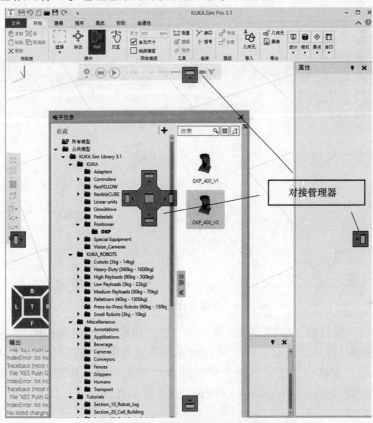

图 1-36　移动对接面板的位置

已对接面板的标题栏上会有一个图钉图标，在观察工作空间的其他地方时，可以通过单击它隐藏面板（图钉图标变为　），这时可以在主窗口中释放屏幕空间。

如果要显示一个工作空间中不可见的面板，在"开始"选项卡的"窗口"组中，单击"显示"旁的箭头弹出列表框，然后单击列表框中想要显示的面板以添加一个勾选标记。

在"开始"选项卡的"窗口"组中单击"恢复窗口"按钮，可以在工作空间恢复面板的初始布局。

1.7　基本操作

1.7.1　导入组件

组件是各种生产要素的模型，它是构成布局的最基本单元。组件也被称为"项目"。通常，通过"电子目录"面板将模型库中的组件导入 3D 视图中，然后经过排列组合构成布局。在"收藏"窗格左下角的"收藏过滤器"区域中勾选"组件"复选框后，可以用以下四种方式之一将所需组件显示在项目预览区中。

1）在"收藏"窗格中选择"所有模型"，然后在"搜索"框中输入关键词（例如 KR 210），在项目预览区中会显示与该关键词有关的模型项目，如图 1-37 所示。

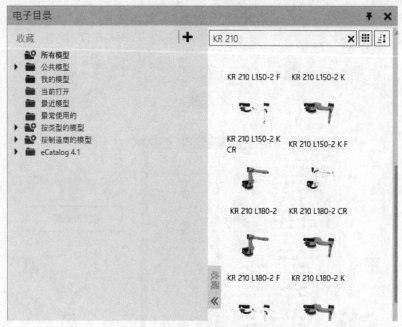

图 1-37　在所有模型中搜索组件

2）在"收藏"窗格中，选择"公共模型""我的模型""当前打开""最近模型""最常使用的"等收藏，在"项目预览区"中则会显示所选收藏范围内的模型项目。

3）在"收藏"窗格中，展开"按类型的模型"智能收藏，其下是按类型排列的各智能收藏组，单击一个类型组，例如 KUKA College，即可在项目预览区中显示该类别的模型项目，如图 1-38 所示。

4）在"收藏"窗格中，展开"按制造商的模型"智能收藏，其下是按制造商排列的各智能收藏组，单击一个制造商，即可在项目预览区中显示该制造商产品的模型项目。

当前查找到的同类模型项目数会显示在项目预览区的下面，当项目数较大时，需拖动右边竖直滚动条上的滑块查看后面的模型。将鼠标指针移动到项目预览区中的项目上稍作停留，即可显示出该模型项目的存储信息。

在项目预览区中单击一个项目即选择了该项目，可以按住 <Shift> 键单击以同时选择多个连续排列的项目，或按住 <Ctrl> 键单击以同时选择多个不连续排列的项目。选定模型项目之后，可以用以下三种方法之一将其添加进 3D 视图中：

1）在项目预览区中选定的模型项目上双击，可将其添加到 3D 视图的世界坐标原点处。

2）在项目预览区中选定的模型项目上右击，从弹出的快捷菜单中选择"打开"命令，可将其添加到 3D 视图的世界坐标原点处。

3）直接用鼠标将选定的模型项目从项目预览区拖入 3D 视图区的任意位置，如图 1-39 所示。

图 1-38　按类型显示项目

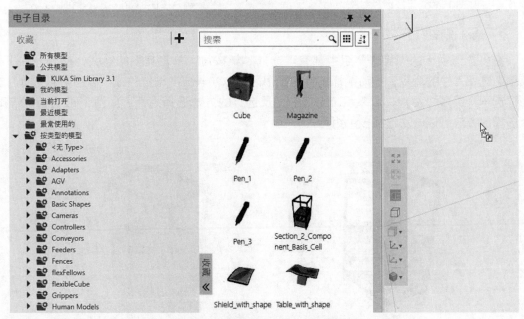

图 1-39　将模型项目拖入 3D 视图区

1.7.2　选择组件

在 3D 视图中，组件可以被移动、旋转、交互以及连接到其他组件上，也可以编辑其属性，还可以被剪切、复制、粘贴和删除。在对组件进行各种操作之前必须先选择组件，可以使用鼠标或其他工具选择组件。当两个或多个组件被同时选中时，就可以同时操作所有选中的组件。

1. 直接选择

在 3D 视图中的一个组件上单击将直接选中该组件，被选中的组件以蓝色突出显示并出现一个交互式蓝色圆环和包含快速命令的迷你工具栏，如图 1-40 所示。

按住 <Ctrl> 键并在一个组件上单击，将该组件添加进当前选择集，如图 1-41 所示。按 <Ctrl+A> 键可选择 3D 视图中的所有组件。

图 1-40 直接选择组件

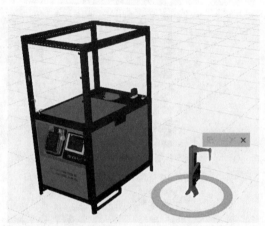
图 1-41 按住 <Ctrl> 键选择组件

2. 命令选择

在多数选项卡的"操作"组中都有"选择"集按钮，单击其下的箭头，在展开的下拉菜单中选取其中的命令，拖动鼠标指针在视图区内以"长方形框选"或"自由形状选择"方式框选一个或多个组件，或采用"全选""反选"的方式选择组件，如图 1-42 所示。该命令选择的方法可以一次选择多个组件。

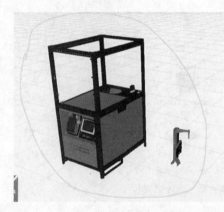
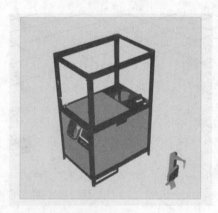
图 1-42 绘制长方形区域或自由形状选择组件

3. 面板选择

可以在"单元组件类别"面板上选择在 3D 视图中查看困难、不明显示或隐藏的组件。

可以使用 <Shift> 和 <Ctrl> 键在"单元组件类别"面板中选择多个项目，如图 1-43 所示。

4. 组件分组

分组功能可以在 3D 视图中快速选择和编辑一个组件。一个组件可以属于一个或者多个组，选择一个组件也会同时选中与该组件同组的所有其他组件。

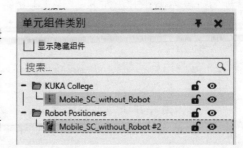

图 1-43　在"单元组件类别"面板中选择组件

1）在 3D 视图中选择两个以上的组件，然后在"开始"选项卡的"剪贴板"组中单击"组"按钮 组，就可以将所选组件合并为一个新组。

2）在 3D 视图中选择一个组，然后在激活的组中直接选中一个组件，就可以单独选择和编辑该组件。

3）在 3D 视图中选择一个组件和一个组，然后在"开始"选项卡的"剪贴板"组中单击"组"按钮 组，就可以将所选组件添加到该组中；如果将一个组件添加至一个组，则这个组件会属于两个独立的组。

4）在 3D 视图中选择一个组件以选中其所属的组，然后在"开始"选项卡的"剪贴板"组中单击"取消组"按钮 取消组，可以删除该分组，但不会删除相关组件；如果选中的组件属于两个或多个独立的组，则会取消选中组件的所有分组。

5. 取消选择

按住 <Ctrl> 键并在已选择的组件上单击，可以从当前选择集中移除该组件。将指针移向 3D 视图中的空白区域单击也可清除选择。

1.7.3　变换视图方位

3D 视图的方位由"浮动原点"标志进行标示，"浮动原点"标志始终显示在 3D 视图区的左上角，如图 1-44 所示，它代表世界坐标系的 XYZ 轴，各坐标轴分别用红、绿、蓝三种颜色标示，其中 X 轴为红色，Y 轴为绿色，Z 轴为蓝色。

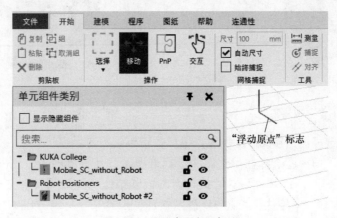

图 1-44　"浮动原点"标志

当鼠标指针位于 3D 视图区内时，可以使用鼠标进行交互操作，改变在 3D 空间中的观察视角。具体操作方法如下：

1）拨动鼠标滚轮可缩放视图，同时按住 <Shift> 键和鼠标右键并拖动可快速缩放视图，如图 1-45 所示。

2）按住鼠标右键拖动可旋转视图，如图 1-46 所示。

3）同时按住鼠标左键和右键拖动可以平移视图，如图 1-47 所示。

4）右击组件并在弹出的快捷菜单中选择"3D 视图的中心"命令，如图 1-48 所示，或者按住 <Ctrl> 键并右击组件，可将组件或组件上指定的部位显示在 3D 视图区的中心。

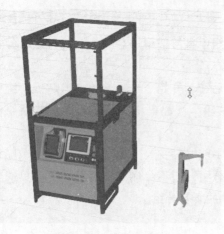

图 1-45　缩放视图

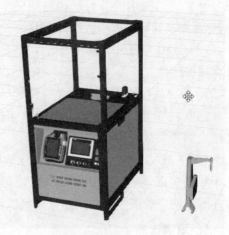

图 1-46　旋转视图

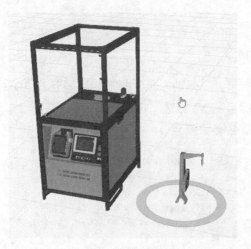

图 1-47　平移视图

图 1-48　调整 3D 视图区的中心

5）运用视图选择器可旋转 3D 视图方位，快速到达标准视图方向。

3D 视图区左下角视图选择器呈现出 5 个标准视图 [F（前视图）、L（左视图）、B（后视图）、R（右视图）、T（俯视图）] 控件，它们联结在一起形成一个交互式的导航控件。单击视图选择器上的一个控件，可将 3D 视图快速变换到某一标准方位（如单击控件 B 转到后视图），而与当前 3D 视图方位相似的标准视图控件则会被突出显示，如图 1-49 所示。

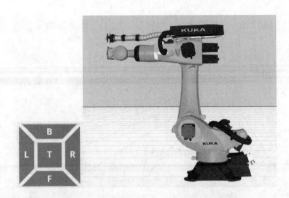

图 1-49　单击控件 B 转到后视图

仰视图与俯视图拥有相同的中间方形控件 T，如图 1-50 所示。单击控件 T 转到俯视图，双击控件 T 转到仰视图。在俯视图中，每单击一次控件 T 都会使俯视图沿顺时针方向旋转 90°。

图 1-50　单击 / 双击控件 T 转到俯视图 / 仰视图

单击两个标准视图控件之间的边线，可使视图转到由该相邻标准视图决定的轴测方向，如图 1-51 所示。

单击三个标准视图控件之间的角点，可使视图转到由三个相邻标准视图决定的轴测方向，如图 1-52 所示。

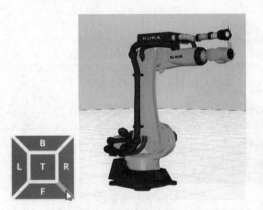

图 1-51　单击边线旋转视图

图 1-52　单击角点旋转视图

1.7.4　变换组件显示方式

视图显示控制工具栏提供了与 3D 视图和场景相关的选项，如图 1-53 所示，各命令按钮可以用于改变组件显示的视觉效果，例如呈现各种不同的渲染模式。

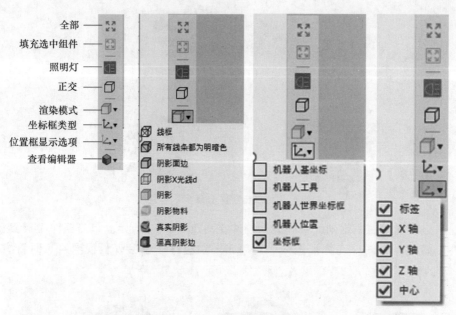

全部
填充选中组件
照明灯
正交
渲染模式
坐标框类型
位置框显示选项
查看编辑器

线框
所有线架都为明暗色
阴影面边
阴影X光线d
阴影
阴影物料
真实阴影
逼真阴影边

机器人基坐标
机器人工具
机器人世界坐标框
机器人位置
☑ 坐标框

☑ 标签
☑ X轴
☑ Y轴
☑ Z轴
☑ 中心

图 1-53　视图显示控制工具栏

1. 全部按钮（<Ctrl+F>）

该按钮可以在当前视图区中显示出 3D 空间中的所有组件，用于查看当前布局的整体状况，如图 1-54 所示，并且可方便地从全部组件中快速定位某个组件。

2. 填充选中组件按钮

在当前视图区中最大化地完整显示出选定的组件，这样可以详细观察当前被操作的对象，如图 1-55 所示。

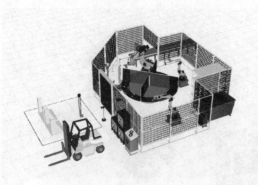

图 1-54　显示所有组件

图 1-55　显示选定组件

3. 照明灯按钮

该按钮可以开启或关闭始终朝向视点的定向光源，以突出显示组件外形的表面和边缘，如图 1-56 所示。通常，在"阴影面边"渲染模式下示教机器人时，应该开启此光源以改善组件边缘的显示效果。

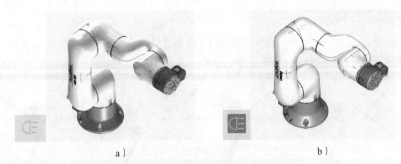

a)   b)

图 1-56　关闭或开启照明灯的效果

a）关闭照明灯　b）开启照明灯

4. 正交（投影方式）按钮

该按钮可以切换三维投影方式，在透视图和正视图之间进行转换。默认情况下，采用透视投影以显示对象所处位置的远近，而正射投影通常用于创建工程图和组件建模，如图 1-57 所示。

图 1-57　透视投影与正射投影

5. 渲染模式按钮

可以从图 1-53 所示的渲染模式按钮下拉列表中选择一种渲染模式，以定义 3D 视图中组件的渲染方式和显示质量，各种渲染模式的效果如图 1-58 所示。

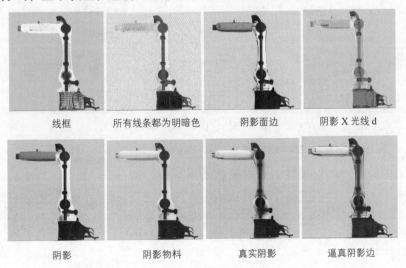

图 1-58　各种渲染效果

设计布局时，推荐采用"阴影"或者"阴影面边"渲染模式。

6. 坐标框类型按钮

在 3D 视图中，可以从图 1-53 所示的坐标框类型按钮的下拉列表中选择一种坐标框，打开或关闭特定类型坐标框特征的可见性，如图 1-59 所示。

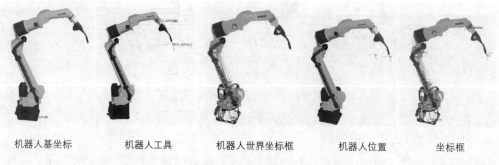

| 机器人基坐标 | 机器人工具 | 机器人世界坐标框 | 机器人位置 | 坐标框 |

图 1-59　坐标框类型

7. 位置框显示选项按钮

可以从如图 1-51 所示的位置框显示选项下拉列表中控制"机器人位置"坐标框的显示或隐藏。

1）如果要显示坐标框的标签、坐标轴和原点，勾选未做标记的相应选项。

2）如果要隐藏坐标框的标签、坐标轴和原点，取消勾选已标记的相应选项。

8. 查看编辑器按钮

查看编辑器可以通过一个布局创建、编辑、选择和保存当前的 3D 视图。

1）单击查看编辑器按钮展开编辑面板，然后单击面板上的绿色"十"字，可以将当前 3D 视图创建为一个保留视图，如图 1-60 所示。

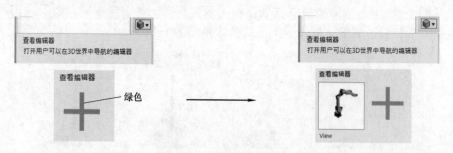

图 1-60　创建保留视图

2）单击查看编辑器按钮展开编辑面板，然后单击面板上保留视图下面的"View"字样，可以重命名该视图，如图 1-61 所示。

3）单击查看编辑器按钮展开编辑面板，然后单击面板上的保留视图，如图 1-62 所示，可以将当前 3D 视图变更为该保留视图。

4）单击查看编辑器按钮展开编辑面板，将鼠标指针移动到保留视图上，则在该视图下部会出现一个"更新"按

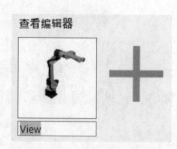

图 1-61　重命名保留视图

钮和一个"删除"按钮，如图 1-63 所示。单击"更新"按钮可将保留视图变更为当前 3D
视图，单击"删除"按钮可删除该保留视图。

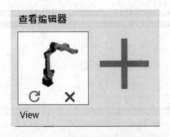

图 1-62 选择和使用保留视图   图 1-63 更新和删除保留视图

保存 3D 视图的当前布局后，保留视图会自动通过该布局保存，并且每当布局在 3D 视
图中打开时都可以使用。

1.7.5 移动和旋转组件

导入一个机器人组件，单击"开始"选项卡上
"操作"组中的"PnP"按钮（组件导入时的默认状
态），在机器人组件底部会出现一个蓝色的圆环，
将鼠标指针放在圆环内部或外部拖动可以移动机器
人组件的位置，将鼠标指针放在圆环上拖动可旋转
机器人组件的方向，同时会显示出一个角度刻度盘
以指示组件绕 Z 轴转动时与 X 轴正向的夹角，如图
1-64 所示。

选中机器人组件，单击"开始"选项卡上"操作"
组中的"移动"按钮，在机器人原点上会出现一个称
之为"操纵器"的坐标系，如图 1-65a 所示，使用该
操纵器可改变机器人的位姿。

图 1-64 旋转机器人组件

拖动操纵器的原点（粉色圆圈）可将组件移动到 3D 空间的任意位置，如图 1-65b 所示；
拖动操纵器的弧形环可将选定的组件绕着一个特定的轴旋转，如图 1-65c 所示。拖动过程中
如果将鼠标指针移到刻度尺上可以对组件精确定位。

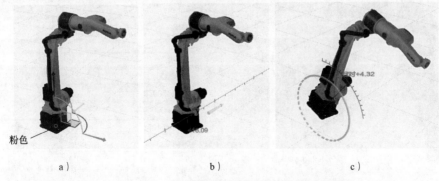

a)   b)   c)

图 1-65 使用操纵器移动和旋转机器人组件

在"组件属性"面板中，显示着组件在当前坐标系中的 X、Y、Z 坐标值，组件的方向由绕各坐标轴的旋转角度 A、B、C 表示。单击"X""Y""Z""A""B""C"按钮可将其值重置为零，还可以通过单击其字段数值直接进行编辑，设定组件的方位，如图 1-66 所示。

图 1-66　"组件属性"面板

1.7.6　与组件交互

组件可以具有交互式部件，例如可以在 3D 视图中移动和旋转的关节。通常，交互式部件都有极限位和自由度来约束和限定其活动范围。

机器人的关节可以基于其约束进行移动和旋转。单击"开始"选项卡上"操作"组中的"交互"按钮，当鼠标指针指向组件中的可活动部件时就会变为手形光标，按住鼠标左键可用此手形光标移动机器人的各个关节，如图 1-67 所示。在与组件交互的过程中，在"组件属性"面板的"默认"页面中有些属性可能会被突出显示为红色，以指示关节超出限制的错误，此时可以编辑各关节的属性值使机器人关节复位。

如果要撤销交互效果，可按 <Ctrl+Z> 键或者在快速访问工具栏上单击"撤销"按钮。如果要重复已撤销交互的效果，可按 <Ctrl+Y> 键或者在快速访问工具栏上单击"重复"按钮。如果要将组件重置为它们的初始状态，可在"仿真控制器"上单击"重置"按钮。

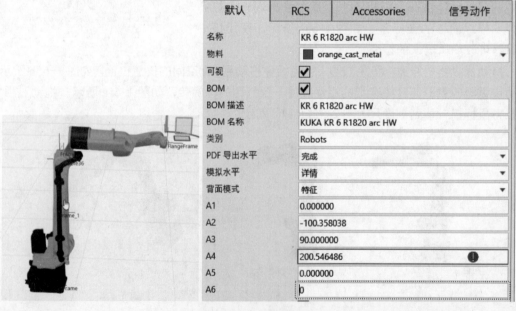

图 1-67　与组件交互

1.7.7　示教与编程

如果要在 3D 视图中示教机器人，需要单击"程序"选项卡，切换到机器人视图。当机器人被选中时，它的程序被显示在"作业图"面板中，程序是指挥机器人工作的指令，机器人的程序随其布局一起自动保存。

单击"开始"选项卡上"操作"组中的"点动"按钮，一个点动操纵器出现在机器人的默认 TCP 位置，如图 1-68 所示，该操纵器用于示教机器人的工作位置和外部关节及手臂末端工具的关节配置。当"点动"命令被激活后，在"点动"面板中会显示出机器人配置和内外部关节的属性。

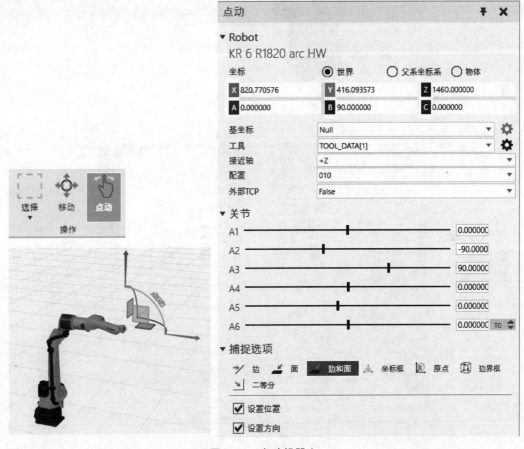

图 1-68　点动机器人

在"作业图"面板上的语句工具栏中单击添加 PTP 命令按钮 ⤳，创建程序语句记录机器人的初始位置 P1；将机器人手臂末端的点动操纵器原点拖动到空间任意位置，单击添加 PTP 命令按钮 ⤳ 记录位置点 P2；再拖动操纵器原点到一新位置，单击添加 PTP 命令按钮 ⤳ 记录位置点 P3；最后拖动操纵器原点到一新位置，单击添加 PTP 命令按钮 ⤳ 记录位置点 P4，如图 1-69 所示。

在程序序列中选择某条位置点语句或者使用"点动"命令直接在 3D 视图区中选择机器人的位置点，机器人手臂就会移动到相应的位置，并且在"动作属性"任务面板中可以编辑该位置点的数据，如图 1-70 所示。

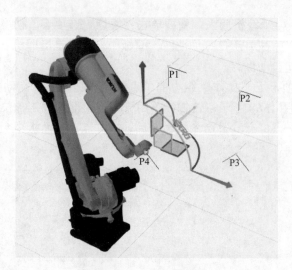

图 1-69　示教与编程

图 1-70　位置点属性

　　可以在某个语句上右击后选择"复制"命令，再次右击后选择"粘贴"命令复制该语句。如果需要重新排列程序中的语句，可将一条语句拖放至另一条语句之前或者之后，会有一条线表示插入语句的位置。在上述程序中，选择 P1 位置点语句，通过复制粘贴并拖动到序列最后，如图 1-71 所示，可使机器人手臂运动依次经过点位后回到初始位置点。

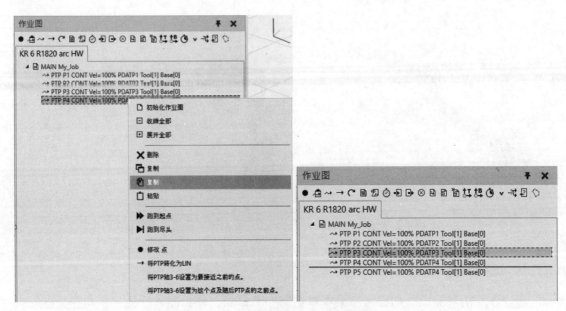

图 1-71　复制语句并改变其顺序

　　如果要删除一条选中的语句，只需右击后选择"删除"命令。

　　在"点动"面板上列出了机器人的关节名称和值。通过滑动滑块指针可调节每个关节在其运动范围内的当前值，以及机器人在执行运动过程中能达到的最小值和最大值。如果在"程序"选项卡上的"限位"组中勾选了"颜色高亮"复选框，当关节活动超出其界限时，该关节在 3D 视图和"点动"面板中将会红色高亮显示，如图 1-72 所示，这有助于在仿真过程中防止机器人运动超过其关节限制。如果在"程序"选项卡上的"限位"组中勾选了"限位停止"复选框，则机器人关节到达极限位置时会自动停止，这样就不会出现超出限位的错误。

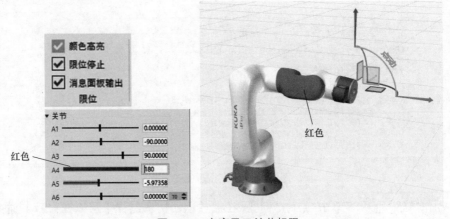

图 1-72　高亮显示关节超限

　　当拖动点动操纵器到一个机器人无法到达的位置点时，3D 视图中会显示出错并以箭头指示操纵器的原点，如图 1-73 所示。

　　同样，3D 视图中不可到达的机器人位置点将以红色标出，如图 1-74 所示。

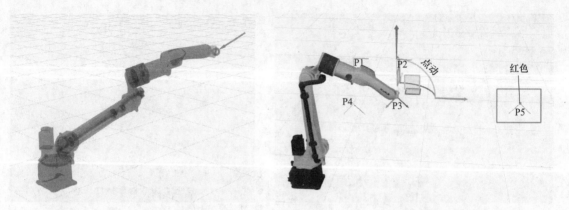

图 1-73　超出机器人工作范围　　　　　　图 1-74　机器人不可到达的位置点

1.7.8　运行仿真

在"作业图"面板上的程序序列中单击第一条语句，使机器人回复到初始位置。在视图区上方的仿真控制器中单击播放按钮⏵，如图 1-75 所示，就可以观察到机器人从 P1 位置依次到达 P2、P3、P4 点最后回到 P1（P5）点的运动过程。单击重置按钮◀◀可使仿真退回初始状态。

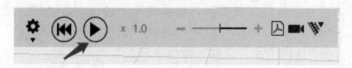

图 1-75　播放仿真

当运行一个仿真时，在机器人程序右侧不断跳跃的黑色箭头标示出当前正在执行的语句，如图 1-76 所示。

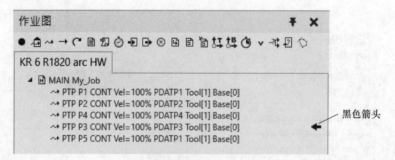

图 1-76　正在执行的语句

在"动作属性"面板下单击"点动"标签，在播放运动仿真过程中可以在"点动"面板的"关节"区域观察到，关节 A1 ～ A6 的值在不断变化。

1.7.9　修改运动语句

在程序序列中选择需要修改的位置点语句，拖曳点动操纵器各坐标轴或原点，将机器人手臂移动到新的位置，还可以通过拖曳点动操纵器各颜色环改变机器人手臂末端的姿态，然后在"作业图"面板上的"语句工具栏"中单击修改 PTP 或者 LIN 点按钮 ●，则 3D 视图区中该点的坐标位置框将迁移到新的位置点上，同时该语句的内容被修改为记录新的位置点。

1.8　文件管理

1.8.1　"文件"选项卡

"文件"选项卡导航窗格中的条目如图 1-77 所示，各条目的功能说明参见附录 G。

返回箭头

导航窗格

图 1-77　"文件"选项卡

在导航窗格右边所显示的内容取决于在其上选择的条目，可以通过此界面完成以下操作：

1）打开和保存布局文件。

2）打印在 3D 和 2D 视图中显示的内容。

3）编辑和保存工作界面的个性化设置、工作界面设置和插件设置。

4）设置系统的计量单位和精度。

1.8.2　新建布局

执行下列操作之一，可以快速清除现有 3D 视图中的组件并创建一个新的布局。

1）单击"文件"选项卡，然后在导航窗格中选择"清除所有"选项。

2）在快速访问工具栏中单击新的按钮 □。

3）按 <Ctrl+N> 键。

在完成上述操作后出现的提示对话框中，如果单击"切勿保存"按钮，表示在创建新的布局之前不保存当前的布局。

某些情况下，在 3D 视图中创建一个布局的具体内容之前，如果想描述该布局或解决方案，可以单击"文件"选项卡，然后在导航窗格上选择"信息"选项，接着在"查看布局信息"界面中填写各项内容，如图 1-78 所示，最后在导航窗格上单击返回箭头，开始构建布局。

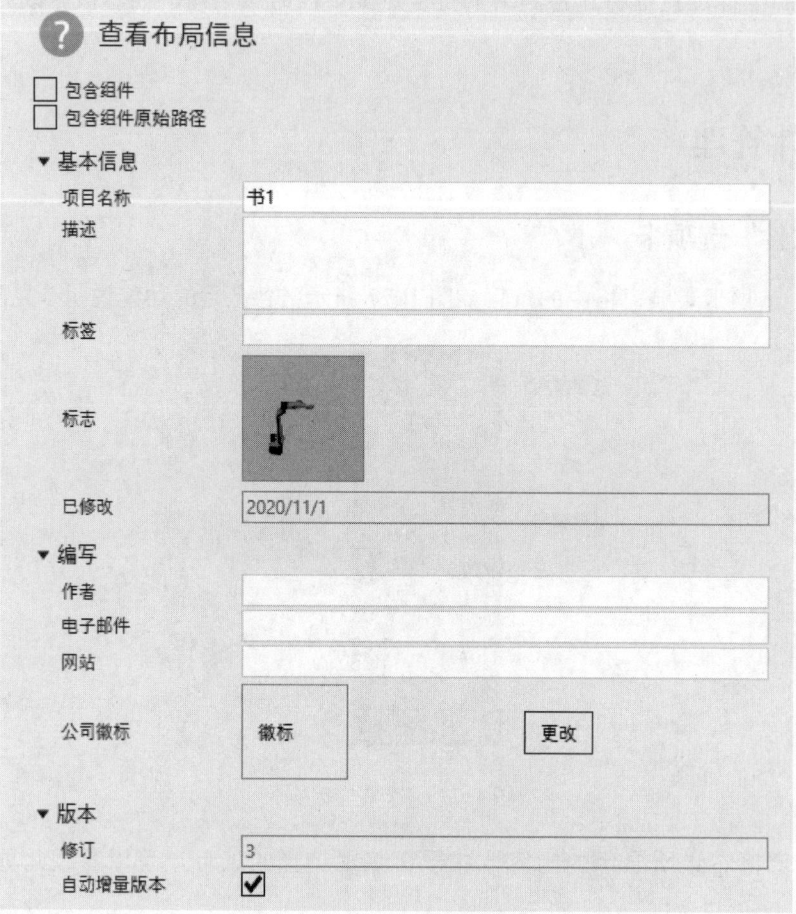

图 1-78 填写布局信息

1.8.3 保存布局

在快速访问工具栏上单击保存按钮 ，就可以将布局保存为扩展名为"vcmx"的文件，其 3D 视图的配置和有关组件的数据都会自动保存在该布局文件中，包括其位置、连接及属性值。但默认情况下，与布局一起保存的只是组建模型的连接，布局通过引用组件的 VCID 码以降低其文件大小。

每个组件都拥有一个唯一的 VCID 码，它是用于识别和加载组件的唯一编码。在"电子目录"面板上项目预览区中的组件项目上右击，从快捷菜单中选择"查看元数据"命令，打开"查看元数据"对话框，其中第一个"主字段"即为该组件的 VCID 码，如图 1-79 所示。

保存布局时，可以选择将组件包含在布局文件中。在快速访问工具栏上单击另存为按钮 ，在"另存为"界面中勾选"包含组件"复选框，如图 1-80 所示，这样就可以将组件包含在布局文件中。虽然包含组件会增加一个布局文件的容量，但是这可以让其他没有该组件访问权限的使用者共享布局中的组件，以便显示出布局中的组件。

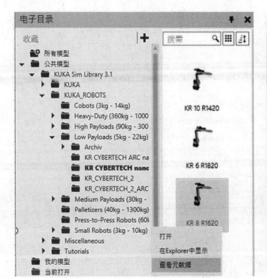

图 1-79 查看组件的 VCID 码

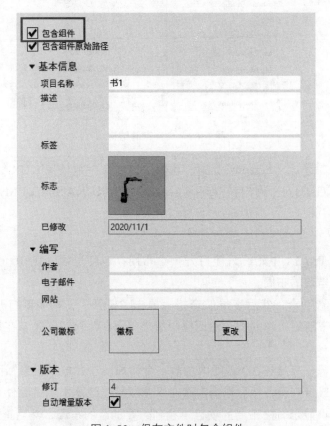

图 1-80 保存文件时包含组件

对布局所做的任何更改都可以备份到现有的布局文件中，例如对 3D 视图中组件的大小、颜色和位置所做的编辑可以随着布局一起保存。

在 Windows7 或 Windows10 操作系统的文档库中有一个"KUKA Sim 3.1"文件夹，如

图 1-81 所示，一个文件夹是公共（Public）的，用于存放共享的文件，其路径为 C:\Users\
Public\Documents\KUKA Public\KUKA Sim 3.1\Models。

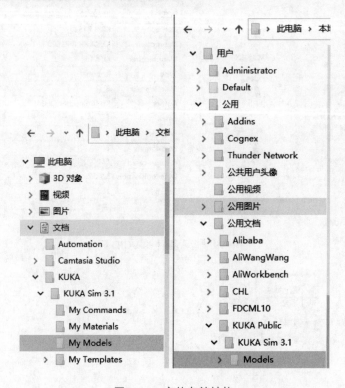

图 1-81　文件存储结构

另一个文件夹是个人（Personal）的，其默认文件夹存放使用 KUKA Sim 3.1 创建的私
有文件，其路径为 C:\Users\[用户名]\Documents\KUKA\KUKA Sim 3.1\My Models。

1.8.4　打开布局

在 KUKA.Sim Pro 3.1 中始终只能打开一个布局，也就是说，在 3D 视图中只要打开一
个新布局就会关闭当前的布局。

单击"文件"选项卡，然后在导航窗格上单击"打开"，指明要打开的布局文件的位
置并选择该文件，在随后出现的提示对话框中单击"保存"按钮，表示在打开布局之前保存
当前的布局。

可以通过拖曳操作直接在 3D 视图中加载一个布局。在"电子目录"面板的"收藏"窗
格中单击一个收藏或者来源，然后取消勾选左下角收藏过滤器中的"组件"复选框，只勾选
"布局"复选框来仅显示有关布局的项目，找到想要加载的布局，然后拖曳该布局至 3D 视
图中，如图 1-82 所示。

"布局"包含打开时加载的组件和其他支持文件的连接或引用，这些文件称为项目，它
们来自本地文件夹和称为"源"的远程 URI。"源"中项目的链接包含在"电子目录"面板
列出的"收藏"中，当前打开一个布局，其内容会被提取或下载至计算机中。

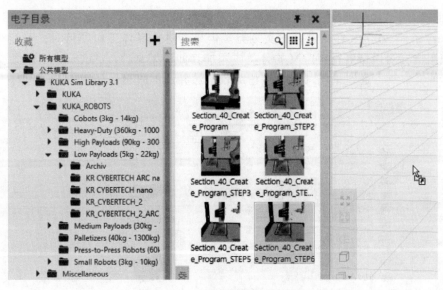

图 1-82　直接加载布局至视图区

1.8.5　导出布局

可以将选中组件的几何元或整个布局的几何元导出为一个支持的文件类型,操作步骤如下:

1)在"开始"选项卡中的"导出"组,单击"几何元"按钮。

2)在图 1-83 所示的"导出布局"任务面板中,在"要导出的组件"选项中单击"已选"或"全部",以确定导出选定的组件或者导出布局中所有的组件。

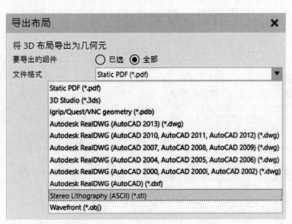

图 1-83　"导出布局"任务面板

3)在"文件格式"下拉列表中,选择一种支持的文件格式。

4)单击文件右下角"导出"按钮,然后在"保存"对话栏中设置保存位置。

1.9　编辑来源并添加收藏

在"电子目录"面板中对模型默认的来源按照"所有模型""公共模型""我的模

型""当前打开""最近模型""最常使用的""按类型的模型""按制造商的模型""KUKA Sim Library 3.1"九个文件夹进行归类划分。但是在进行具体工作项目时，可能需要根据不同的使用情况对模型进行自定义的分类或添加其他模型文件，"eCatalog 4.1"文件夹即为自定义的文件夹。通过单击"十"按钮编辑来源并添加收藏，如图 1-84 所示。

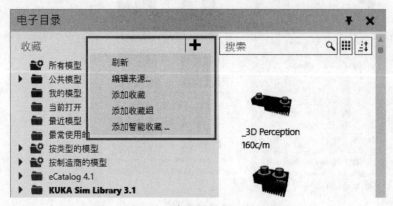

图 1-84　编辑来源并添加收藏

（1）"刷新"命令　更新本地和网络模型。

（2）"编辑来源 …"命令　添加本地新文件夹，在这里添加的是 Visual Components Premium 4.1 的模型库文件夹"eCatalog 4.1"，单击"添加新来源"按钮，然后找到本地的"eCatalog 4.1"文件夹进行添加，在"电子目录"面板下面就可以看到"eCatalog 4.1"文件夹了。可以通过"可见"复选框来隐藏和显示文件夹在"电子目录"面板下的显示；对于自己添加的新来源，可以通过"移除"命令进行删除，如图 1-85 所示。在后面的章节中（第4 章～第 9 章，第 12 章），将使用到"eCatalog 4.1"文件夹中的模型。

Sim 来源					— ×
来源					
来源名称	提供者	保留本地副本	可见	位置	
☑ Downloaded		▪	☑	本地	
☑ 我的模型		▪	☑	本地	
☑ 公共模型		▪	☑	本地	选项
☑ KUKA Sim Legacy Libra KUKA Deutschland Gml		☑	☑	远程	选项
☑ eCatalog 4.1		▪	☑	本地	移除
添加新来源					关闭

图 1-85　添加新来源

（3）"添加收藏"命令　单击"添加收藏"，在"电子目录"面板下面出现"收藏001"文件夹，可以右击对其进行重命名和删除操作。可以将多个模型存放在此收藏下面作

为子集，只需要将需要作为子集的模型拖放到此收藏下面即可。这里将添加的机器人模型
"LBR iiwa 14 R820"拖放到"收藏 001"下面，如图 1-86 所示。

图 1-86　添加收藏

（4）"添加收藏组"命令　单击"添加收藏组"命令，在"电子目录"面板下面出现
"组 001"文件夹，可以右击对其进行重命名和删除操作；可以将多个模型文件夹存放在此
收藏组下面，作为子集，只需要将作为子集的文件夹拖放到此组下面就可以了。这里将添加
的"eCatalog 4.1"文件夹拖放到"组 001"下面，如图 1-87 所示。

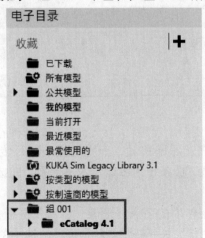

图 1-87　添加收藏组

（5）"添加智能收藏…"命令　该命令可根据模型的属性类别进行有条件的智能分组。

第2章 布局的创建

布局就是在 3D 视图中打开的 VCMX 文件。

启动 KUKA.Sim Pro 时，系统会自动创建一个新的空布局，用户可以通过在此布局中添加和编辑组件来构成一个虚拟的作业环境。通常，从"电子目录"面板中将组件添加到 3D 空间布局中时，还可以导入 CAD 文件作为布局中的新组件。每个布局应至少包含一个组件及其相关设置。

2.1 给组件添加依附关系

给组件添加依附关系的步骤如下。

1. 导入组件

分别搜索并导入传送带"Batch_Conveyor"、板条箱"Crate"、0.5 L 的瓶子"Bottle 0.5L"和 1.5 L 的瓶子"Bottle 1.5L"，如图 2-1 所示。

2. 添加依附关系

选中板条箱"Crate"，在"开始"选项卡上的"层级"组中单击"附加"按钮 附加，然后将鼠标指针移到传送带"Batch_Conveyor"上时会在其周围出现红色线框，并且出现一个从板条箱指向传送带的蓝色箭头，如图 2-2 所示，单击传送带即完成依附关系的添加。

图 2-1　导入组件

图 2-2　添加依附关系

拖动传送带时会看到板条箱跟随移动，而拖动板条箱时传送带并不跟随移动，这是因为添加的依附关系是主从关系，板条箱为传送带的子元素，即选中的组件作为子节点依附到一个新的父节点上。

可将组件附加至另一个组件中的节点以形成一个父子层级关系，这可以让组件在新 3D 视图中移动并互相影响。"附加"按钮 附加 就是将一个选中的组件依附到另一个组件的节点上，从而在布局中形成一个新的父子层级关系。但是，不能将组件依附到其自身的节点上或者其自身的子组件上。

3. 解除依附关系

选中板条箱 "Crate"，在 "开始" 选项卡上的 "层级" 组中单击 "分离" 按钮 ⬚ 分离，此后拖动传送带时会看到板条箱不再跟随移动。因此要将一个选中的组件从另一个组件的节点上脱离，解除所添加的依附关系，应首先选择已被添加依附关系的子组件，然后单击 "分离" 按钮 ⬚ 分离，从而在布局中取消一个原有的父子层级关系。

2.2 坐标之间的关系

组件在三维空间中的位置和方向是以指定的坐标系为参照的，3D 视图中有三个可用的坐标系："世界" "父系坐标系" "物体"，如图 2-3 所示。在 "组件属性" 面板中可以根据需要在一个组件的各个坐标系之间做切换。

图 2-3　组件坐标系

1. 世界坐标系

世界坐标系是全局坐标系，具有固定原点。使用该坐标系可以对三维和二维空间中的选中对象进行全局定位。世界坐标系是其他坐标系的基础。

2. 父系坐标系

父系坐标系是选中对象并将其加入一个场景中时的环境坐标系。一个对象只能拥有一个父系坐标系，选中对象的父子层级关系决定了其父系坐标系。如果组件未依附至另一个组件中的节点，那么选中组件的父系坐标系便是 3D 视图（模拟根节点），在这种情况下，世界坐标系和父系坐标系将拥有相同的原点和方位。如果一个组件依附到另一个组件的节点上，此时该组件的位置可以相对于其父系节点的原点进行确定。而且，当父系节点移动时，子系组件将随其移动以维持它与父系原点的相对位置。

在本案例中，依附传送带的板条箱，其位置参考了父节点的原点，在这种情况下，板条箱的父系节点就是传送带的根节点。在板条箱的 "组件属性" 面板中，"坐标" 区域选择 "父系坐标系"，就可以观察到其坐标值发生了变化，由原来参考世界坐标系原点的坐标值，变为参考其父系坐标系（传送带）原点的坐标值，如图 2-4 所示。

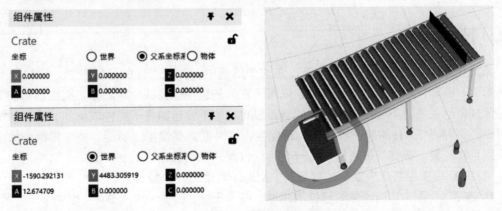

图 2-4　转换坐标系

如果此时分别单击"X""Y""Z"按钮将它的值重置为零，就可以看到板条箱移动到其父系坐标系（传送带）的原点上，而"坐标"区域再重新选择"世界"时，可看到其坐标值并不为零。

3. 物体坐标系

物体坐标系是选中对象自身的坐标系，具有一个相对于其当前状态的原点。当选中对象移动时，该坐标系会记录该对象相对于自身初始状态的偏移值。转换坐标系或者拖动操纵器原点移动都可重置对象的物体坐标系，即 X、Y、Z 坐标值归零。

2.3   添加并验证依附关系

单击选中 0.5L 的瓶子"Bottle 0.5L"，然后按住 <Ctrl> 键，再单击 1.5 L 的瓶子"Bottle 1.5L"，可以实现多个组件的选取。接着单击"附加"按钮，在"附加到父系体系"任务面板的"Node"下拉列表中选择"Crate"命令，也可实现依附关系的添加。

当选择一个组件并启动"附加"命令时，会出现一个蓝色箭头指明该组件在 3D 视图中是否有依附关系，以及依附于哪个组件。更简单的方法是，当按下"开始"选项卡上"操作"组中的"PnP"按钮时，选中一个组件，如果显示出指向另一个组件的蓝色箭头，即表明所选择的组件已经被添加过依附关系，箭头指向的就是其父组件的原点，如图 2-5 所示。

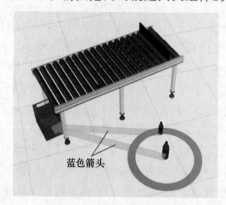

图 2-5   显示依附关系

2.4   捕捉对象

添加依附关系只是形成一个层级，在这个层级中，对父组件的编辑会影响到依附其上的子组件。例如，删除一个父组件时，依附于它的子组件也会被同时删除，而且不可恢复。但是添加依附关系时不会改变子组件的当前位置，即不会自动将子组件放置到父组件的特定位置上，例如将 1.5 L 的瓶子放到板条箱里面，这时就需要使用"捕捉"命令将选中的组件定位到目标位置。捕捉就是通过制定一个目标位置来移动被选中的物体。

可在 3D 视图中将选中组件捕捉至一个相对于其他组件的位置，操作步骤如下。

1）在 3D 视图中，选择想要移位的组件，在"开始"选项卡的"工具"组中单击"捕捉"按钮，或者在迷你工具栏中单击"捕捉"按钮，随后出现的"组件捕捉"任务面板如图 2-6 所示。

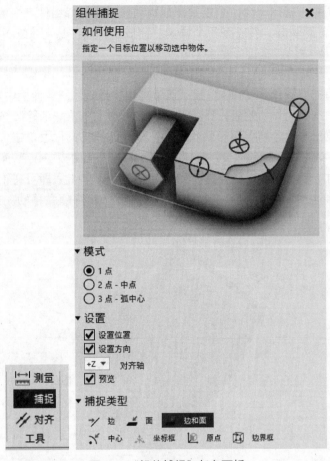

图 2-6 "组件捕捉"任务面板

2）在"组件捕捉"任务面板中的"模式"区域，执行以下操作之一：

①如果要捕捉选择至一个选中的位置，单击"1 点"。

②如果要捕捉选择至两个选中位置之间的一个中间位置，单击"2 点 - 中点"。

③如果要捕捉选择至距离三个选中位置相等半径处的位置单击"3 点 - 弧中心"。

3）在"设置"区域，执行以下一项或者多项操作：

①如果要将选择捕捉至一个位置，勾选"设置位置"复选框。

②如果要将选择捕捉至一个位置的相同方向，勾选"设置方向"复选框。

③如果要定义对齐轴以捕捉选择至一个位置，单击"对齐轴"旁的箭头，然后在弹出的下拉列表中选择想要使用的轴和方向。

④如果要预览捕捉效果，勾选"预览"复选框。

4）在"捕捉类型"区域，执行下列操作之一以捕捉指定几何元：

①如果要捕捉选择至边和 / 或面上的一个点，单击"边""面"或"边和面"。

②如果要捕捉选择至参考系上的一个点，单击"坐标框"。

③如果要捕捉选择至组件的原点，单击"原点"。

④如果要捕捉选择至组件边界框的一个角点，单击"边界框"。

⑤如果需要选择两个或者多个位置，可以在选择各个位置之后更改捕捉类型。

5）在 3D 视图中，指向一个位置以预览捕捉动作对所选择组件产生的效果。

6）根据模式设置单击一个或者多个位置。完成整个动作或者在 3D 视图中单击一个空白空间或者按 <Esc> 键后，捕捉命令会自动关闭。

7）执行以下一项或者多项操作：

①如果要取消捕捉命令，按 <Esc> 键或者在"组件捕捉"任务面板中单击"取消"按钮。

②如果要撤销捕捉动作的效果，在快速访问工具栏上单击"消除"按钮。

③如果要重复已撤销的捕捉动作的效果，在快速访问工具栏上单击"重复"按钮。

在本案例中，选中 1.5 L 的瓶子，在"捕捉组件"任务面板中设置捕捉选项，移动鼠标指针到板条箱里面即自动捕捉特征位置，如图 2-7 所示，单击后即可将 1.5 L 的瓶子放置在选定的位置上。此时移动板条箱，1.5 L 的瓶子将在板条箱内随之移动。如果两个组件之间没有父子层级关系，即使捕捉到位也不会随之共同移动。

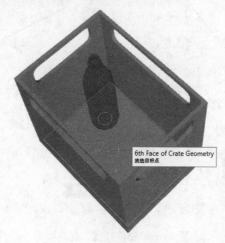

图 2-7 捕捉特征位置

2.5 将工件依附到定位器上

将工件依附到定位器上的步骤如下。

1. 导入组件

分别搜索并导入定位器"KP2-HV500"、工件"Case 400x300x130"，如图 2-8 所示。

图 2-8 导入组件

2. 添加依附关系

选中工件"Case 400x300x130"，在"开始"选项卡上的"层级"组中单击"附加"按钮，然后选择定位器的圆形转盘，将工件依附到转盘上。在"开始"选项卡上的"操作"组中单击"交互"按钮，用鼠标指针转动定位器的两个关节就可以看到工件与定位器间的随动关系。选中工件，启用"捕捉"命令，将工件放置到转盘上，转动关节再次查看随动情况，如图 2-9 所示。由此，可以比较出在依附关系上添加捕捉定位与仅添加依附关系时的区别。

图 2-9　添加依附关系并捕捉定位

2.6　将物料依附到物料箱里

将物料依附到物料箱里的步骤如下。

1. 导入组件

分别搜索并导入物料箱"Case 600x400xH"、物料 1"Speciale Palm"、物料 2"Westvleteren Tripple"、物料 3"Bottle 1.5L"、物料 4"Brick 1L 70x60"，如图 2-10 所示。

2. 移动组件

在"开始"选项卡上的"操作"组中单击"移动"按钮，选择一个组件后就显示出操纵器，将鼠标指针放到该操纵器原点的粉红色圆圈内可以实现对该组件的任意拖动。分别拖动四个组件上的操纵器原点将它们放入物料箱中，而操纵器会自动捕捉箱子底面上的特征位置，在选好的位置松开鼠标左键即可放置组件，如图 2-11 所示。

图 2-10　导入组件

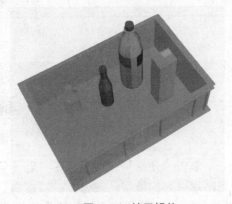

图 2-11　放置组件

3. 添加依附关系

在视图区中选中物料箱"Case 600x400xH"，在"开始"选项卡上的"操作"组中单击展开"选择"命令集，选择"反选"命令则反向选中了物料箱里的四个组件。在"开始"选项卡上的"层级"组中单击"附加"按钮，再到视图区中选择物料箱"Case 600x400xH"，即可将所有物料依附到物料箱"Case 600x400xH"里面，移动物料箱就可以看到添加依附关系后的效果。

4. 保存组件和它的子组件（装有物料的物料箱）

选中物料箱"Case 600x400xH"，在"建模"选项卡上的"组件"组中单击"另存为"按钮，在"保存组件为"任务面板中重新命名该组合体的"名称"为"Case 1234"，单击右下角的"另存为"按钮，如图 2-12 所示，在弹出的"另存为"对话框中设置存储位置和文件名。

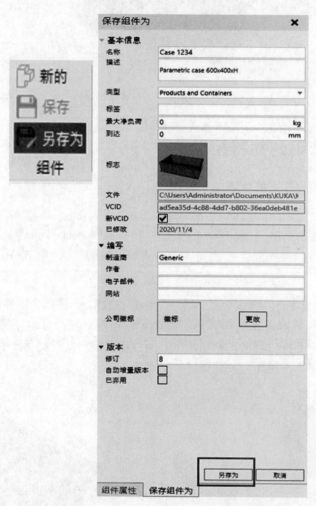

图 2-12　另存组件

单击"开始"选项卡，在"电子目录"面板中选择"我的模型"即可在项目预览区看到刚刚保存的模型。或者，在"搜索"框中输入"Case 1234"即可查到刚存入的装有物料的物料箱，即可将这个组合体作为单一组件直接拖入布局视图中。

2.7 组件的物理连接

有的组件具有物理接口，这种类型的接口允许用户将组件直接组合在一起，并共同完成一项工作。"PnP"（Plug and Play 即插即用）命令可以在物理接口上将组件相互连接，例如将工具安装到机器人手臂末端、将传送带连接到供料器上等。从作用上来看，"PnP"命令的连接功能相当于"附加"命令与"捕捉"命令的组合。

当把一个组合添加进 3D 视图时，该组件就自动处于选中状态，同时"PnP"命令被激活，这时可以将该组件拖至靠近其他组件以检测是否具有物理连接的可能性，组件中的可用物理接口会引导匹配接口。例如会出现一个绿色的箭头连线，从一个可用接口指向任何附近的匹配接口。有时，需要旋转组件以使其接口处于匹配接口的可接受靠近角度范围内。如果有两个或者更多的匹配接口，最大的绿色箭头会指向最近的可用链接。当匹配的接口顺着绿色箭头移到足够靠近时，组件就会捕捉到一起，形成一个物理连接。

如果需要分开组件，可将需要分开的组件脱离附近的组件，直到连线断开为止。

当选择一个组件时，组件上的物理接口有时会用黄色或绿色的三角箭头标示出来，黄色箭头表示一个可用的接口，绿色箭头表示一个已连接的接口。

2.7.1 将机器人放置到基座上

KUKA.Sim Pro 拥有丰富的模型库，在"电子目录"面板中包含了很多个组件的连接，因此按照模型或制造商进行项目分类有助于查找组件。

在"电子目录"面板上的"公共模型"窗格中，展开"KUKA Sim Library 3.1"下的"KUKA"文件夹，选择"Pedestal"，然后在项目预览区选中"Pedestal_KR16"并双击，使其自动调入并定位至 3D 视图区的原点。

在"KUKA Sim Library 3.1"下，展开"KUKA_ROBOTS"，展开"Low Payloads(5kg-22kg)"，选择"Archive"，导入机器人"KR 16-2"，拖曳机器人靠近基座"Pedestal_KR16"时，会看到两者之间有一条绿色箭头连线，顺着连线拖动可将机器人自动放置到基座顶面正中位置，如图 2-13 所示。

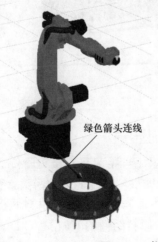绿色箭头连线

图 2-13 将机器人放置到基座上

分别查找并导入机器人"KR 16-2"和焊枪"ed33_xt400"。拖动焊枪靠近机器人手臂末端时会看到两者之间有一条绿色箭头连线，如图 2-14 所示，顺着连线拖动焊枪吸盘直到它被自动吸合放置到机器人手臂末端的法兰上，形成物理连接。

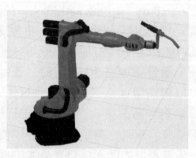

图 2-14　将焊枪吸盘安装到机器人手臂上

安装在机器人手臂末端的焊枪会与机器人一起移动，因为该焊枪已附加至机器人的法兰节点 / 安装板。也就是说，有些组件是为在形成物理连接时自动相互组合而设计的，如手臂末端工具和可拆卸的传送带传感器。

2.7.2　传送带与供料器连接

分别查找并导入供料器"Shape Feeder"和传送带"Sensor Conveyor"。选中供料器后可以看到其顶面有一个方向向外的黄色箭头，表示它有一个输出接口。选中传送带后可以看到其顶面两端各有一个黄色箭头，表示它有两个接口，在一端箭头方向向内的为输入接口，在另一端箭头方向向外的为输出接口。调整供料器与传送带的方向，使供料器的输出接口与传送带的输入接口相对，拖动传送带靠近供料器时会看到两者之间出现一条绿色箭头连线，表示在传送带的该方向上有一个有效的连接，如图 2-15 所示。

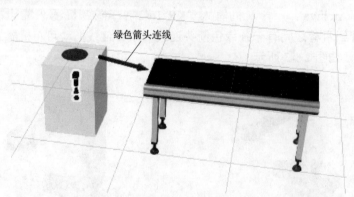

图 2-15　将传送带与供料器连接

顺着绿色箭头连线继续拖动传送带靠近供料器，当距离足够接近时传送带就会自动吸附到供料器上，传送带与供料器就连接在一起，此时供料器上的黄色箭头就变成了绿色。

运行仿真可以看出，供料器在仿真过程中产生原料组件，有些供料器提供了一个原料组件的选择清单和属性列表，有些供料器要求输入原料组件的 URI、VCID 或名称，或者需指明原料组件的文件路径。

2.8　组件的信号连接

机器人可以使用信号连接到其他组件来触发某些动作。例如，可以发出"抓取"或"释放"动作信号，可以跟踪机器人到达某一位置的运动路径，可以安装和拆卸工具以及启动或停止传送带。而在仿真过程中，也可以使用信号映射控制机器人和触发事件的输入 / 输出。例如，可以同步组件动作、启动和停止机器及传送带，以及执行其他机器人的特定程序。

1. 导入组件

分别查找并导入机器人"KR 16-2"、供料器"Shape Feeder"、带传感器的传送带"Sensor Conveyor"。

将传送带连接到供料器上，然后拖动机器人将其移动到传送带旁边，如图 2-16 所示。

2. 连接 I/O 信号端口

在"开始"选项卡上的"连接"组中单击"信号"按钮，选中机器人就会显示出各组件的"信号编辑器"，将传送带信号编辑器的"SensorBooleanSignal"端连接到机器人信号编辑器的"输入"端（即传送带传感器将检测到的信息发送给机器人），再将机器人信号编辑器的"输出"端连接到传送带信号编辑器的"StartStop"端（即由机器人输出信号控制传送带的启动和停止），如图 2-16 所示。

在机器人信号编辑器中，双击"输入"端下方的"0"，输入"101"，然后双击"输出"端下方"0"，也同样输入"101"，如图 2-16 所示。上述操作是将机器人的 I/O 信号端口由默认的"0"更改为"101"。

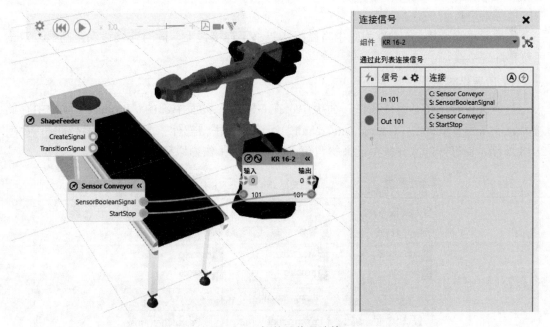

图 2-16　组件的信号连接

在"连接信号"界面，单击"信号"后面的设置按钮 ⚙，勾选"唯一连接"复选框，显示出机器人已经连接使用的信号，如图 2-17 所示。

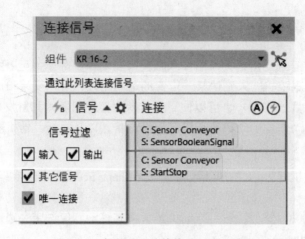

图 2-17　组件的"连接信号"界面设置

在"开始"选项卡中取消勾选"信号"复选框以隐藏信号编辑器。

机器人的信号编辑器可用于连接其他诸如输入和输出组件中的信号。展开组件的信号编辑器，然后拖动信号的端口以显示用于将该信号连接至机器人的连接线，如果要将该信号的值设置为一个输入，则拖动连接线至机器人信号编辑器的输入"0"端口；如果要将该信号的值设置为一个输出，则拖动一个连接线至机器人信号编辑器的输出"0"端口。

在连接输入和输出时，可以更改机器人信号编辑器中已连接信号的输入 / 输出端口，也就是说，不需要断开信号连接便可以更改机器人信号所连接的输入 / 输出端口编号，在机器人的信号编辑器上，双击输入和输出下方的"0"，输入数值更改为想要用于连接的机器人中的信号端口。

如果要移除连接，在 3D 视图中将鼠标指针移至连接线上，同时连接线深色凸显，双击即可移除连接线。

3. 设置供料器

选中供料器，在"组件属性"面板中，在"默认"页面中部的"Product"属性中存储着内置产品的清单，在"ComponentCreator"页面，单击"部件"属性右侧的按钮[…]，如图 2-18 所示，在打开的文件夹中选择物料箱"Case 1234"作为原料组件。

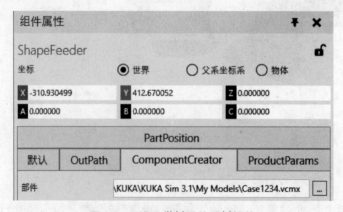

图 2-18　设置供料器的原料组件

4. 编辑程序设定输入和输出信号

单击"程序"选项卡，选择机器人，在"作业图"面板中对机器人信号进行编程控制，单击等待 WAIT FOR $IN 命令按钮 ，建立"WAIT FOR $IN[101]"，在"动作属性"任务面板中更改输入端口"Nr"和信号状态"$IN"，机器人等待接收传送带传感器发来的信号，当信号值为"正确（True）"时执行该语句后面的程序动作，如图 2-19 所示。

单击添加 $OUT 命令按钮 ，建立"OUT 1"State=TRUE，在"动作属性"任务面板中将信号输出端口"Nr"也设置为"101"（对应上述更改后的输出端口），如图 2-19 所示，使"OUT 101"State=TRUE，即此时机器人输入信号值为"错误（False）"之前传送带正常运行，当传送带的"StartStop"信号端接收到来自机器人的"错误（False）"指令时，立即使传送带停止运行，注意，状态值更改为"错误"。

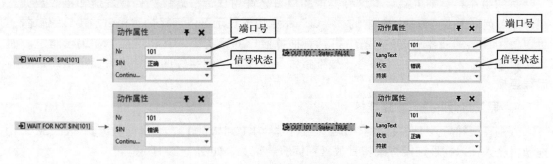

图 2-19　机器人控制程序

5. 运行仿真

当传送带中间传感器测得有物料经过时就会发送"正确（True）"信号通知机器人，机器人接着向传送带发送"错误（False）"信号使其停止运行，因此机器人就控制了传送带的运转，如图 2-20 所示。

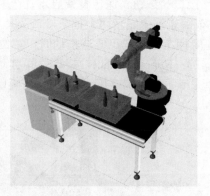

图 2-20　运行仿真

6. 信号配置

机器人的 I/O 端口可被映射至基坐标框和工具坐标框以执行特定工具的动作。例如，可以使用一个"添加 $OUT 命令"语句来设置表示抓取或释放动作、跟踪以及安装和拆卸工具的信号。注意，在所有情况下，机器人发送的动作信号都是布尔类型的，即正确（True）或者错误（False）。

为了让动作信号能够起作用，机器人必须拥有一个动作脚本行为。大多数机器人都有一个内置动作脚本行为，能够自动将信号端口 1 ～ 48 映射到工具坐标框，以及将信号端口 49 ～ 80 映射到基坐标框。因此，可以使用预先定义的信号动作，无须重新配置。

在多数情况下，信号端口 1 ～ 16 用于发送"抓取"和"释放"动作信号，信号端口 17 ～ 32、49 ～ 80 用于发送"跟踪开启"动作信号，而信号端口 33 ～ 48 则用于发送"安装和拆卸工具"动作信号。由于一般不需要使用基坐标框，因此实际使用中直接用序号 100 及之后的信号端口。

2.9　组件的远程连接

有的组件具有抽象接口，这种类型的接口允许用户远程连接组件以发送和接收数据。"开始"选项卡上"连接"组中的"接口"命令用于显示可以连接抽象接口的接口编辑器，可以使用接口编辑器在 3D 视图中将具有抽象接口的远程组件互相连接。在编辑器中，抽象接口被显示为端口，并且会有一根连接线显示出与其他组件的一个或者多个端口之间的远程连接。

1. 导入组件并进行物理连接

分别查找并导入机器人"KR 16-2"、定位器"KP2-HV500"、通用伺服导轨"KL250-3"。拖动机器人，以物理连接方式将其放置到伺服导轨上，如图 2-21 所示。

单击"开始"选项卡上"操作"组中的"交互"按钮，可以用鼠标手形指针拖动伺服导轨滑座，滑座连同机器人一起在导轨上往复移动，单击仿真控制器中的重置按钮可以使导轨滑座复位。

2. 远程连接组件

可通过使用抽象接口将机器人远程连接至外部活动组件定位器"KP2-HV500"。在"开始"选项卡上"连接"组中单击"接口"按钮，深色背景显示，选中机器人即显示出机器人的接口编辑器，如图 2-21 所示，在该编辑器中显示两个抽象接口及其名称。在第一个接口"Connect Workpiece Positioner"处按住鼠标左键朝向定位器拖动时，定位器就会以黄色高亮感应，在定位器上松开左键就与定位器的"RobotInterface"接口之间自动连接了一条淡蓝色连线，定位器的高亮处变成绿色，此即完成了接口的连接。再次单击"接口"按钮，可隐藏接口编辑器。

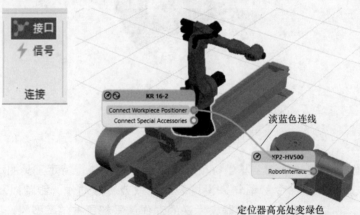

图 2-21　远程连接组件

"接口"按钮用于开启 / 关闭接口编辑器的可见性,该编辑器可将选中组件与其他组件远距离连接,使它们能够协同工作。在选中机器人的接口编辑器上,将用于连接外部组件的接口圆点脱离编辑器以创建一根连接线,然后将这根线拖至外部活动组件的一个黄色高亮节点(表明它就是有效的连接点),这根连接线就会自动附加至一个匹配的接口;或者将该连接线拖至另一个接口编辑器上的接口时,会显示一个能否连接的标记。无论哪种情况,成功的远程连接都会导致外部活动组件中的节点变成绿色高亮显示(说明已经远程连接了选定的组件),并且会有一根线通过对应接口对两个编辑器进行连接。

如果要移除远程连接,需将鼠标指针指向连接线,连接线蓝色高亮显示,单击连接线即可取消连接,也可单击机器人接口编辑器上的连接按钮 ⊘ 进行连接或取消连接。

3. 编程联动

单击"程序"选项卡,选中机器人"KR 16-2",在"作业图"面板中进行简单编程。在语句工具栏中单击添加 PTP 命令按钮 ⤳,建立初始点 P1 记录机器人的初始位置。在"点动"下拖动伺服导轨滑座到任意位置,转动定位器的两个关节到任意位置,再拖动机器人手臂末端朝向定位器,如图 2-22 所示,单击添加 LIN 命令按钮 → 建立位置点 P2。

单击仿真控制器中的重置按钮 ⏪ 使所有组件复位,单击播放按钮 ▷ 弹出"机器数据服务"对话框,单击"是"按钮,如图 2-23 所示,等待生成机器数据,单击播放按钮即可查看机器人与定位器的联动效果。

图 2-22　点动组件　　　　　　　　图 2-23　生成机器数据

在"作业图"面板中选择位置点 P2 语句,对应的"动作属性"面板中显示的"E1""E2""E3"就是已连接的外部活动组件的运动参数,如图 2-24 所示,其中"E1"是导轨滑座距离值,"E2"是定位器翻转关节角度,"E3"是转盘角度。在 3D 视图区中转动或移动这些外部活动组件,单击语句工具栏中的修改 PTP 或 LIN 点按钮 ●,就更新了 P2 语句的记录内容。

一条运动语句包含点位和动作两个要素,在"动作属性"面板的"Statement"区域中还可编辑速度等其他运动属性。单击底部的"点动"标签,在机器人"点动"面板的"关节"区域还可查看或设置外部关节值,如图 2-24 所示,直接拖动标尺上的滑块,就可以在 3D 视图区中看到对应外部活动组件的变化情况。

4. 远程连接与信号连接的区别

远程连接依靠接口编辑器建立各组件之间的联系,组件的每个接口都具有特定的名称和预置功能，连接完成后相关组件即可按系统内置功能自动协同工作，仅需编制少量的机器人控制程序甚至不用编程，也不用设置组件之间的 I/O 信息交互。通常，由特定的管理器远程连接多种不同的设备，自动控制组合设备的运行，具体方法参见第 4 章。

　　信号连接依靠信号编辑器建立机器人与其他组件之间的联系，机器人的信号端口按数字顺序编号，其中 1 ～ 80 号端口预定义了信号动作，而其他组件的端口都具有特定的名称和预置功能，可以直接使用而无须设置。但是，无论是使用 80 号之前的端口还是 80 号之后的端口，都需要编制机器人控制程序，设置机器人与其他组件之间的 I/O 信息交互，这样才能使对应的组件协同工作。

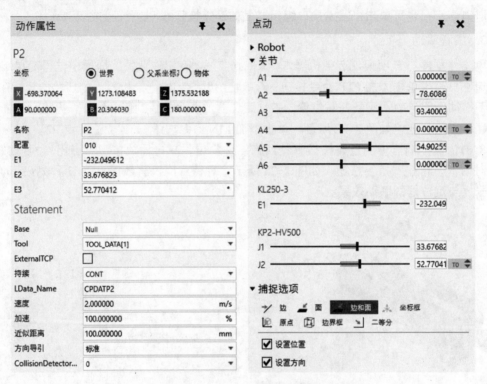

图 2-24　外部活动组件参数

第3章 机器人示教与编程

"程序"选项卡界面是示教机器人的工作空间。机器人序列语言或 RSL 作为机器人程序被输入到"作业图"中，程序中的语句是机器人在仿真过程中可以执行的任务序列，任务被称为"语句"按顺序排列，同时也定义了执行顺序。

机器人具有 RSL 程序执行器，负责在仿真时运行机器人程序。每个程序都有一个默认的主程序，而其他程序可以嵌套在另一个程序中，被称为子程序。机器人执行器可以循环执行一段机器人程序，以及使用连接组件来调用特定的语句，例如一个机器人管理器、资源管理器或连接的 PLC 控制器。

单击"程序"选项卡，即可在 3D 视图中选择和示教机器人，"点动"命令及其面板用于配置机器人、与其关节交互动作以及示教位置。在"作业图"面板中即可显示一个机器人的程序命令，也可创建和编辑程序和语句。

3.1 机器人吸取和释放工件

3.1.1 导入组件并定位

分别查找并导入机器人"KR 60-3"、吸盘"ParametricGripper"、托盘"Euro Pallet"、立方块"Cube"。将吸盘安装到机器人手臂末端的法兰上。

选中机器人"KR 60-3"，在"组件属性"面板中单击"默认"页面，勾选"WorkSpace3D"复选框，以直观的方式显示机器人的可达工作空间，即机器人手臂末端能够到达的空间点。将托盘和立方块移到机器人的工作范围之内，如图 3-1 所示。取消勾选"WorkSpace3D"复选框。

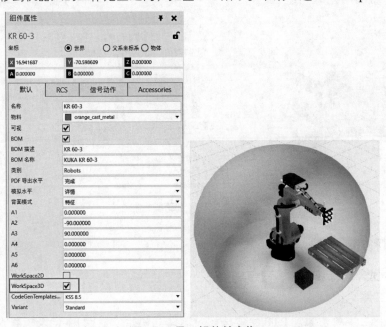

图 3-1 导入组件并定位

3.1.2 设置吸盘控制

单击"程序"选项卡切换到机器人视图，选中机器人，在"组件属性"面板中单击"动作配置"箭头将其展开，如图 3-2 所示。

在"信号动作"区域中，单击展开"输出"下拉列表选择"1"（表示使用 1 号信号端口输出信息），则下面自动出现"对时"为"抓取"，"错时"为"发布"，其含义为当机器人输出信号为"True"时（即"对时"）吸盘抓取立方块，而输出信号为"False"时（即"错时"）吸盘释放立方块。

图 3-2 动作配置

在"抓取"区域中，单击展开"使用工具"下拉列表选择"DoubleTool1"，表示指定吸盘为作业工具，即机器人将通过信号端口"1"对吸盘下达指令。

"输出"下拉列表中所列数字为发送动作信号的机器人端口，可采用信号端口 1 ~ 16 用于发送"抓取"和"释放"动作信号。在"对时"下拉列表中的选项是当机器人输出信号为"True"时令末端执行器执行的动作；而在"错时"下拉列表中的选项是当机器人输出信号为"False"时令末端执行器执行的动作。

3.1.3 设置坐标系

单击"组件属性"面板底部的"点动"标签，在"点动"面板中，单击展开"基座标"下拉列表选择"BASE_DATA[1]"；单击展开"工具"下拉列表选择"DoubleTool1"选项，即将点动操纵器平移到吸盘最前端，如图 3-3 所示，默认情况下，机器人的工具坐标映射到信号动作，从而使机器人更容易在预定义的工具坐标下发出"抓取"和"释放"信号以及完成其他动作类型。

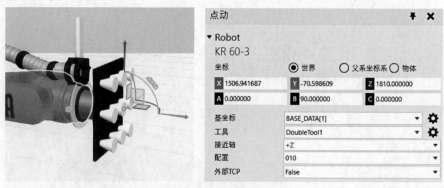

图 3-3 平移点动操纵器

3.1.4 编制程序

编制吸取工件和释放工件的程序。

1. 吸取工件

在"作业图"中单击添加 PTP 命令按钮，建立初始位置点 P1 记录机器人的初始位置。

单击"程序"选项卡上"工具和实用程序"组中的"捕捉"按钮,将吸盘捕捉到立方块上表面,如图 3-4 所示,单击添加 LIN 命令按钮 → 建立位置点 P2 记录吸取点,如图 3-5 所示。

图 3-4　捕捉立方块上表面

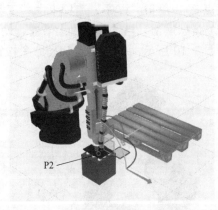

图 3-5　记录吸取点

　　拖动点动操纵器蓝色箭头(Z 轴)向上一段距离,如图 3-6 所示,单击添加 PTP 命令按钮 ↷ 建立位置点 P3。在此位置再次单击添加 LIN 命令按钮 → 建立位置点 P4,如图 3-7 所示。将位置点 P3 语句拖到位置点 P2 语句之前,即交换两条语句的顺序。

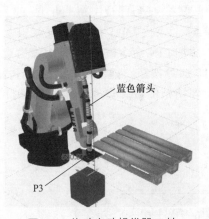

图 3-6　拖动点动操纵器 Z 轴

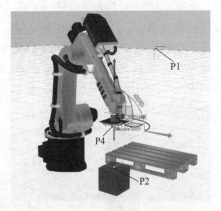

图 3-7　记录接近点和远离点

　　在程序序列中选择 P2 点语句,单击添加 $OUT 命令按钮 ▣,在 P2 与 P4 点之间插入"OUT 1"State=TRUE""语句,在"动作属性"任务面板中将"Nr"更改为"1"(即从 1 号端口输出信息),"状态"列表选择"正确",则"OUT 1"State=TRUE"语句使吸盘吸住立方块。

　　单击选中 P1 点语句,使机器人回到初始位置,然后单击仿真控制器中的播放按钮 ▷ 运行仿真。可以看到机器人先以点对点运动从初始位置点 P1 运动到接近点 P3,再以线性运动向下直到拾取点 P2,使吸盘吸住立方块,然后以线性运动向上抬起到达逃离点 P4,如图 3-8 所示。

图 3-8　仿真运行到达逃离点

2. 释放工件

拖动点动操纵器 XOY 坐标面到达托盘上方，如图 3-9 所示，单击添加 PTP 命令按钮 ↗ 建立位置点 P5。单击"程序"选项卡上"工具和实用程序"组中的"对齐"按钮，根据提示先选择立方块底面，再选择托盘上表面，使两者对齐重合，即将吸盘上的立方块放置到托盘上，如图 3-10 所示，单击添加 LIN 命令按钮 → 建立位置点 P6。

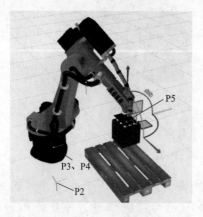
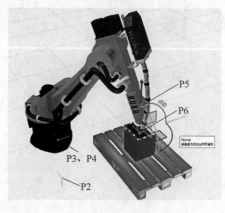

图 3-9　拖动点动操纵器 XOY 坐标面　　　　图 3-10　对齐放置

此时，单击添加 $OUT 命令按钮 ⬚，在"动作属性"任务面板中将"Nr"更改为"1"（即从 1 号端口输出信息），"状态"列表选择"错误"，则"OUT 1"State=FALSE"使吸盘释放立方块。拖动操纵器 Z 轴向上移动一段距离，添加 LIN 命令按钮 → 建立位置点 P7。

在程序序列中选择 P1 点语句，单击添加 PTP 命令按钮 ↗ 建立位置点 P8，再将 P8 位置点语句拖到 P7 点语句之后，使机器人最后仍回到初始位置。全部程序如图 3-11 所示，运行仿真以验证程序。

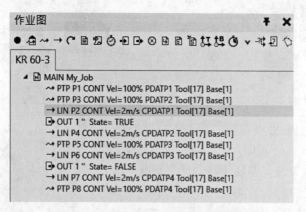

图 3-11　机器人吸取和释放工件程序

3.1.5　要点提示

1. 拾取工件的编程方法

拾取一个工件的程序，是通过示教机器人的三个运动语句（接近、拾取和逃离）来实现的，为了执行拾取动作，要设置端口映射到工具坐标的值为真。逃离点与接近点可能存在相似的位置，但运动类型不同。一般来说，接近点是指机器人在执行拾取工件之前的点到点运动，逃离点则是指机器人在执行拾取工件之后的直线运动。

2．释放工件的编程方法

释放一个工件的程序，是通过示教机器人的三个运动语句（接近、释放和逃离）来实现的，为了执行释放动作，要设置端口映射到工具坐标的值为假。逃离点与接近点可能存在相似的位置，但运动类型不同。一般来说，接近点是指机器人在执行释放工件之前的点到点运动，逃离点则是指机器人在执行释放工件之后的直线运动。

3．对齐组件的操作方法

可根据 3D 视图中两点的位置和 / 或方向对齐选中的组件。应首先在 3D 视图中选择想要对齐的组件，然后在"程序"选项卡的"工具和实用程序"组中单击"对齐"按钮，或者在迷你工具栏中单击"对齐"按钮，随后出现的"对齐"任务面板如图 3-12 所示。

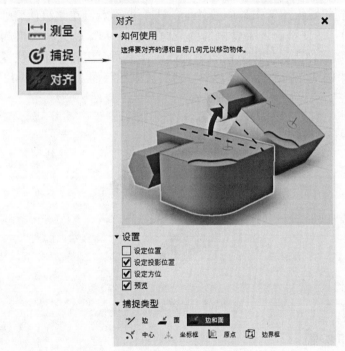

图 3-12　组件"对齐"任务面板

在"设置"区域，可执行以下一项或者多项操作：

1）如果要将选择对齐至一个位置，勾选"设定位置"复选框。

2）如果要将选择对齐至一个位置的相同方向，勾选"设定方向"复选框。

3）如果要预览对齐效果，勾选"预览"复选框。

在"捕捉类型"区域，可执行下列操作之一以捕捉指定几何元：

1）如果要捕捉选择至边和 / 或面上的一个点，单击"边""面"或"边和面"。

2）如果要捕捉选择至参考系上的一个点，单击"坐标框"。

3）如果要捕捉选择至组件的原点，单击"原点"。

4）如果要捕捉选择至组件边界框的一个角点，单击"边界框"。

在"对齐"任务面板中编辑一个或者多个设置后，系统提示"挑选源几何以对齐操作"，移动鼠标指针在要对齐的组件上捕捉选择一个几何特征；然后在"对齐"任务面板中编辑一个或者多个设置后，系统提示"挑选目标几何元以对其操作"，此时移动鼠标指针捕捉选择目标组件上的一个几何特征，预览对齐操作将对所选择组件产生的效果，单击目标几何元以放置选中的组件。按 <Esc> 键或者在"对齐"任务面板中单击"关闭"按钮可退出对齐命令。

3.2　机器人抓取和释放工作

3.2.1　导入组件并定位

分别查找并导入机器人"KR 90 R3700 prime K F"、夹爪"PZN-plus-125-1"、工作台"Table B"、圆柱体"Cylinder"。

将夹爪安装到机器人手臂末端的法兰上。选中机器人，在"组件属性"面板中将关节 A5 的值改为"90"，使机器人手臂末端关节向下旋转 90°，此时夹爪朝下。选中工作台"Table B"，通过迷你工具栏再复制一个工作台，将两个工作台移到机器人的工作范围之内并排放置。选中圆柱体，捕捉工作台中心将其放置在台面上，如图 3-13 所示。

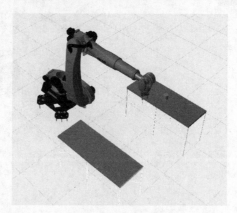

图 3-13　导入组件并定位

3.2.2　设置夹爪控制

单击"程序"选项卡，选中机器人。在"组件属性"面板中单击"动作配置"箭头将其展开。在"信号动作"区域中单击展开"输出"下拉列表选择"1"，则下面的"对时"选项自动设为"抓取"，"错时"选项自动设为"发布"。该设置是设定机器人输出信号的端口以及控制其末端执行器的行为方式。

在"抓取"区域中，单击展开"使用工具"下拉列表选择"TOOL_DATA[1]"。

3.2.3　设置坐标

单击"点动"标签，在"点动"面板中，单击展开"基坐标"下拉列表选择"BASE_DATA[1]"；单击展开"工具"下拉列表选择"TOOL_DATA[1]"，在 3D 视图中可以看到工具坐标框"TOOL_DATA[1]"的原点还在机器人手臂末端的法兰上。单击"工具"框右侧的

选择按钮 ⚙，如图 3-14 所示，单击"程序"选项卡上"工具和实用程序"组中的"捕捉"按钮，将"工具捕捉"任务面板中的"模式"设置为"3 点 – 弧中心"，在"设置"中展开"对齐轴"下拉列表选择"-Z"，将"捕捉类型"设置为"面"，如图 3-14 所示。在 3D 视图中依次选择夹爪二个指外侧面的中心，将工具坐标框平移到夹爪中间。

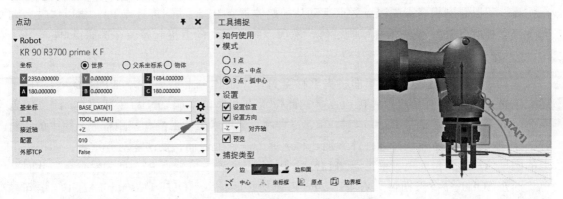

图 3-14　通过捕捉平移工具坐标框

　　单击仿真控制器中的"设置"按钮，展开设置下滑面板，单击其中的"保存状态"按钮，保存基坐标框和工具坐标框的设置以及机器人的当前位置。

3.2.4　编制程序

　　编制抓取工件和释放工件的程序。

1. 抓取工件

　　在"作业图"面板中单击添加 PTP 命令按钮 ⤳，建立初始点 P1 记录机器人的初始位置。单击"程序"选项卡上"工具和实用程序"组中的"捕捉"按钮，将"工具捕捉"任务面板中的"模式"设置为"1 点"，将"捕捉类型"设置为"面"。将夹爪捕捉到圆柱体上表面中心，单击添加 LIN 命令按钮 → 建立位置点 P2，此为工作抓取点，如图 3-15 所示。拖动操纵器 Z 轴向上一段距离，单击添加 PTP 命令按钮 ⤳ 建立初始点 P3，此为抓取工件接近点。在此位置再次单击添加 LIN 命令按钮 → 建立位置点 P4，设置逃离点。将位置 P3 语句拖到位置点 P2 语句之前，即将交换两条语句的顺序。

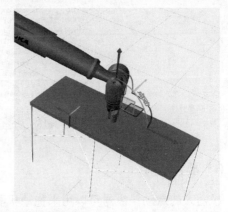

图 3-15　捕捉工件上表面并记录抓取点

在程序序列中选择位置点 P2 语句，单击添加 $OUT 命令按钮⮞，在 P2 与 P4 点语句之间插入"OUT 1" State=TRUE"语句，在"动作属性"任务面板中将"Nr"更改为"1"，"状态"列表选择"正确"，则"OUT 1" State=TRUE"语句使夹爪抓取圆柱体。

单击选中 P1 点语句，使机器人回到初始位置，然后单击仿真控制器中的播放按钮▶运行仿真。可以看到机器人先以点对点运动从初始位置点 P1 运动到接近点 P3，再以线性运动向下直到抓取点 P2，使夹爪抓取圆柱体，然后以线性运动向上抬起停留在逃离点 P4。

2. 释放工件

拖动点动操纵器 XOY 坐标面将夹爪移至另一个工作台上方单击添加 PTP 命令按钮⮭建立位置点 P5，此时释放工件接近点。在此位置再次单击添加 LIN 命令按钮 → 建立位置点 P6，设置逃离点。选择 P5 点语句，单击"程序"选项卡上"工具和实用程序"组中的"对齐"按钮，根据提示先选择圆柱体底面，再选择工作台上表面，使两者对齐重合，即将夹爪上的圆柱体放置到台面上，单击添加 LIN 命令按钮 → 建立位置点 P7，此为释放点。此时，单击添加 $OUT 命令按钮⮞，在 P7 与 P6 点语句之间插入"OUT 1" State=FALSE"语句，在"动作属性"任务面板中将"Nr"更改为"1"，"状态"列表选择"错误"，则"OUT 1" State=FALSE"语句使夹爪释放圆柱体。在程序序列中选择 P1 语句，单击添加 PTP 命令按钮⮭建立位置点 P8，再将 P8 点语句拖到 P6 点语句之后，使机器人最后仍回到初始位置。

3.2.5 设置延时等待

夹爪（或任何需要时间来完成动作的夹持器）除了有对应的 I/O 设置，还应该有相应的等待时间确保动作已经完成。在"作业图"序列语句中选中"OUT 1" State=FALSE"，单击添加 WAIT 命令按钮◔在其后插入"WAIT SEC 0"语句，在"动作属性"任务面板中输入"延迟"为 1 秒，则为"WAIT SEC 1"同理，在"OUT 1" State=FALSE"后也插入一条等待 1 秒的语句，全部程序如图 3-16 所示，运行仿真以验证程序。

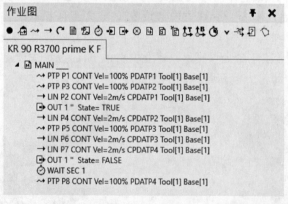

图 3-16　机器人抓取和释放工件程序

3.2.6 要点提示

机器人的点动操纵器可以用来拖动机器人，还可以用基坐标框和工具坐标框示教定位。基坐标框充当空间中的一个固定点，用于简化机器人的定位。通常，基坐标框与机器人世界坐标框（位于机器人的底端或者腹部）重合。在有些情况下，基坐标框可附加到其他组件中的节点上，例如，基坐标框可附加到货盘、工件或连接至机器人的一个外部活动组件中的节点上。

工具坐标框充当一个工具中心点（TCP）以及用于示教机器人工作定位。通常，工具坐标框位于机器人的法兰节点/安装板或者安装工具的中心或尖端。在大多数情况下，工具坐标框用作点动操纵器的原点，而操纵器可用于移动 3D 视图中的机器人和工具坐标框。操纵器的大箭头会参照"点动"面板中指定的坐标系，而小箭头则参照机器人工具坐标系，参见图 3-14 和图 3-15 中的点动操纵器和工具坐标框。

示教位置的一种方式是参照一个基坐标框，计算激活的工具坐标框（TCP）在参照的基坐标框中的位置方向。在这种情况下，操纵器会移动机器人和活跃工具坐标框至某个位置。基坐标框是该位置的父系坐标系，因此，移动基坐标框会移动该位置以及其他依附于它的位置。如果在 3D 视图或者"点动"面板中选择一个机器人位置，则机器人会移动至该位置。

使用"程序"选项卡上"锁定位置"组中的"至世界（坐标）"命令可以在更改机器人的位置、基坐标框或者这些位置参照的任何其他对象时，使机器人在 3D 空间中的位置固定不动，即机器人位置在 3D 空间中被锁定，从而使其位置不会随机器人的父系坐标系移动。使用选择命令选择一个机器人位置时，机器人不会移动到该位置。

在有些情况下，工具坐标框可附加在其他组件中的节点上作为外部 TCP 使用。例如，可将工具坐标框附加在一个静止的工件上，从而使机器人可以围绕空间中的一个固定点为自己定向。在有些情况下，基坐标框和工具坐标框的角色可以互换，从而将工具坐标框用作基坐标框，而基坐标框则用作一个 TCP。此时，机器人的位置将继承基坐标框的方向。

当移动操纵器时，机器人的"接近轴"属性将根据活跃工具坐标框的方向确定如何为机器人定向。例如，工具坐标框的一个常见方向是沿其 Z 轴正方向。通常，可以更改机器人的接近轴以获得不同的结果。

3.3 两个机器人交替进行焊接加工

3.3.1 导入组件并定位

在"电子目录"面板上的"收藏"窗格中，选中"所有模型"，搜索"Simple Robot Pedestal"，在项目预览区双击"Simple Robot Pedestal"，使其自动导入 3D 视图区中并定位至原点，在其"组件属性"面板中将"W（宽度）"改为"650"。单击基座，通过迷你工具栏复制一个基座"AluPedestal #2"，在其"组件属性"面板的"坐标"区域中单击"X"按钮使其 X 坐标复位为"0"，在 Y 坐标处输入"1500"。

分别查找并导入机器人"KR 16-2"和"KR 16 L6-2"、工作台"Table A"、工件"Box"。拖曳机器人"KR 16-2"，将其放置到基座"Simple Robot Pedestal"上，用同样的方法将"KR 16 L6-2"定位到另一个基座之上。分别在两个机器人的"组件属性"面板中选择"默认"页面，勾选"WorkSpace3D"复选框显示其可达空间，拖曳工作台"Table A"并放置到这两个机器人面前的中间位置，使其大部分处于两个机器人的公共工作范围之内，如图 3-17 所示。

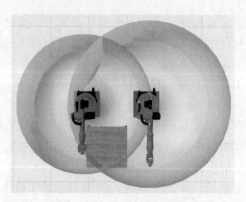

图 3-17   导入组件并定位

在"电子目录"面板中搜索"torch",在项目预览区选中焊枪"Fronius_Torch_ZH_MTB_500i_W_22",将"Fronius_Torch_ZH_MTB_500i_W_22"拖曳到 3D 视图中,拖动焊枪靠近机器人"KR 16-2"手臂末端时会看到两者之间有一条绿色箭头连线,顺着连线拖动焊枪会使其自动安装到机器人手臂末端的法兰上。同样的操作可以给机器人"KR 16 L6-2"安装焊枪。

选中工件"Box",在出现的迷你工具栏上单击"捕捉"按钮,在"组件捕捉"任务面板中设置捕捉方式,移动光标捕捉工作台"Table A"的桌面,单击将"Box"放置到桌面中间,使其处于两个机器人的公共工作范围之内。

3.3.2   设置坐标

选择"程序"选项卡,在 3D 视图区中选中机器人"KR 16-2","点动"按钮自动按下,机器人手臂末端显示出点动操纵器。在其"组件属性"面板底部单击"点动"标签,在"点动"面板中单击展开"基坐标"下拉列表选择"BASE_DATA[1]";单击展开"工具"下拉列表选择"TOOL_DATA[1]",在 3D 视图中可以看到工具坐标框"TOOL_DATA[1]"的原点还在机器人手臂末端的法兰上。单击"工具"框右侧的选择按钮 ⚙,打开"工具属性"面板,单击"程序"选项卡上"工具和实用程序"组中的"捕捉"按钮,将"工具捕捉"任务面板中的"模式"设置为"1 点",在"设置"中展开"对齐轴"下拉列表选择"+Z",将"捕捉类型"设置为"中心"。在 3D 视图中选择焊枪端部焊丝中心,将工具坐标框设定在焊丝顶端,如图 3-18 所示。

3.3.3   编制程序

在"作业图"面板中单击添加 PTP 命令按钮 ↝,建立初始点 P1 记录机器人的初始位置。在"程序"选项卡上"工具和实用程序"组中单击"捕捉"按钮,将"捕捉类型"设置为"边界框"移动光标捕捉"Box"上的顶点,单击添加 PTP 命令按钮 ↝,建立初始点 P2。继续捕捉"Box"上的第二个顶点,单击添加 LIN 命令按钮 → 建立位置点 P3;同样方法依次建立位置点 P4、P5、P6。在程序序列中选择 P1 点语句,单击添加 PTP 命令按钮 ↝,建立位置点 P7,再将 P7 点语句拖到 P6 点语句之后,使机器人最后仍回到初始位置,如图 3-18 所示。

同样操作,将机器人"KR 16 L6-2"的点动操纵器原点也移到其焊枪端部,然后依次建立其位置的序列 P1、P2、P3、P4、P5、P6、P7。

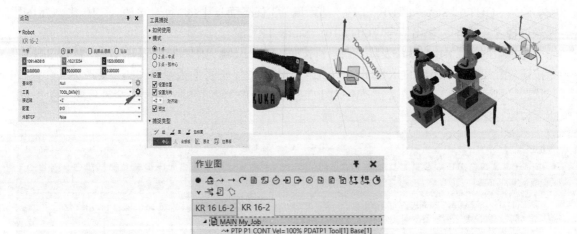

图 3-18　移动操纵器原点到焊枪端部

3.3.4　连接信号端口

在"程序"选项卡上"连接"组中单击"信号"按钮，然后在 3D 视图中选择机器人，则在机器人"KR 16-2"和"KR 16 L6-2"底座上出现两个信号编辑器，拖动"KR 16-2"编辑器中的输出到"KR 16 L6-2"编辑器的输入上，即自动生成了"KR 16-2"输出 0 到"KR 16 L6-2"输入 0 之间的淡蓝色信号连线，双击"KR 16-2"输出 0，将输出口信号更改为"101"，双击"KR 16 L6-2"输入 0，将输入口信号更改为"101"，如图 3-19 所示。

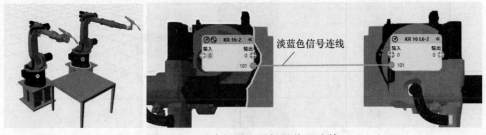

图 3-19　两个机器人之间的信号连接

信号编辑器未连接之前，单击 ≫ 符号可展开和收起编辑器。如果编辑器左上角显示的是大头针符号，则可拖动编辑器到任意位置；如果单击大头针符号使其变为实心圆状，则编辑器不可移动。

3.3.5　设置机器人输入输出信号

当机器人"KR 16-2"完成焊接任务后，需要通知机器人"KR 16 L6-2"开始进行焊接。

选择机器人"KR 16-2",在程序序列中选择最后一条语句,单击添加 \$OUT 命令按钮 ，建立"OUT 1" State=TRUE",在"动作属性"任务面板中将"Nr"更改为"101","\$IN" 列表选择"正确",输出信号"OUT 101" State=TRUE"。

选择机器人"KR 16 L6-2",在程序序列中选择 P1 点语句,单击添加 WAIT FOR \$IN 命 令按钮 ，建立"WAIT FOR \$IN[1]",在"动作属性"任务面板中将"Nr"更改为"101", "状态"列表选择"正确",使"WAIT FOR \$IN[101]"以等待输入信息。全部程序如图 3-20 所示,运行仿真以验证程序。

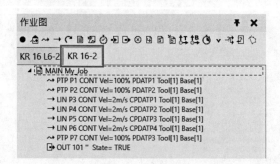
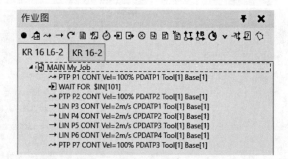

图 3-20　机器人焊接程序

3.4　机器人运动轨迹跟踪

可在 3D 视图中显示机器人的运动路径轨迹。

选中机器人,在"程序"选项卡的"显示"组中,执行以下一项或者多项操作:

1)如果要显示运动目标之间的方向和路径,勾选"连接线"复选框。在这种情况下不 必运行仿真,即使机器人位置点不可见也可显现和解析运动路径,如图 3-21 所示。

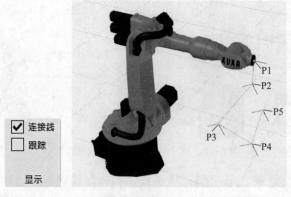

图 3-21　机器人路径

2)如果要显示仿真期间对机器人运动的跟踪轨迹,则勾选"跟踪"复选框。在这种情 况下,机器人必须在其程序中执行一个"添加 \$OUT 命令"语句以打开 / 关闭跟踪。

机器人到达一点的运动可以是"点到点 / 关节(内插)"或"线性的",通过显示机器 人的运动轨迹,就可以直观地对比这两种运动状态。

首先查找并导入机器人"KR 16-2",然后单击"程序"选项卡,选择机器人,在"作业图"面板中单击添加 PTP 命令按钮 ↝,建立初始点 P1 记录机器人的初始位置。单击"程序"选项卡"操作"组中的"点动"按钮,拖动点动操纵器原点到空间任意位置,单击添加 PTP 命令按钮 ↝,建立初始点 P2。

在程序序列中选择 P1 点语句,单击添加 $OUT 命令按钮 ⮡,建立"OUT 1" State=TRUE",在"动作属性"任务面板中将"Nr"更改为"17"(信号端口 17～32 用于发送跟踪动作信号),"状态"列表选择"正确",使语句更新为"OUT 17" State=TRUE",即设置运动轨迹跟踪。

在"程序"选项卡上的"显示"组中,勾选"跟踪"复选框,以在 3D 视图中显示被跟踪的运动的轨迹线。运行仿真,就会显示出机器人根据关节插值方式从 P1 点到 P2 点的曲线运动轨迹。

单击仿真控制器中的"重启"按钮使机器人复位。选择第一条语句,单击添加 LIN 命令按钮 → 建立位置点 P3,将 P3 点语句拖到语句序列的末行。运行仿真,就会显示机器人以直线方式从 P2 点到 P3(P1)点的直线运动轨迹。

由运动轨迹可以比较出这两种运动动作的区别,如图 3-22 所示。

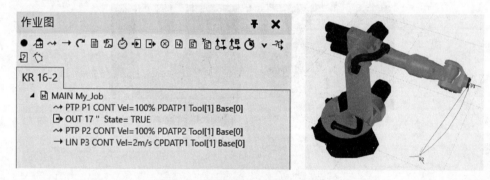

图 3-22　跟踪并显示机器人运动轨迹

3.5　机器人焊接轨迹跟踪

3.5.1　导入布局

单击"开始"选项卡,在"电子目录"面板左下角的收藏过滤器中只勾选"布局",搜索并导入布局"Simple Arc Weld Layout"。

3.5.2　设置坐标

单击"程序"选项卡,选择机器人"KR 5-2 arc HW",在视图显示控制工具栏中展开"坐标框类型"下拉列表,勾选"机器人工具"复选框以显示 TCP 坐标系。

在"组件属性"面板中单击"动作配置"箭头将其展开,在"输出"下拉列表中选择"17",在"使用工具"下拉列表中选择"TCPFrame"。在"点动"面板中单击展开"基坐标"下拉列表选择"BASE_DATA[1]";展开"工具"下拉列表选择"TCPFrame"。

3.5.3 编制程序

在"作业图"面板中单击添加 PTP 命令按钮 ～ 建立 P1 记录机器人初始位置。使用"捕捉"功能将焊枪尖定位到工件内侧拐角处，注意为了避免焊枪尖与工件发生碰撞，要分别拖动红色与绿色坐标环调整焊枪角度，单击添加 PTP 命令按钮 ～ 记录 P2 点位置。接着将焊枪尖捕捉定位到另一个角度处，拖动各颜色坐标环调整焊枪角度，单击添加 LIN 命令按钮 → 记录 P3 点位置。继续将焊枪尖捕捉定位到工件内侧直线与圆弧相切处，拖动红色坐标环旋转焊枪角度，单击添加 LIN 命令按钮 → 记录 P4 点位置。拖动蓝色坐标轴抬起焊枪，再拖动绿色坐标轴平移焊枪，单击添加 PTP 命令按钮 ～ 记录 P5 点位置。P1 ～ P5 点的位置如图 3-23 所示。

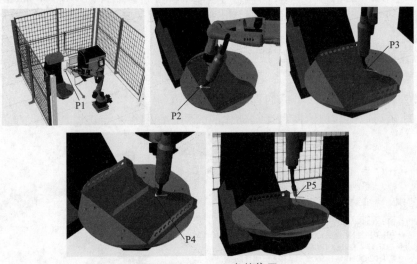

图 3-23　P1 ～ P5 点的位置

3.5.4 跟踪焊接轨迹

选择第一条语句，单击添加 $OUT 命令按钮 ▣，插入 "OUT 1" State=TRUE"，在"动作属性"任务面板中将 "Nr" 更改为 "17"（信号端口 17 ～ 32 用于发送跟踪动作信号），"状态"列表选择"正确"，使 "OUT 17" State=TRUE"，即设置运动轨迹跟踪。

在"程序"选项卡上的"显示"组中，勾选"跟踪"复选框。运行仿真时就会显示出焊枪尖的运行轨迹，查看轨迹线就可以发现焊枪尖与工件是否会发生碰撞，如图 3-24 所示。

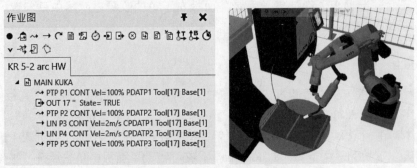

图 3-24　跟踪机器人焊接轨迹

3.6　更换机器人与碰撞检测

3.6.1　导入组件并定位

分别查找并导入机器人"KR 16-2"、传送带"Sensor Conveyor"、供料器"Shape Feeder"。

然后查找出真空吸盘"Single-Cup Vacuum Gripper",在"项目预览区"将"Single-Cup Vacuum Gripper"拖曳到 3D 视图中,再拖曳"Single-Cup Vacuum Gripper"靠近机器人六轴法兰盘,此时真空吸盘会安装到机器人手臂末端上。

选中供料器"Shape Feeder",在其"组件属性"面板的"默认"页面中,展开"背面模式"下拉列表选择"开启",以清晰显示供料器形状。

单击传送带"Sensor Conveyor",在弹出的"迷你工具栏"中单击第一个按钮,即在旁边复制出一个传送带组件"Sensor Conveyor #2",分别拖动两个传送带放置到机器人两侧。拖动供料器到一个传送带的前端,使它们自动吸附在一起形成物理连接,如图 3-25 所示。

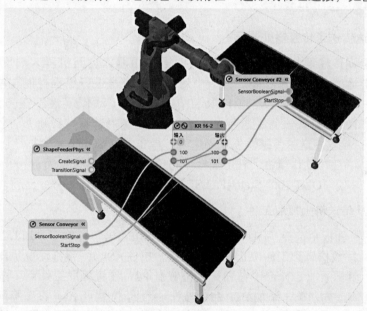

图 3-25　连接信号

3.6.2　设置吸盘控制

单击"程序"选项卡,选择机器人,在"组件属性"面板中单击"动作配置"箭头将其展开,在"信号动作"区域中单击展开"输出"下拉列表选择"1",则下面的"对时"选项自动设置为"抓取","错时"选项自动设置为"发布"。接着在"抓取"区域中单击展开"使用工具"下拉列表选择"Gripper TCP"。

3.6.3　设置坐标

单击"点动"标签,在"点动"面板中单击展开"基坐标"下拉列表选择"BASE_DATA[1]";单击展开"工具"下拉列表选择"Gripper TCP",将点动操作器原点从机器人手臂末端移到真空吸盘的最前端。单击仿真控制器的设置按钮 展开"仿真设置"下滑面板，单击"保存状态"按钮，将目前的机器人状态保存为初始状态。

3.6.4 连接信号端口

在"程序"选项卡上的"连接"组中单击"信号"按钮选中该命令，选中机器人，显示各组件的信号编辑器。分别将两台传送带的"SensorBooleanSignal"端口连接到机器人的"输入"端口，将机器人的"输出"端口分别连接到两台传送带的"StartStop"端口。

在"KR 16-2"信号编辑器，双击输入"0"将信号更改为"100"；同样将输出"0"也更改为"100"。同理，将输入"1"和输出"1"也分别更改为输入"101"和输出"101"，如图 3-25 所示。再次单击"信号"按钮，取消选择"信号"命令，隐藏信号编辑器。

3.6.5 编制主程序

编制主程序的步骤如下。

1. 工件到达传送带传感器处暂停

当传送带中间传感器探测到有工件经过时通知机器人，而机器人则反馈给传送带一个信号使其停止运行。在"作业图"面板中对机器人信号进行编程控制，单击添加 WAIT FOR $IN 命令按钮 ，建立"WAIT FOR $IN[1]"，在"动作属性"任务面板中将信号"Nr"设置为"100"（第一个传送带），"$IN"列表中选择"正确"，使"WAIT FOR $IN[100]"以等待接收传送带传感器发来的信号。单击添加 $OUT 命令按钮 ，建立"OUT 1" State=TRUE"，在"动作属性"任务面板中将信号"Nr"也设置为"100"，"状态"列表选择"错误"，使"OUT 100" State=FALSE"，该信号使传送带停止运行。

2. 机器人从传送带上抓取工件

在"作业图"面板中选择"OUT 100" State=FALSE"语句，单击添加 LIN 命令按钮 记录位置点 P1。播放仿真到工件停止，暂停仿真，按住 <Shift> 键拖动操纵器原点可捕捉到工件顶面中心，单击添加 LIN 命令按钮记录位置点 P2，设置抓取工件点。拖动操纵器 Z 轴将吸盘移至圆柱体上方，单击添加 PTP 命令按钮 记录位置点 P3，设置抓取工件接近点。将 P3 点语句拖到 P2 点语句之前，即交换两条语句的顺序。拖动操纵器 Z 轴向上移动一段距离，单击添加 LIN 命令按钮建立位置点 P4，设置逃离点。

在程序序列中选择 P2 点语句，单击添加 $OUT 命令按钮，在 P2 与 P4 点语句之间插入"OUT 1" State=TRUE"语句，在"动作属性"任务面板中将"Nr"更改为"1"，"状态"列表下选择"正确"，使"OUT 1" State=TRUE"以抓取圆柱体。在 P4 点语句之后再添加语句"OUT 100" State=TRUE"，发送信号使传送带继续运行，暂停仿真。

3. 机器人把工件放置到另一个传送带上

拖动点动操纵器原点到另一个传送带上方，单击添加 PTP 命令按钮记录释放工件接近点 P5。单击"程序"选项卡上"工具和实用程序"组中的"对齐"按钮，根据提示先选择圆柱体底面，再选择传送带上表面，使两者对齐重合，将夹爪上的圆柱体放置到了传送带上，单击添加 LIN 命令按钮记录释放点 P6。单击添加 $OUT 命令按钮，在 P6 点语句之后插入"OUT 1" State=TRUE"语句，在"动作属性"任务面板中将"Nr"更改为"1"，

"状态"列表下选择"错误"以释放工件。拖动操纵器 Z 轴向上移动一段距离,单击添加 LIN 命令按钮建立位置点 P7,设置为逃离点。

当机器人将工件放上传送带时,为了避免工件翻倒,在到达释放工件接近点 P5 时应该让传送带暂停一下,因此在程序中选择 P5 点语句,单击添加 $OUT 命令按钮,插入"OUT 1"State=TRUE"语句,在"动作属性"任务面板中将"Nr"更改为"101"(第二条传送带),"状态"列表下选择"错误",使"OUT 101" State=FALSE"以暂停该传送带的运行。当机器人释放工件到达逃离点 P7 后,插入语句"OUT 101" State=TRUE"使该传送带运行。

4. 设置真空吸盘动作延时

在"作业图"序列语句中选择"OUT 1" State=TRUE",单击添加 WAIT 命令按钮在其后添加"WAIT SEC 0"语句,在"动作属性"任务面板中输入"延迟"为 1 秒,则语句更新为"WAIT SEC 1"。同理,在"OUT 100 " State=[1]==False"后也插入一条等待 1 秒的语句,如图 3-26 a 所示。

3.6.6 插入子程序

选择上述最后一条语句,在语句工具栏中单击添加子程序按钮,在序列的最后插入调用子程序语句"Call SUB",再选择程序区域中的"MAIN My_Job",右击"MAIN My_Job"选择复制按钮,创建一个子程序"Sequencel"并将主程序语句全部复制到子程序中。单击子程序名称将其修改为"sub1",选择序列最后的语句"Call SUB",在"动作属性"任务面板中展开"Routine"下拉列表选择"sub1",即子程序在执行完动作语句之后还继续重复调用自身,就此形成循环。在子程序中,删除 P8 点语句,将 P9 点语句拖到最前面,使它成为第一条语句,如图 3-26b 所示。

单击"MAIN My_Job"主程序,选择语句序列最后的"Call SUB",同样在"动作属性"任务面板中展开"Routine"下拉列表选择"sub1",即由主程序调用子程序。全部程序如图 3-26 所示,运行仿真以验证程序。

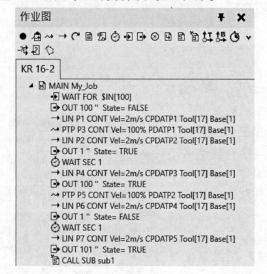

a) b)

图 3-26 机器人工作程序

a) 主程序 b) 子程序

3.6.7 更换机器人

单击"开始"选项卡,搜索并导入机器人"KR 16 L6-2"。

单击"程序"选项卡,选中先前的机器人"KR 16-2",单击"工具和实用程序"组中的"更换机器人"按钮,在"更换机器人"任务面板中提示"挑选一个机器人用于更换选中的机器人",在布局中选择刚才导入的机器人"KR 16 L6-2",其颜色由黄色变为绿色,单击任务面板底部的"应用"按钮,两个机器人就交换了位置,如图 3-27 所示。

选中原来的机器人"KR 16-2",在"作业图"面板上已看不到任何程序,而选中新导入的机器人"KR 16 L6-2",就看到所有的程序语句都转移过来了,可见两个机器人不但交换了位置而且交换了程序,运行仿真可看到与前述一样的工作过程。

选中机器人的程序被交换给了另一个机器人,信号连接也被交换,例如传送带的传感器信号被映射到了更换的机器人上。更换机器人交换了位置,但是两个组件的原点和几何形状可能不一样。

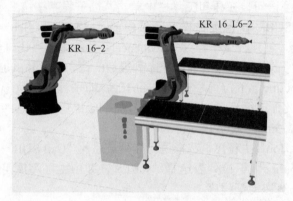

图 3-27 更换机器人

3.6.8 碰撞检测

在"程序"选项卡上的"碰撞检测"组中勾选"检测器活跃"和"碰撞时停止"复选框以启用碰撞检测功能,如图 3-28 所示。单击"检测器"按钮展开"选项"下滑面板,在"检测碰撞"中选择"全部";如果要检测选中组件或在 3D 视图中选择想要与所有其他组件比较的组件,只要持续在 3D 视图中选中该组件,碰撞检测就持续有效,因为检测器会针对所有其他组件对选中的组件进行测试。

先选择机器人"KR 16 L6-2",检测机器人与其他组件有无碰撞的情况。运行仿真可以看到机器人在抓取工件时即停止,并且工件和传送带都被黄色高亮显示,如图 3-29a 所示。这是因为碰撞检测时选中的组件包括它的子组件(比如选中机器人,则包括真空吸盘工具、圆柱体工件),

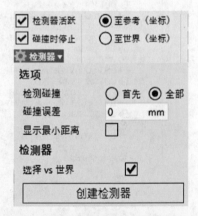

图 3-28 "碰撞检测"选项设置

所以机器人真空吸盘刚一接触到工件即被认为发生了碰撞。

重新选择"Sensor Conveyor#2",检测机器人与第二条传送带有无碰撞的可能。运行仿真可以看到机器人与传送带发生了碰撞并停止,碰撞部位被黄色高亮显示,如图 3-29b 所示。

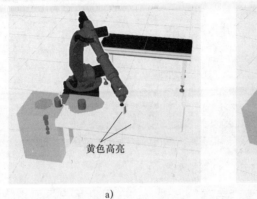
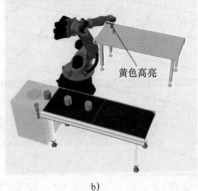

a)　　　　　　　　　　　　　　　　b)

图 3-29　碰撞检测

a)机器人与第一条传送带　b)机器人与第二条传送带

3.6.9　要点提示

1. 快速物理连接

如果要添加的组件和 3D 视图中事先被选择的组件之间有匹配的物理接口,则在"项目预览区"中双击该组件项目,两者就会自动形成物理连接。

2. 更换机器人

可在 3D 视图中将机器人与另一个机器人更换以交换位置和程序。在更换机器人时,会在 3D 视图中用黄色突出显示兼容的机器人,表示可以与选中的机器人更换。

3. 碰撞检测

可在 3D 视图中使用全局设置或自定义检测器检测机器人和其他组件之间的碰撞。单击"检测器"按钮展开"选项"下滑面板,可以执行以下一项或者多项操作:

1)如果仅跟踪首个检测到的碰撞,可将"碰撞检测"设置为"首先"。默认情况下,在仿真期间会对所有检测到的碰撞进行跟踪。

2)如果要为碰撞定义最小距离误差,可在"碰撞误差"文本框中,输入或者粘贴一个距离值。在这种情况下可以使用一个安全距离,从而在碰撞发生之前就检测到它。默认情况下,零误差用于检测冲击时的碰撞。

3)如果要使用一个误差显示检测到的碰撞的最小距离,可勾选"显示最小距离"复选框,这会显示碰撞测试中两个节点几何元之间的最短距离。

4)如果要检测选中组件和 3D 空间中所有其他组件之间的碰撞,可勾选"选择 vs 世界"复选框,然后在 3D 视图中选择想要与所有其他组件比较的组件。选择会自动包含任何子组件,例如,当选择一个拥有已安装工具的机器人时,会包括该检测器中的工具组件。

在有些情况下,可能会想要将一个子组件或者节点排除在碰撞测试之外。在此情况下,将需要创建一个新检测器，并且可能会需要禁用其他碰撞测试。如果要创建一个新检测器，可在"选项"下滑面板中单击"创建检测器"按钮，然后在"检测器属性"任务面板中（见图 3-30），执行以下所有操作：

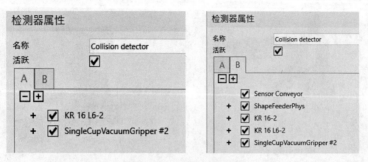

图 3-30　创建检测器

1）如果要定义检测器的名称，设置"名称"属性，这在图形用户界面中将会作为检测器的标签。

2）如果要开启 / 关闭检测器，可以勾选 / 取消勾选"活跃"复选框。

3）在创建一个新检测器时，A 列表中的节点在 3D 视图中会用绿色高亮显示，而 B 列表中的节点则用蓝色高亮显示。如果要将一个组件包含在检测器中，可在 3D 视图中单击该组件，然后在迷你工具栏上单击"A"按钮，添加组件至 A 列表；单击"B"按钮，添加组件至 B 列表；如果要从检测器中移除一个选中的组件，可以单击"垃圾箱"按钮。

4）检测器是 A 与 B 两个列表之间的碰撞测试，每个列表中都包含若干节点。将 A 列表中节点的几何元与 B 列表中节点的几何元相比较以检测碰撞。检测器的范围可以是 3D 视图中的一个、多个，或者是全部组件。

5）检测碰撞时不一定非要运行仿真，例如，可以在示教机器人时检测碰撞。

6）当碰撞发生时，3D 空间中碰撞节点的几何元会被黄色高亮显示。

7）当运行仿真时必须注意，仿真的速度会影响 3D 空间中检测到的碰撞的速度。

8）如果要开启 / 关闭自定义检测器，可在"选项"下滑面板"检测器"区域中，勾选 / 取消勾选该检测器的复选框。

9）如果要删除一个自定义的检测器，可在"选项"下滑面板"检测器"区域中，指向想要删除的检测器，然后单击"垃圾箱"按钮。

注意：碰撞检测器是一种布局项目类型（即非组件的可见对象），可与布局一起保存。

3.7　使用分度工作台

3.7.1　导入组件并定位

分别查找并导入机器人"Generic Articulated Robot v3"、分度工作台"Indexing Table"、供料器"Basic Feeder"、传送带"Conveyor"和传送带传感器"Conveyor Sensor"，真空吸盘"Single-Cup Vacuum Gripper"，拖曳真空吸盘至机器人六轴法兰盘附近，

出现绿色箭头，释放鼠标左键后真空吸盘会自动安装到机器人手臂末端上。

"开启"供料器的"背面模式"。选中传送带，在其"组件属性"面板中单击展开"Presets"属性下拉列表，选择"Belt Conveyor（带传送带）"选项。

将传送带连接到供料器上，然后按住 <Ctrl> 键选中传送带和供料器，在它们的"组件属性"面板中将其"Conveyor Width（宽度）"更改为"200"。

将传送带传感器拖动到传送带上，直到传送带传感器自动捕捉到传送带上合适的位置，从而将传感器连接并依附到传送带上，如图 3-31 所示。

图 3-31   导入组件并定位

3.7.2   设置吸盘控制

单击"程序"选项卡，选中机器人，在"组件属性"面板中单击"动作配置"箭头将其展开，在"信号动作"区域中单击展开"输出"列表选择"1"，则下面的"对时"选项自动设置为"抓取"，"错时"选项自动设置为"发布"。接着在"抓取"区域中单击展开"使用工具"下拉列表，选择"Gripper TCP"。

3.7.3   设置坐标

单击"点动"标签，在"点动"面板中单击展开"基坐标"下拉列表选择"BASE_DATA[1]"；单击展开"工具"下拉列表选择"Gripper TCP"，就将点动操纵器原点从机器人手臂末端移到真空夹爪的最前端。单击仿真控制器的设置按钮 展开下滑面板，单击"保存状态"按钮，将目前的机器人状态保存为初始状态。

3.7.4   连接信号端口

在"程序"选项卡上的"连接"组中单击"信号"按钮选中该命令，选中机器人，显示各组件的信号编辑器。将机器人信号编辑器的输出端连接到分度工作台"信号编辑器"的"IndexSignal"端，修改信号端口为"100"；再将分度工作台信号编辑器的"ReadySignal"端连接到机器人信号编辑器的输入端，修改信号端口为"101"。将传感器信号编辑器的"SensorBooleanSignal"端连接到机器人信号编辑器的输入端，修改信号端口为"102"，如图 3-32 所示，单击"信号"按钮取消选择"信号"命令，隐藏信号编辑器。

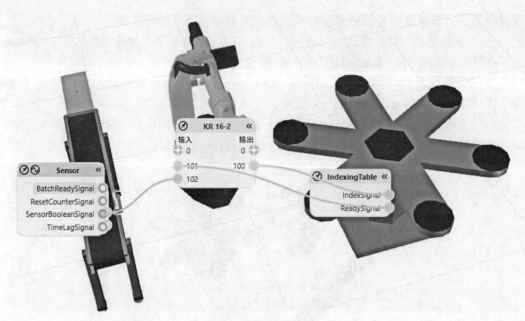

图 3-32　连接信号

在传感器"组件属性"面板中,展开"OnSensorAction"属性的下拉列表选择"StopPart",即当传感器检测到工件时就使该工件停止,如图 3-33 所示。

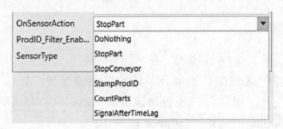

图 3-33　传感器属性

3.7.5　编辑程序

单击"程序"选项卡,选中机器人,在"作业图"面板的语句工具栏中单击添加 WAIT FOR $IN 命令按钮⬚,在"动作属性"任务面板中将"Nr"更改为"102",在"$IN"下拉列表框选择"正确",使"WAIT FOR $IN[102]"以等待传感器发送的检测信号,单击添加 HALT 命令按钮⊗写入一条"HALT"语句。运行仿真,可以看到供料器产生的圆柱体在传送带上移动,到达传感器所在的位置时自动停止。此时单击"程序"选项卡中的"点动"按钮,单击添加 LIN 命令按钮→记录工件抓取点 P1。单击添加 $OUT 命令按钮⬚,在"动作属性"任务面板中将"Nr"更改为"1","状态"列表选择"正确",则"OUT 1"State=TRUE"语句使机器人真空吸盘吸取圆柱体。拖动点动操纵器 Z 轴向上移动一段距离,单击添加 LIN 命令按钮建立逃离点 P2,在此位置再次单击添加 PTP 命令按钮↗建立抓取工件接近点 P3,将位置点 P3 语句拖到位置点 P1 语句之前,将"HALT"语句拖至最后,程序如图 3-34 所示。

单击仿真控制器中的重置按钮⊛使机器人复位。运行仿真，可以看到圆柱体在传送带上停止时，机器人转过来抓取圆柱体。待仿真停止后，拖动点动操纵器箭头将机器人手臂移动到分度工作台上方，按住 <Shift> 键，捕捉圆柱体的底面，将其拖放捕捉到分度工作台的工位面上，按 <Esc> 键结束捕捉。单击添加 LIN 命令按钮建立工件释放点 P4。单击添加 $OUT 命令按钮，在"动作属性"任务面板中将"Nr"更改为"1"，"状态"列表选择"正确"，则"OUT 1" State=FALSE"语句使机器人真空吸盘释放圆柱体。拖动点动操纵器 Z 轴向上移动一段距离，单击添加 LIN 命令按钮建立逃离点 P5。在此位置再次单击"添加 PTP 命令"按钮建立释放工件接近点 P6。将位置点 P6 语句拖到位置点 P4 语句之前。

在"作业图"面板序列语句中选择"OUT 1" State=TRUE"语句，单击添加 WAIT 命令按钮◷，在其后添加"WAIT SEC 0"语句，在"动作属性"任务面板中输入"延迟"为 1 秒，则语句更新为"WAIT SEC 1"。同理，在"OUT 1" State=FALSE"语句后也插入一条等待 1 秒的语句。将"HALT"语句拖至最后，程序如图 3-35 所示。

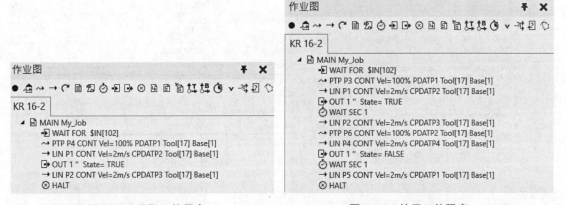

图 3-34　吸取工件程序　　　　　图 3-35　放置工件程序

单击添加 $OUT 命令按钮，在"动作属性"任务面板中将"Nr"更改为"100"，"状态"下拉列表选择"正确"，则"OUT 100" State=TRUE"语句使分度工作台逆时针方向旋转一个角度。单击添加 WAIT FOR $IN 命令按钮，在"动作属性"任务面板中将"Nr"更改为"101"，"$IN"下拉列表选择"正确"，使用"WAIT FOR $IN[101]"语句，以等待分度工作台旋转就绪信号。

在"HALT"语句上右击，从快捷菜单中选择"删除"命令删除"HALT"语句，程序如图 3-36 所示，然后分度工作台沿逆时针方向旋转一个角度。

选中分度工作台，"OUT 100" State="语句中的"TRUE"或"FALSE"分别对应分度工作台"组件属性"中的"IndexAngleOnTrue"和"IndexAngleOnFalse"属性的两个分度值，其中正值表示沿逆时针方向旋转，负值表示沿顺时针方向旋转；每转过一个角度所需的时间由"IndexingTime"属性控制（当前为 3s）；而"Index"属性则规定了分度值为"Relative（相对的）"还是"Absolute（绝对的）"，一般选择"Relative"，如图 3-37 所示。

在"作业图"面板序列语句中选择"WAIT FOR $IN[101]"，单击添加 WHILE 命令按钮◱，在其后添加"WHILE True …"语句，选择"WAIT FOR $IN[102]"，按住 <Shift> 键，再选择"WAIT FOR $IN[101]"，选中所有语句，然后把所有选择的语句拖动到"…"位置，使程序可以循环运行,程序如图3-38所示。

　　重置仿真,然后重新运行仿真,可以看到机器人从传送带上抓取一个圆柱体,放置到分度工作台的一个工位面上,当分度工作台转过一个角度后,机器人又从传送带上抓取一个圆柱体,放置到分度工作台的下一个工位面上,依次循环,如图3-39所示。

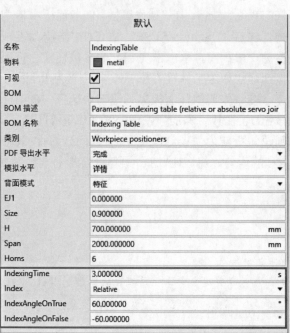

默认	
名称	IndexingTable
物料	■ metal
可视	☑
BOM	☐
BOM 描述	Parametric indexing table (relative or absolute servo joir
BOM 名称	Indexing Table
类别	Workpiece positioners
PDF 导出水平	完成
模拟水平	详情
背面模式	特征
EJ1	0.000000
Size	0.900000
H	700.000000 mm
Span	2000.000000 mm
Horns	6
IndexingTime	3.000000 s
Index	Relative
IndexAngleOnTrue	60.000000 °
IndexAngleOnFalse	-60.000000 °

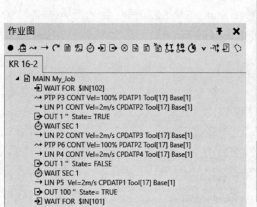

图 3-36　与分度工作台联动程序

图 3-37　分度工作台属性

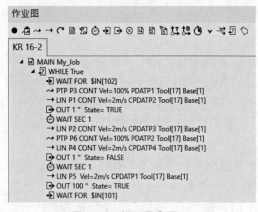

图 3-38　循环程序图

图 3-39　仿真循环

3.8　安装和拆卸工具

3.8.1　导入组件并定位

　　分别查找并导入机器人"KR 60 L30-3"、工作台"Table B"、夹爪"Box Gripper"、三

角夹爪 "Generic 3-Jaw Gripper"、托盘 "Euro Pallet"、立方块 "Cube" 和圆柱 "Cylinder"。

复制一个工作台 "Table B #2"，将各组件按图 3-40 所示的位置摆放在机器人的工作范围之内，其中夹爪 "Box Gripper" 和三角夹爪 "Generic 3-Jaw Gripper" 被依附到工作台并捕捉放置到台面上；立方块 "Cube"、圆柱 "Cylinder" 被依附到托盘 "Euro Pallet" 并捕捉放置到台面上。

图 3-40　导入组件并定位

3.8.2　设置夹爪控制

选择机器人，在其 "组件属性" 面板中单击 "动作配置" 箭头将其展开，在 "信号动作" 区域中单击展开 "输出" 下拉列表选择 "33"（信号端口 33 ~ 48 用于发送安装和拆卸工具动作信号），则下面自动出现 "对时" 选项预设为 "安装工具"，"错时" 选项预设为 "拆卸工具"，其含义为当机器人输出信号为 "True" 时（即 "对时"）安装工具，而输出信号为 "False"（即 "错时"）拆卸工具，如图 3-41 所示。

▼ 动作配置

信号动作

输出	33
对时	安装工具
错时	拆卸工具

图 3-41　动作配置

3.8.3　安装夹爪工具

单击 "程序" 选项卡，选中机器人，单击 "作业图" 面板，在语句工具栏中单击添加子程序按钮以添加子程序，将默认子程序名称 "MyRoutine" 修改为 "MountTool1"。

在 "子程序" 区域中选择子程序 "MountTool1"，单击添加 PTP 命令按钮记录机器人初始位置点 P1，拖曳机器人手臂末端（默认 TCP 粉色小球）到夹爪安装棱柱的顶面中心。单击添加 LIN 命令按钮建立拾取夹爪工具位置点 P2。单击添加 $OUT 命令按钮，在 "动作属性" 任务面板中将 "Nr" 更改为 "33"，"状态" 下拉列表选择 "正确"，则 "OUT 33" State=TRUE" 使机器人安装夹爪工具。拖动操纵器 Z 轴向上移动一段距离，单击添加 LIN 命令按钮建立逃离点 P3，再单击 "添加 PTP 命令" 按钮建立接近点 P4，将 P4 点语句拖到 P2 点语句之前，子程序如图 3-42 所示。

选择主程序 "MAIN My_Job"，在语句工具栏中单击添加调用子程序命令按钮，生成 "CALL SUB" 语句，在 "动作属性" 任务面板中的 "Routine" 下拉列表选择 "MountTool1"，变为 "CALL SUB MountTool1" 语句，主程序如图 3-43 所示。

单击仿真控制器中的重置按钮使机器人复位。

运行仿真，观察机器人安装夹爪 "Box Gripper" 的过程，机器人最后停留在位置点 P3。

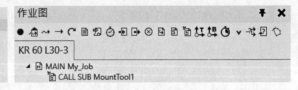

图 3-42 安装夹爪子程序   图 3-43 调用安装夹爪子程序

3.8.4 抓取和释放立方块

单击"作业图"面板,在语句工具栏中单击添加子程序按钮 以添加子程序,将默认子程序名称"MyRoutine"修改为"Pick_PlaceCube"。

选中机器人,在"程序"选项卡上的"连接"组中单击选中"信号"按钮,将夹爪"信号编辑器"的"OUT_J1_ClosedState"端连接到机器人信号编辑器的输入端(即夹爪夹紧传感器将检测到的信息发送给机器人),修改信号端口为"101"。将夹爪信号编辑器的"OUT_J1_OpenState"端连接到机器人信号编辑器的输入端(即夹爪夹紧传感器将检测到的信息发送给机器人),修改信号端口为"102"。

再将机器人信号编辑器的输出端连接到夹爪信号编辑器的"In_J1_Close"端(即由机器人输出信号控制夹爪的闭合),修改信号端口为"101"。将机器人信号编辑器的输出端连接到夹爪信号编辑器的"In_J1_Open"端(即由机器人输出信号控制夹爪的张开),修改信号端口为"102",如图 3-44 所示。再次单击取消"信号"按钮的选中状态,隐藏信号编辑器。

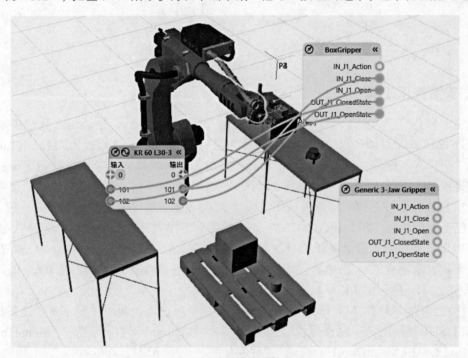

图 3-44 连接信号端口

选择夹爪,单击程序选项卡中的"点动"按钮,拖动夹爪的夹板可以实现开合,为防止夹爪移动行程超限,可在"程序"选项卡上的"限位"组中勾选"限位停止"复选框。

在视图显示控制工具栏单击按钮，并展开坐标框类型下拉列表，勾选其中的"机器人工具"复选框，如图 3-45 所示。

在机器人"点动"面板中单击展开"工具"下拉列表选择"TOOL_DATA[2]"，接着单击"工具"框右侧的"选择"按钮，如图 3-46 所示。

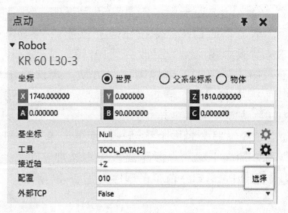

图 3-45 坐标框类型　　　　　　　　图 3-46 设置坐标系

此后转到"工具属性"面板，单击"程序"选项卡上"工具和实用程序"组中的"捕捉"按钮，在"工具捕捉"任务面板中设置"捕捉类型"为"坐标框"，然后捕捉"GripperTool1"，将工具坐标框"TOOL_DATA[2]"平移到该位置，如图 3-47 所示。

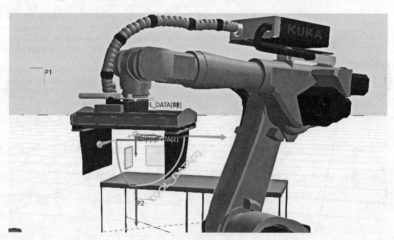

图 3-47 移动工具坐标框"TOOL_DATA[2]"

单击"程序"选项卡切换到机器人视图，选中机器人，在"组件属性"面板中单击"动作配置"箭头将其展开（见图 3-48）。在"信号动作"区域中单击展开"输出"下拉列表选择"1"（表示使用信号端口"1"输出信息），则下面自动出现"对时"选项预设为"抓取"，"错时"选项预设为"发布"，其含义为当机器人输出信号为"True"时（即"对时"）夹爪抓取立方块，而输出信号为"False"时（即"错时"）夹爪释放立方块。

在"抓取"区域中单击展开"使用工具"下拉列表选择"TOOL_DATA[2]"，表示指定夹爪为作业工具，即机器人将通过信号端口"1"对夹爪下达指令。

"输出"下拉列表所列数字为发送动作信号的机器人端口，可采用信号端口 1 ～ 16 发送"抓取"和"释放"动作信号。在"对时"下拉列表中的选项是当机器人输出信号为"True"时令末端执行器执行的动作；而在"错时"下拉列表中的选项是当机器人输出信号为"False"时令末端执行器执行的动作。

　　选择子程序"Pick_PlaceCube"，在 P3 点语句单击添加 PTP 命令按钮，建立位置点 P5。单击"程序"选项卡上"工具和实用程序"组中的"捕捉"按钮，将夹爪捕捉到立方块顶面，单击添加 LIN 命令按钮建立位置点 P6。单击添加 $OUT 命令按钮，在"动作属性"任务面板中将"Nr"更改为"101"，"状态"下拉列表选择"正确"，则"OUT 101" State=TRUE"使夹爪合拢夹住立方块。再次单击添加 $OUT 命令按钮，在"动作属性"任务面板中将"Nr"更改为"1"，"状态"下拉列表选择"正确"，则"OUT 1" State=TRUE"语句使夹爪夹起立方块。

　　拖动点动操纵器 Z 轴向上移动一段距离，单击添加 LIN 命令按钮建立逃离点 P7。拖动点动操纵器 Z 轴向下移动一段距离，单击添加 PTP 命令按钮建立接近点 P8。将位置点 P8语句拖到位置点 P6 语句之前，子程序如图 3-49 所示。

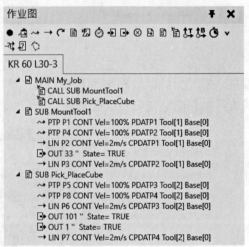

图 3-48　动作配置　　　　　　　　图 3-49　抓取立方块子程序

　　选择主程序"MAIN My_Job"，在"作业图"面板的语句工具栏中单击添加调用子程序命令按钮，在"动作属性"任务面板中展开"Routine"下拉列表选择"Pick_PlaceCube"。

　　单击仿真控制器中的重置按钮使机器人复位。运行仿真，观察机器人抓取工件，可观察到机器人抓取工件以后夹爪状态并未一直夹紧，需要进行修改。

　　在"Pick_PlaceCube"子程序中选择"OUT 101" State=TRUE"（夹爪夹紧命令），单击添加 WAIT 命令按钮，在其"动作属性"任务面板中输入"延迟"为 1 秒，则语句更新为"WAIT SEC 1"。

　　重置仿真，然后运行仿真，观察机器人抓取工件的过程，机器人最后停留在位置点 P7。

　　拖动操纵器 XOY 坐标面到达"Table B #2"上方，单击添加 PTP 命令按钮建立接近点 P9。单击"程序"选项卡上"工具和实用程序"组中的"对齐"按钮，根据提示先选择立方块底面，再选择工作台面，使两者对齐重合，即将夹爪上的立方块放置到工作台上，单击添加 LIN 命令按钮建立位置点 P10。此时，单击添加 $OUT 命令按钮，在"动作属性"任务面板中将"Nr"更改为"102"，"状态"下拉列表选择"正确"，则"OUT 102" State=TRUE"使夹爪展开释放立方块。单击添加 WAIT 命令按钮，在其"动作属性"任务面板中输入"延迟"为 1 秒，则语句更新为"WAIT SEC 1"。再次单击添加 $OUT 命令按钮，在"动作属性"任务面板中将"Nr"更改为"1"，"状态"下拉列表选择"错误"，则"OUT 1" State=FALSE"使夹爪释放立方块。拖动操纵器 Z 轴向上移动一段距离，单击添加 LIN 命令按钮建立逃离点 P11，子程序如图 3-50 所示。

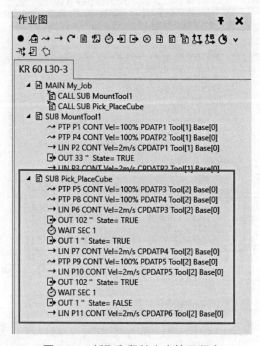

图 3-50　抓取和释放立方块子程序

重置仿真，然后运行仿真，观察机器人抓取和释放工件的过程。

3.8.5　拆卸夹爪工具

在"作业图"面板的语句工具栏中，单击添加子程序按钮以添加子程序，将默认子程序名称"MyRoutine"修改为"DismountTool1"。

在"子程序"区域中选择子程序"MountTool1"，单击其 P2 点语句，再返回子程序"DismountTool1"，单击添加 LIN 命令按钮记录此点为放置夹爪工具位置点 P12。单击添加 $OUT 命令按钮，在其"动作属性"任务面板中将"Nr"更改为"33"，"状态"下拉列表选择"错误"，则"OUT 33"=FALSE"使机器人拆卸夹爪工具。拖动操纵器 Z 轴向上移动一段距离，单击添加 LIN 命令按钮建立逃离点 P13，单击添加 PTP 命令按钮建立接近点 P14，将 P14 点语句拖到 P12 点语句之前成为子程序"DismountTool1"的第一条语句。

选择主程序"MAIN My_Job"，在语句工具栏中单击添加调用子程序命令按钮，在"动作属性"任务面板中，展开"Routine"下拉列表选择"DismountTool1"，子程序如图 3-51 所示。

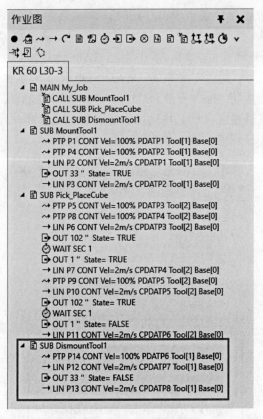

图 3-51 拆卸夹爪子程序

单击仿真控制器中的重置按钮使机器人复位。

运行仿真，观察机器人拆卸夹爪"BoxGripper"的过程，机器人最后停留在位置点 P13。

3.8.6 安装三角夹爪工具

在"作业图"面板的"语句工具栏"中，单击添加子程序按钮 以添加三个子程序，分别将默认子程序名称"MyRoutine"修改为"MountTool2""PickPlaceCylinder""DismountTool2"。

选择子程序"MountTool2"，选中机器人，在其"组件属性"面板中单击"动作配置"箭头将其展开，在"信号动作"区域中，单击展开"输出"列表选择"34"，则下面自动出现"对时"选项预设为"安装工具"，"错时"选项预设为"拆卸工具"。在"抓取"区域中单击展开"使用工具"下拉列表选择"TOOL_DATA[3]"。

单击"程序"选项卡上"工具和实用程序"组中的"捕捉"按钮，将机器人手臂末端捕捉到三角夹爪工具"Generic 3-Jaw Gripper"的顶面，选择子程序 MountTool2，单击添加 LIN 命令按钮建立拾取三角夹爪工具位置点 P15。单击添加 $OUT 命令按钮，在"动作属性"任务面板中将"Nr"更改为"34"，"状态"下拉列表选择"正确"，则"OUT 34"Start=TRUE"使机器人安装三角夹爪工具。拖动点动操纵器 Z 轴向上移动一段距离，单击添加 LIN 命令按钮建立逃离点 P16。在此位置再次单击添加 PTP 命令按钮建立接近点 P17。将 P17 点语句拖到 P15 点语句之前成为子程序"MountTool2"的第一条语句，子程序如图

3-52 所示。

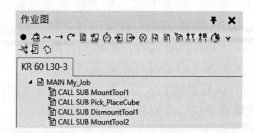

图 3-52　安装夹爪子程序

选择主程序"MAIN My_Job"，在语句工具栏中单击添加调用子程序命令按钮，在"动作属性"任务面板中，展开"Routine"下拉列表选择"MountTool2"。

单击仿真控制器中的重置按钮使机器人复位。运行仿真，观察机器人安装三角夹爪"Generic 3-Jaw Gripper"的过程，机器人最后停留在位置点 P16。

3.8.7　抓取和释放圆柱

选择子程序"PickPlaceCylinder"，选中机器人。在"组件属性"面板中单击"动作配置"箭头将其展开，在"信号动作"区域中单击展开"输出"列表选择"2"，则下面的"对时"选项自动设为"抓取"，"错时"选项自动设为"发布"。在"抓取"区域中单击展开"使用工具"下拉列表选择"TOOL_DATA[4]"。

在机器人"点动"面板中，单击展开"工具"下拉列表选择"TOOL_DATA[4]"，接着单击"工具"框右侧的"选择"按钮，转到"工具属性"面板。在"视图显示控制"工具栏展开"坐标框类型"下拉列表，勾选其中的"机器人工具"复选框。单击"程序"选项卡上"工具和实用程序"组中的"捕捉"按钮，在"工具捕捉"任务面板中设置"捕捉类型"为"坐标框"，然后捕捉"TOOL_TCP"，将工具坐标框"TOOL_DATA[4]"平移到该位置，如图 3-53 所示。

使用工具"TOOL_DATA[4]"，在位置点 P16 单击添加 LIN 命令按钮建立位置点 P18。单击"程序"选项卡"工具和实用程序"组中的"捕捉"按钮，将三角夹爪捕捉到圆柱顶面，单击添加 LIN 命令按钮建立位置点

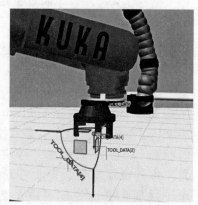

图 3-53　移动工具坐标框
"TOOL_DATA[4]"

P19。单击添加 $OUT 命令按钮，在"动作属性"任务面板中将"Nr"更改为"2"，"状态"下拉列表选择"正确"，则"OUT 2" State=[2]=TRUE"使三角夹爪抓取圆柱。单击添加 WAIT 命令按钮，在其"动作属性"任务面板中输入"延迟"为 1 秒，则语句更新为"WAIT SEC 1"。拖动点动操纵器 Z 轴向上移动一段距离，单击添加 LIN 命令按钮建立逃离点 P20，再次单击添加 PTP 命令按钮建立接近点 P21，将位置点 P21 语句拖到位置点 P19 语句之前。

拖动操纵器 XOY 坐标面到达"Table B #2"上方，单击添加 PTP 命令按钮建立接

近点 P22。单击"程序"选项卡上"工具和实用程序"组中的"对齐"按钮，根据提示先选择圆柱底面，再选择工作台面，使两者对齐重合，即将夹爪上的圆柱放置到工作台上，单击添加 LIN 命令按钮建立释放点 P23。单击添加 $OUT 命令按钮，在"动作属性"任务面板中将"Nr"更改为"2"，"状态"下拉列表选择"错误"，则"OUT 2" State=FALSE"使三角夹爪释放圆柱。单击添加 WAIT 命令按钮，在其"动作属性"任务面板中输入"延迟"为 1 秒，则语句更新为"WAIT SEC 1"。拖动操纵器 Z 轴向上移动一段距离，单击添加 LIN 命令按钮建立逃离点 P24，子程序如图 3-54 所示。

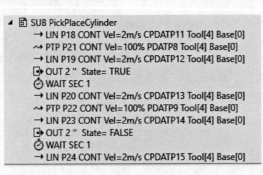

图 3-54　抓取和释放圆柱子程序

选择主程序"MAIN My_Job"，在语句工具栏中单击添加调用子程序命令按钮，在"动作属性"任务面板中，展开"Routine"下拉列表选择"PickPlaceCylinder"。

单击仿真控制器中的重置按钮使机器人复位。运行仿真，观察机器人抓取和释放工件的过程。

3.8.8　拆卸三角夹爪工具

在"作业图"面板的"子程序"区域中选择子程序"MountTool2"，单击其 P15 点语句，再返回子程序"DismountTool2"单击添加 LIN 命令按钮，记录此点为放置夹爪工具点 P25。单击添加 $OUT 命令按钮，在"动作属性"任务面板中将"Nr"更改为"34"，"状态"下拉列表选择"错误"，则"OUT 34" State=FALSE"使机器人拆卸夹爪工具。拖动操纵器 Z 轴向上移动一段距离，单击添加 LIN 命令按钮建立逃离点 P26，再单击添加 PTP 命令按钮建立接近点 P27，将 P27 点语句拖到 P25 点语句之前成为子程序"DismountTool2"的第一条语句。选择子程序"MountTool1"，单击其 P1 点语句，再返回子程序"DismountTool2"单击添加 PTP 命令按钮建立位置点 P28，将 P28点语句拖到序列最后一行，使机器人回到初始位置，子程序"DismountTool2"如图3-55 所示。

```
▲ 🗐 SUB DismountTool2
    ↝ PTP P27 CONT Vel=100% PDATP10 Tool[3] Base[0]
    → LIN P25 CONT Vel=2m/s CPDATP16 Tool[3] Base[0]
    ➡ OUT 34 "  State= FALSE
    → LIN P26 CONT Vel=2m/s CPDATP17 Tool[3] Base[0]
    ↝ PTP P28 CONT Vel=100% PDATP11 Tool[1] Base[0]
```

图 3-55　子程序"DismountTool2"

选择主程序"MAIN My_Job",在语句工具栏中单击添加调用子程序命令按钮,在"动作属性"任务面板中,展开"Routine"下拉列表选择"DismountTool2"。主程序"MAIN My_Job"如图 3-56 所示。

单击仿真控制器中的重置按钮使机器人复位。运行仿真,观察机器人安装和拆卸工具以及抓取和释放工件的过程,如图 3-57 所示。

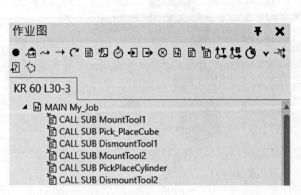

图 3-56 主程序"MAIN My_Job"

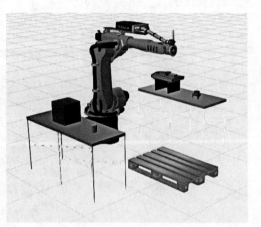

图 3-57 仿真结果

3.9 机器人离线编程

机器人编程按照编程方式可以分为示教编程和离线编程。示教编程即操作人员通过示教器,手动控制机器人的关节运动,以使机器人运动到预定的位置。离线编程是当前较为流行的一种编程方式,它是通过软件建立机器人及其工作环境的几何模型,再通过对机器人模型的控制和操作,生成机器人的运动轨迹,然后运用编译功能将机器人的运行轨迹转换成对应的控制程序。

3.9.1 导入组件

"电子目录"面板上的"收藏"窗格中,选择"所有模型",然后在项目预览区搜索并查找到"KR 10 R1420"并双击,使其自动导入 3D 视图区并定位至原点。搜索"Block",将"Block Geo"拖入 3D 视图区,放置在"KR 10 R1420"旁边,如图 3-58 所示。

3.9.2 编制程序

单击"程序"选项卡,选中机器人,单击"作业图"面板,在语句工具栏中单击添加子程序按钮以添加子程序,将默认子程序名称"MyRoutine"修改为"Program1"。

选择子程序"Program1",在语句工具栏中单击添加 PTP 命令按钮,建立初始点 P1 记录机器人的初始位置。在"程序"选项卡上的"工具和实用程序"组中单击"捕捉"按钮,将"捕捉类型"设置为"边界框",移动光标捕捉"Block Geo"上的顶点,单击添加 PTP 命令按钮建立位置点 P2。同理,捕捉"Block Geo"上的第二个顶点,单击添加 LIN 命令按钮建立位置点 P3;使用同样的方法依次建立位置点 P4、P5。在位置点序列中选择 P1 点,单击添加 PTP 命令按钮建立位置点 P6,再将 P6 点语句拖到 P5 点语句之后,使机器人最后仍回到初始位置,如图 3-58 所示。

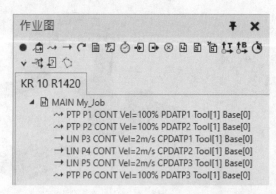

图 3-58　机器人位置点

选择上述最后一条语句,在语句工具栏中单击添加调用子程序命令按钮,添加语句"CALL SUB",在"动作属性"任务面板中,展开"Routine"下拉列表选择"Program1",使子程序在执行完动作语句之后仍继续重复调用自身,以此形成循环,如图 3-59 所示。

选择主程序"MAIN My_Job",在语句工具栏中单击添加调用子程序命令按钮,在"动作属性"任务面板中展开"Routine"下拉列表,选择"Program1"以调用子程序,如图 3-60 所示。

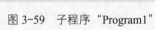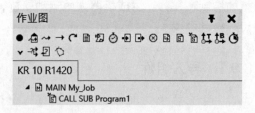

图 3-59　子程序"Program1"　　　　　　　　图 3-60　调用子程序

运行仿真,观察机器人循环重复执行 P1 ～ P6 点的动作。

3.9.3　导出机器人程序

单击"导出"选项卡,在"作业图"面板中选择"MAIN My_Job",然后在"例行程序属性"窗口中更改项目目录(保存路径)、项目名称、作业名称(程序名称),以及程序具体信息属性,如图 3-60 所示。单击"生成作业"按钮,即可将上述程序语句自动转换为 KUKA 的机器人程序".src"文件和".dat"文件,以及配置文件"$config.dat",在"输出"窗口中可以看到所有生成的作业文件,如图 3-61 所示。

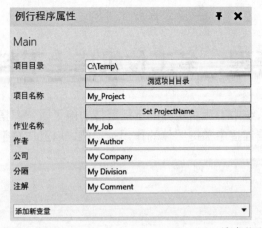

图 3-61　输出作业文件信息

具体的程序指令为:

DEF My_Job ( )

INI

CHECK DAT-FILE GENERATION NUMBER

Jobinfo

Cellmap

Axes definitions

RobRoot, Tools and Bases used

HomePositions

Program1()

END

DEF Program1()

BOOL SeperateFiles

SeperateFiles = FALSE

PTP P1 CONT Vel= 100 % PDATP1 Tool[1] Base[0]

PTP P2 CONT Vel= 100 % PDATP2 Tool[1] Base[0]

LIN P3 CONT Vel= 2 m/s CPDATP1 Tool[1] Base[0]

LIN P4 CONT Vel= 2 m/s CPDATP2 Tool[1] Base[0]

LIN P5 CONT Vel= 2 m/s CPDATP3 Tool[1] Base[0]

PTP P6 CONT Vel= 100 % PDATP3 Tool[1] Base[0]

Program1()

END

第4章 设备组合管理：多工位机床上下料

在 KUKA.Sim Pro 智能工厂虚拟仿真系统中，运用组件的远程连接功能可以快速搭建和测试多种设备的协同作业。本章介绍在远程连接中关键组件的作用及功能，以及仿真常规加工制造过程中多种设备协同作业的方法。

4.1 查找组件

搭建组合设备所用的组件可从电子目录链接的"Machine Tending"库中获取。在"1.9 编辑来源并添加收藏"小节中，介绍了添加 Visual Components Premium 4.1 的模型库文件夹"eCatalog 4.1"。

在"电子目录"面板的"收藏"窗格中，依次展开"eCatalog 4.1"-"Components"-"Visual Components"，然后单击"Machine Tending"，即可在项目预览区中查找到搭建组合设备所需的关键组件，如图 4-1 所示。

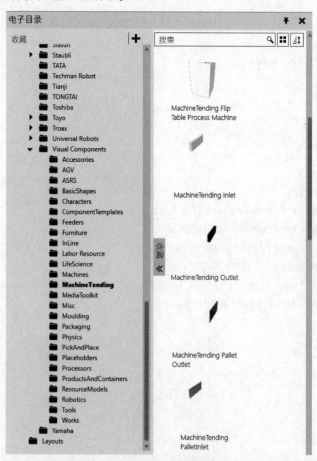

图 4-1 "Machine Tending" 库

4.2　组件特性

"Machine Tending"库里的组件是可定制的和参数化的，因此它们能够灵活地模拟各种设备的运行。大多数设备组合布局将会使用到下述一种或者多种组件。

4.2.1　进料口

进料口"Machine Tending Inlet"会使在路径上运动的物料到此处暂停，然后向管理器请求一种设备（机器人或者拟人组件）来移动该物料到进程中的下一步。进料口可以连接到另一路径的出口端或者同一路径上相隔一段距离的过程点传感器上。进料口组件如图 4-2 所示。

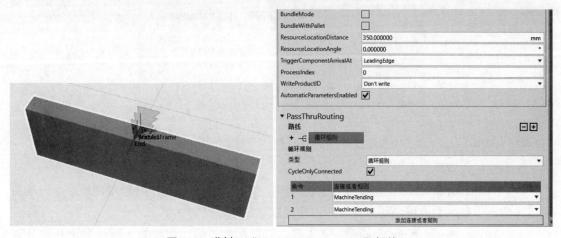

图 4-2　进料口"Machine Tending Inlet"组件

进料口的主要属性如下：

1)"BundleMode"复选框，勾选时表达的物料是一个集合包，有两个或多个组件附属到其他组件上，比如一堆零件。

2)"BundleWithPallet"复选框，勾选时表示如果到达的物料在托盘上，那么管理器将指挥设备从托盘上卸载物料。

3)"ResourceLocationDistance"和"ResourceLocationAngle"文本框，定义拟人组件（操作人员）从进料口处接取物料时的站立位置。

4)"TriggerComponentArrivalAt"下拉列表，基于物料的几何结构或原点，定义进料口何时暂停一个到达的物料。也就是说，可以定义物料触发进料口传感器的方式。

5)"ProcessIndex"文本框，定义进料口在整个进程中的顺序。一般情况下，进料口是一个进程的开始点，它的默认序号是"0"。

6)"WriteProductID"下拉列表，定义进料口通过一系列的动态属性更改到达物料或者托盘的产品 ID。

7)"PassThruRouting"分区，该属性中的部分设置用来定义到达物料的发送路线。

4.2.2　出料口

出料口"Machine Tending Outlet"是运送已加工物料或等待已加工物料托盘的位置。出料口可以连接到另一路径的进口端或者同一路经上相隔一段距离的过程点传感器上。出料口组件如图 4-3 所示。

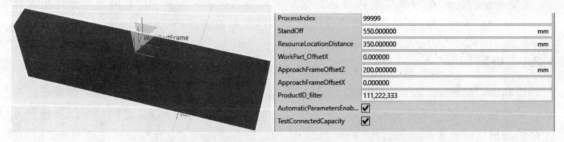

图 4-3　出料口"Machine Tending Outlet"组件

出料口的主要属性如下：

1）"ProcessIndex"文本框，与进口口类似，定义出料口在整个进程中的顺序。一般情况下，出料口是一个进程的结束点，所以它的默认序号是"99999"。

2）"ResourceLocationDistance"文本框，与进口口类似，定义拟人组件到出料口处放置物料时的站立位置。

3）"WorkPart_OffsetX"文本框，定义由设备放置的物料在出料口路径上沿 X 轴方向的偏移。

4）"ApproachFrameOffsetZ"和"ApproachFrameOffsetX"文本框，定义将物料放置到出料口处的接近距离，这一距离主要由机器人使用，即应在机器人的工作区域之内。

5）"ProductID_filter"文本框，通过"ProdID"属性筛选何种物料可被放置在出料口处。例如，如果一个组件的"ProdID"属性值没有被列入某个出料口的"ProductID_filter"文本框里，那么这个组件将不会被放置在该出料口处。

6）"TestConnectedCapacity"复选框，如果出料口检测到某条路径满足连接的条件，就定义该路径为输送组件离开出料口的输出路径。

7）"MainPath"页面，用来控制出料口路径的一组属性。

4.2.3　机器人管理器

在设备组合管理过程中，机器人管理器"MachineTending Robot Manager"用来控制机器人作为一种设备去拾取和放置组件。机器人管理器组件如图 4-4 所示。

机器人管理器的主要属性如下：

1）"OnFlyProgrammingMode"下拉列表，定义用于拾取或放置组件的运动目标是直接给予机器人还是作为运动语句写入其程序。

2）"Use ProductID filtering"复选框，打开 / 关闭用于在组件中连接到管理器的产品 ID 筛选。

3）"Prioritize upstream tasks"复选框，打开 / 关闭机器人在下一个进程中移动组件时的优先处理能力。例如，机器人可以忽略来自进料口的运输任务请求，而是优先执行从加工设备到出料口的运输任务。

4）"Track"页面，用于控制机器人与轨道连接的一组属性，该轨道可扩展机器人的工作空间。

5）"Failure"页面，用于管理时间的一组属性，该时间包括在仿真期间所连接机器人的平均故障间隔时间和修复故障平均时间。

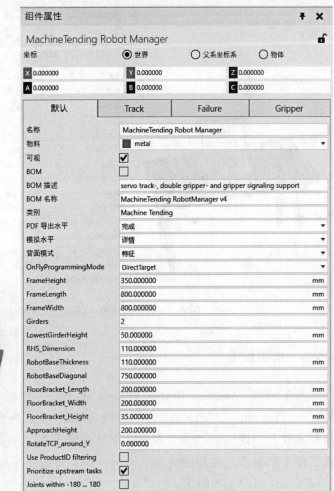

图 4-4　机器人管理器"MachineTending Robot Manager"组件

4.2.4　资源管理器

在设备组合管理过程中，资源管理器"MachineTending Manager"用来控制和分配任务给操作人员（拟人组件）。资源管理器如图 4-5 所示。

资源管理器的主要属性如下：

1）"AvailabilityCriteria"下拉列表，定义将任务分配给操作人员的模式，例如最靠近的可用人员或工作量最少的人员。

2）"ShowPathways"复选框，打开/关闭执行任务时操作人员步行路径的可见性。

3）"Use ProductID filtering"复选框，与机器人管理器相同，打卡/关闭用于在组件中连接到管理器的产品 ID 筛选。

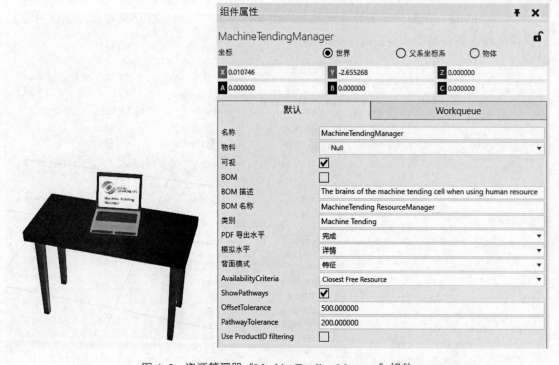

图 4-5　资源管理器"MachineTending Manager"组件

4.2.5　加工设备

加工设备"Machine Tending Process Machine"包括"Big Lathe""CNC Lathe""CNC Mill""ProLathe""ProMill""Work Table"等。所有类型的加工设备组件都用于在仿真期间执行一定时间的加工操作。在某些情况下，一台加工设备可以被设计为由人（拟人组件）来操作。在某些情况下，一台加工设备还可以被设计为支持 PLC 连接控制。加工设备组件如图 4-6 所示。

加工设备的主要属性如下：

1）"Doors"文本框，定义机器上的关节值。

2）"ShowPanel"复选框，打开/关闭操作面板的显示。

3）"UseOperator"复选框，表示机器是否需要人工操作。

4）"OperatorWorkTime"文本框，定义操作人员在机器的操作上所花费的时间量。

5）"ProcessIndex"文本框，与进料口类似，定义该机器在整个进程中的顺序。一般情况下，机器的加工过程处于进料口之后和出料口之前。在某些情况下，几台机器可共享相同的过程引值。在有些情况下两台机器可以在一个过程中协同作业，并且一台机器可以在进行一系列加工操作的过程中更换工具，例如通过更换工具，一台机器既可以对工件进行钻削和铣削加工，又可以对其进行抛光处理。

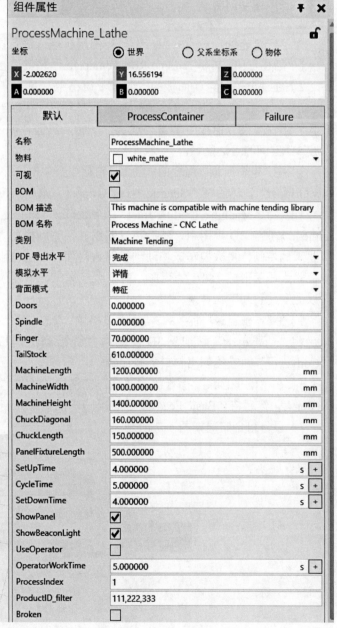

图 4-6　加工设备 "Machine Tending Process Machine" 组件

6）"ProductID_filter"文本框，与出料口相同，通过"ProdID"属性筛选何种工件被放置到机器中加工。

7）"ProcessContainer"页面，该组属性用于定义机器中一次可以处理多少个工件。

8）"Failure"页面，与机器人管理器相同，用于管理时间的一组属性，该时间包括在仿真期间机器的平均故障间隔时间和修复故障平均时间。

4.3　建立布局

为了安全起见，一般的组合设备均使用机器人进行操作。

1）双击"Machine Tending Robot Manager"将其添加到3D视图中的原点位置。

2）在"电子目录"面板的"收藏"窗格中，单击"所有模型"，搜索框内搜索"KR 6 R1820"，然后将"KR 6 R1820"添加到3D视图中并连接到上述机器人管理器上。最后，在其"组件属性"面板中单击"默认"页面，勾选"WorkSpace3D"复选框，以显示出机器人在3D空间的可达区域。

3）在"电子目录"面板的"收藏"窗格中，单击"所有模型"，搜索框内搜索"Generic 3-Jaw Gripper"，然后将"Generic 3-Jaw Gripper"添加到3D视图中并连接到机器人手臂末端。

4）将"Machine Tending Inlet""Machine Tending Outlet"和"Process Machine CNC Lathe"添加到3D视图中，然后将这些组件移动到机器人的任一侧。例如，将进料口移动到机器人的右侧，将数控车床移动到机器人对面，然后将出料口移动到与进料口相对的左侧，在机器人周围形成180°的弧形。对于数控车床，机器人末端执行器必须能够到达其装夹卡盘以便安装和卸下工件。

5）在"电子目录"面板的"收藏"窗格中，单击"所有模型"，搜索框内搜索"Conveyor"，然后将"Conveyor"添加到3D视图中并连接到进料口的输入端，最后再添加一个新的"Conveyor"并连接到出料口的输出端。

6）在"电子目录"面板的"收藏"窗格中，单击"所有模型"，搜索框内搜索"Basic Feeder"，然后将"Basic Feeder"添加到3D视图中并连接到与进料口相连的传送带上。

7）设备组合布局如图4-7所示。

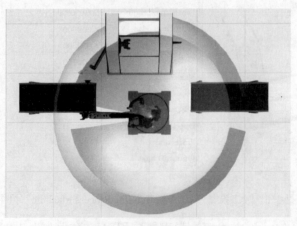

图 4-7　设备组合布局

4.4 配置布局

机器人管理器可以通过抽象接口远程连接到进程中各个阶段的设备上，从而控制加工过程自动运行。远程连接组件的具体操作方法可参见 2.9 节。

1）在 3D 视图中，选择机器人，然后在其"组件属性"面板中单击"默认"页面，取消勾选"WorkSpace3D"复选框。

2）在"单元组件类别"面板中，单击机器人管理器"Machine Tending Robot Manager"以在 3D 视图中选择该组件，如图 4-8 所示。

3）在"开始"选项卡上的"连接"组中，单击"接口"按钮选中该命令，以显示出接口编辑器，将鼠标指针指向机器人管理器接口编辑器界面上的"Connect Process Stages"圆点，然后拖动指针就会显示出一根线条，继续拖曳线条分别到进料口、出料口和数控车床的黄色突出显示部分，当组件远程连接到机器人管理器时，它们将突出显示为绿色。

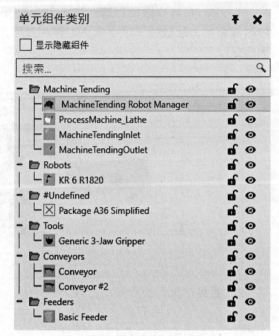

图 4-8　选择机器人管理器

机器人管理器与各组件接口的连线如图 4-9 所示，至此各组合设备都被纳入统一管理之中。

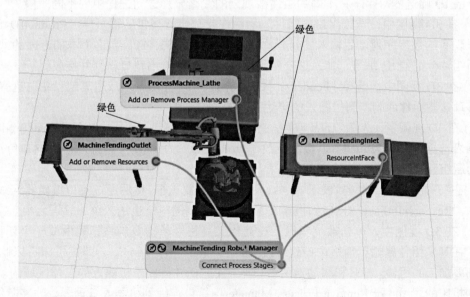

图 4-9　机器人管理器与组件接口连线

4）在"开始"选项卡上的"连接"组中，再次单击"接口"按钮取消选中该命令，以隐藏接口编辑器。

4.5 测试布局

该布局已经配置为可自动执行设备组合管理操作的状态。

1）运行仿真以验证机器人拾取工件并将其从进料口放置到数控车床中，待机床运行一段时间之后，从数控车床中取出工件再放到出料口。图 4-10 所示为机器人正在将工件放置到机床中。

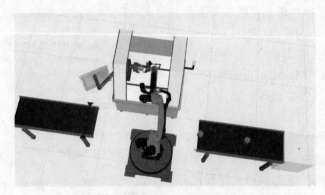

图 4-10 机器人将工件放置到机床中

2）重置仿真，然后保存布局。

4.6 使用产品筛选器

产品 ID 筛选器可用于将不同的组件按规划的线路分别送到进程中的不同阶段。

1）在 3D 视图中，选择出口料组件，然后在其"组件属性"面板中"ProductID_filter"文本框现有的数字序列之后输入"444"，如"111,222,333,444"。这个添加进去的"444"是给新组件分配的 ID 编号，加入这个序列后该组件就能被出料口识别并接收。

2）在 3D 视图中，选择"Feeder""Conveyor"和"Inlet"，然后复制和粘贴这些组件，接着移动这些组件的副本到机器人的可达范围内。

3）在 3D 视图中，选择"Inlet #2"，然后在其"组件属性"面板中展开"WriteProductID"下拉列表选择"UserDefined"，接着更改"ProductID"为"444"，即从该进料口传送来的组件为新组件"444"。

4）在"开始"选项卡上的"显示"组中，勾选"接口"复选框，然后通过接口编辑器连线"Inlet #2"的"ResourceIntFace"接口到机器人管理器，将该进料口也纳入统一管理之中。

5）在 3D 视图中，单击数控车床，在迷你工具栏中单击复制按钮 生成一个新机床。然后，在其"组件属性"面板中设置"ProductID_filter"为"444"，即该机床将以此 ID 编号识别要加工的组件。旋转和移动这两台机床，使它们并排处于机器人的工作区域内。最后，从复制机床的"Add or Remove Process Manager"接口连线到机器人管理器，也将其纳入统一管理之中，隐藏接口编辑器。

6）在 3D 视图中，选择两台机床，然后在其"组件属性"面板中取消勾选"Show_Panel"复选框，关闭操作面板的显示，因为这两台机床都不需要人工操作。

7）在 3D 视图中，选择机器人管理器，然后在其"组件属性"面板中勾选"Use ProductID filtering"复选框，以打开管理器的产品 ID 筛选管理功能，由其控制各连线设备以 ID 编号识别需要加工、运送的工件。

8）运行仿真以验证各设备通过对产品 ID 的识别筛选，分别进行送料、加工、输出的过程，如图 4-11 所示。

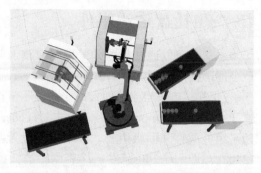

图 4-11　使用产品 ID 筛选器分配加工设备

4.7　拾取和放置打包的组件

进料口可以通知机器人管理器或资源管理器，判断到达的组件是否成堆。在这种情况下。可以设置让机器人单独拾取还是成组拾取。

1）在"电子目录"面板的"收藏"窗格中，在"eCatalog 4.1"下展开"Components"，展开"Visual Components"，单击"InLine"将打包机"XYZ Bundler"添加到 3D 视图中。接下来，在其"组件属性"面板中将"Conveyors Width"设置为"500"，将打包机的宽度设置为与传送带等宽。最后，将"XYZ Bundler"连接到供料器和传送带上，即必须先从传送带上拔下供料器，再把"XYZ Bundler"连接到传送带上，然后将供料器连接到"XYZ Bundler"的另一端，如图 4-12 所示。

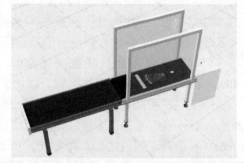

图 4-12　将打包机连接到传送带与供料器之间

2）在 3D 视图中，选择要接收打包组件的进料口，然后在其"组件属性"面板中勾选"BundleMode"复选框，表示要提供给下一进程的物料是一个集合包。默认情况下，管理器会指挥机器人从集合包中逐个拾取组件。

3）运行仿真以验证机器人单独拾取和放置打包中的组件，如图 4-13 所示，然后重置仿真。

图 4-13　单独拾取打包中的组件

4.8 用托盘运送组件

进料口可以通知机器人管理器或资源管理器，判断到达的组件是否在托盘上以及组件是否捆绑在一起。

1）在"电子目录"面板的"收藏"窗格中，在"eCatalog 4.1"下展开"Components"，展开"Visual Components"，单击"Feeder"将"Shape Feeder"添加到3D视图中，然后在其"组件属性"面板中将"Product"设置为"CollarPallet"，将"CreationInterval"设置为"240.0"，即间隔240s产生一个带围栏的托盘。单击"ProductParams"页面，在其中将"Collars"值更改为"0"，即托盘上不要围栏；将"ProdID"设置为"pallet"，即设置托盘的产品ID为"pallet"。

2）在"电子目录"面板的"收藏"窗格中，单击"所有模型"，然后在组件预览区搜索"Pallet Filler"（托盘充填器），添加"Pallet Filler"到3D视图中并将其连接到"Shape Feeder"上，此即将组件摆满供料器提供的托盘。

3）在"电子目录"面板的在"收藏"窗格中，单击"当前打开"，然后添加一个新的"Conveyor"，并将其安装到"Pallet Filler"上。接下来，再添加一个新的进料口并将其连接到传送带上。从"Inlet#3"的接口连线到机器人管理器，将其纳入统一管理之中。然后在"Inlet#3"的"组件属性"面板中勾选"BundleMode"和"BundleWithPallet"复选框，表示要提供给下一进程的物料是一个放在托盘上的集合包。

4）在3D视图中，将刚才添加的"Inlet""Conveyor""Shape Feeder"和"Pallet Filler"移动到机器人的可达区域，以使机器人能够拾取托盘上的组件。

5）在3D视图中，选择"Basic Feeder"，然后在其"组件属性"面板中"默认"页面复制"部件"的属性值（圆柱体模型路径），接着在"单元组件类别"面板中选择"Pallet Filler"，在其"属性面板"中单击"ProductCreator"页面，在"部件"框中清除当前值并粘贴刚复制的值，那么到达的托盘上就放满了圆柱体。最后，单击"XYZ Pattern"页面，在其中将"Z-Count"更改为"1"，即设置摆放在托盘上的组件的行列数及层数。

6）运行仿真以验证机器人从托盘上拾取组件，如图4-14所示，然后重置仿真。

7）如果仿真过程中断，并在"输出"面板出现提示"控制器 KR 6 R1820::KRC4：目标不可达"，那么出错原因为托盘太大，组件间隔太大，机器人手臂触碰不到组件。解决方法之一是选择"Shape Feeder"，然后在其"组件属性"面板中单击"ProductParams"页面，将属性"PalletLength"从"1200"改为"700"，"PalletWidth"从"800"改为"500"，即缩小托盘尺寸。解决方法之二是在"单元组件类别"面板中选择"Pallet Filler"，然后在其"组件属性"面板中单击"XYZ Pattern"页面，在其中将"X-Step"更改为"200"，将"Y-Step"更改为"300"，即缩小组件摆放间距。或者，两个解决方法一起使用，效果会更好。

图4-14 机器人从托盘上拾取组件

第5章 任务管理：搬运分拣

在 KUKA.Sim Pro 智能工厂虚拟仿真系统中，可以使用"Works"库中的 Process 组件创建和配置一个连续作业任务。本章介绍在任务管理过程中关键组件的作用及功能，以及创建作业任务的方法。

5.1 查找组件

执行任务管理所用的组件可从电子目录链接"Works"库中获取。

在"电子目录"面板的"收藏"窗格中，在"eCatalog 4.1"下展开"Components"，展开"Visual Components"，单击"Works"即可在项目预览区查找到作业任务管理所需的关键组件，如图 5-1 所示。

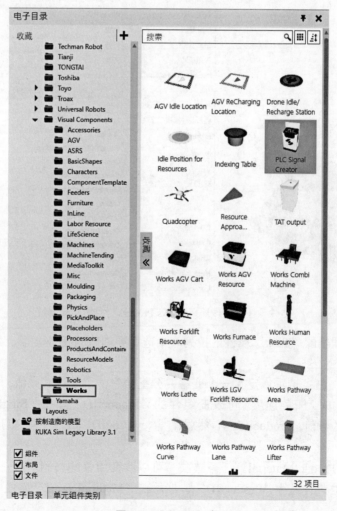

图 5-1 "Works"库

5.2 组件特性

大多数作业任务管理将会使用到下述一种或者多种组件。

5.2.1 任务处理器

任务处理器"Works Process"用于设定需要执行的任务，在任务处理器中可设定和编辑多项任务，并按照在"组件属性"面板"InsertNewAferLine"选项设定的排列顺序执行。任务处理器组件及其属性如图 5-2 所示。

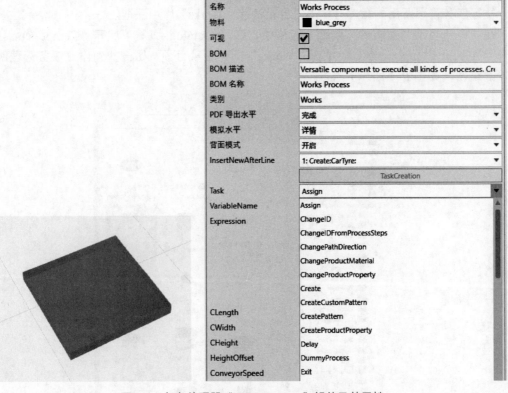

图 5-2　任务处理器"Works Process"组件及其属性

可在任务处理器的"Task"属性下拉列表中选择要创建的任务类型，如图 5-2 所示。任务选项及含义如下。

1）"Assign"任务选项：定义一个变量并分配给它一个表达式或值，如图 5-3 所示。

2）"ChangeID"任务选项：可改变组件的"ProductID"。在"SingleProdID"属性中输入要改变组件的当前"ProductID"，然后在"NewProdID"属性中输入新的"ProductID"，如图 5-4 所示。

3）"ChangeProductMaterial"任务选项：可以改变组件的材料。在"SingleProdID"属性中输入要改变材料的组件"ProductID"，然后在"MaterialName"属性中输入材料名称，如图 5-5 所示。

4）"ChangeProductProperty"任务选项：可改变组件的各个属性值，如高度、宽度等在"组件属性"面板中列出的属性值。在"SingleProdID"属性中输入要改变属性值的组件"ProductID"，然后在"PropertyName"属性中输入属性名称，在"PropertyValue"属性中输入新值，如图 5-6 所示。

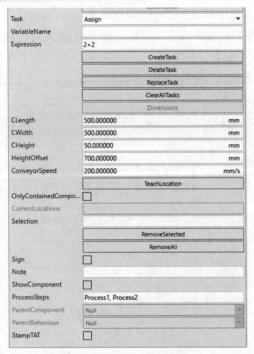

图 5-3 "Assign"任务选项

图 5-4 "ChangeID"任务选项

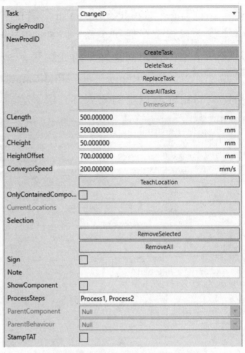

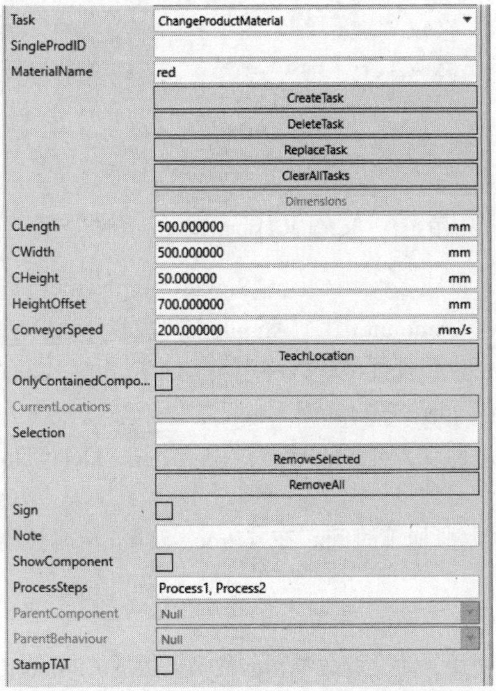

图 5-5 "ChangeProductMaterial"任务选项

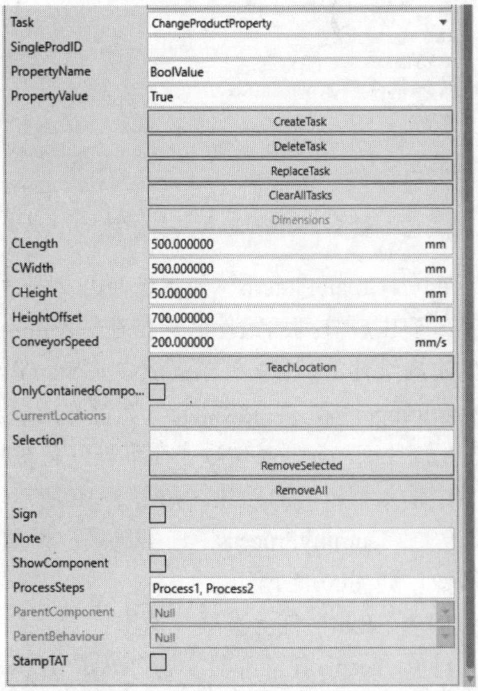

图 5-6 "ChangeProductProperty"任务选项

5）"Create"任务选项：生成组件。在"ListOfProdID"属性中输入要生成组件的名称，或者在"NewProdID"属性中输入要生成组件的"ProductID"。生成的组件位于默认的坐标位置，可单击"TeachLocation"按钮重新为其定义不同的位置，如图5-7所示。

6）"CreateCustomPattern"任务选项：调用已在"TaskControl"预定义的陈列方式生成多个组件。在"SingleCompName"属性中输入要生成阵列的组件名称，在"PatternName"属性中输入已定义的阵列名称，"StartRange"和"EndRange"属性是基于规定间隔控制阵列从第几个组件开始到第几个组件结束，例如"StartRange"为"2"意味着阵列从第二个组件开始；如果"StartRange"和"EndRange"设定的值相同，则只在指定位置生成一个组件。任务结束时组件以指定的阵列方式填满容器，如图5-8所示。

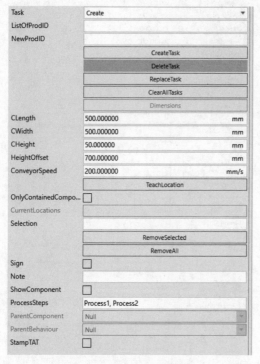

图5-7 "Create"任务选项

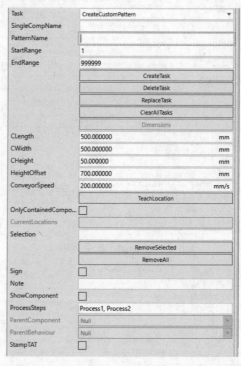

图5-8 "CreateCustomPattern"任务选项

7）"CreatePattern"任务选项：以阵列方式生成多个组件。"SingleCompName"属性中输入要生成阵列的组件名称，在"AmountX""AmountY""AmountZ"属性中输入在各方向生成组件的数量，在"StepX""StepY""StepZ"属性中输入在各方向生成组件的间隔；"StartRange"和"EndRange"属性与上述相同，如图5-9所示。

8）"Delay"任务选项：在下一任务被执行之前加入延时（以秒计时）。在"DelayTime"属性中输入要延时的秒数，如图5-10所示。

9）"DummyProcess"任务选项：设置工件虚拟加工时间。在"ProcessTime"属性中输入秒数，如图5-11所示。

10）"Exit"任务选项：退出。

11）"Feed"任务选项：与"Need"任务配对使用，建立取放物料的任务。根据"ProductID"提供物料，使组件可以被操作人员或者机器人拾取，随后会被放到"Need"任务的"Works

Process"中。在"ListOfProdID"属性中输入组件的"ProductID"，在"TaskName"属性中输入取放料任务的名称，在"ToolName"属性中输入工具名称，在"TCPName"属性中输入工具坐标框名称；勾选"All"复选框时提供所有组件，不勾选时提供指定的组件，如图 5-12 所示。

12）"GlobalID"任务选项：全局 ID。

13）"GlobalProcess"任务选项：全局作业。

14）"HumanProcess"任务选项：建立操作人员作业，用一个模拟的人力资源完成一项操作。在"ProcessTime"属性中输入操作时间，而"TaskName"和"ToolName"属性用于指定使用哪个模拟操作人员，如图 5-13 所示。

15）"If"任务选项：设立一个判断条件，如果符合"Expression"属性中的表达式结果，就执行"Then"属性中的操作，否则执行"Else"属性中的操作，如图 5-14 所示。

16）"IfProdID"任务选项：建立可选任务，添加条件任务到任务列表，如图 5-15 所示。

17）"Loop"任务选项：建立循环任务，添加循环任务到任务列表，如图 5-16 所示。

18）"MachineProcess"任务选项：建立加工设备作业，在指定的时间周期内模拟机械加工过程。当一个组件被加工时，其他组件可以被操作，例如输出或者删除其他组件。在"SingleCompName"属性中输入被加工组件的名称，在"ProcessTime"属性中输入加工时间，在"MachineCommand"属性中输入加工指令，如图 5-17 所示。

Task	CreatePattern
SingleCompName	
AmountX	2
AmountY	2
AmountZ	1
StepX	100.000000
StepY	100.000000
StepZ	100.000000
StartRange	1
EndRange	999999
	CreateTask
	DeleteTask
	ReplaceTask
	ClearAllTasks
	Dimensions
CLength	500.000000 mm
CWidth	500.000000 mm
CHeight	50.000000 mm
HeightOffset	700.000000 mm
ConveyorSpeed	200.000000 mm/s
	TeachLocation
OnlyContainedCompo...	☐
CurrentLocations	
Selection	
	RemoveSelected
	RemoveAll
Sign	☐
Note	
ShowComponent	☐
ProcessSteps	Process1, Process2
ParentComponent	Null
ParentBehaviour	Null
StampTAT	☐

图 5-9　"CreatePattern"任务选项

Task	Delay
DelayTime	5
	CreateTask
	DeleteTask
	ReplaceTask
	ClearAllTasks
	Dimensions
CLength	500.000000 mm
CWidth	500.000000 mm
CHeight	50.000000 mm
HeightOffset	700.000000 mm
ConveyorSpeed	200.000000 mm/s
	TeachLocation
OnlyContainedCompo...	☐
CurrentLocations	
Selection	
	RemoveSelected
	RemoveAll
Sign	☐
Note	
ShowComponent	☐
ProcessSteps	Process1, Process2
ParentComponent	Null
ParentBehaviour	Null
StampTAT	☐

图 5-10　"Delay"任务选项

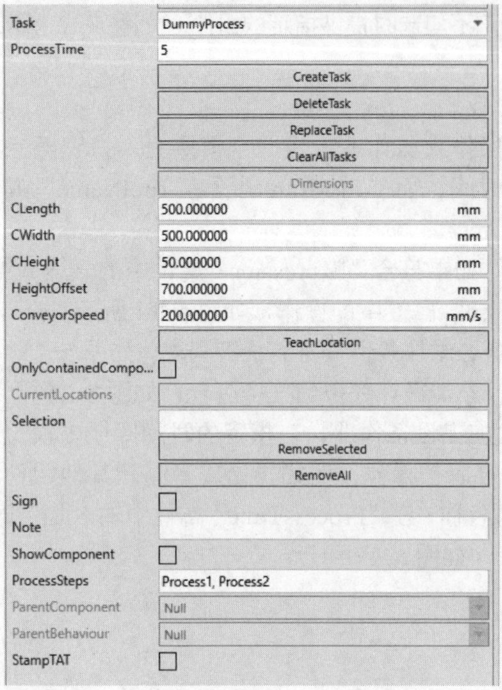

图 5-11 "DummyProcess" 任务选项

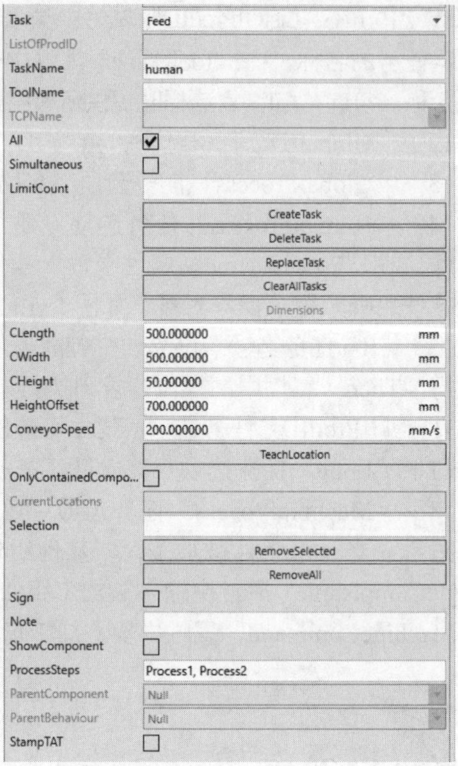

图 5-12 "Feed" 任务选项

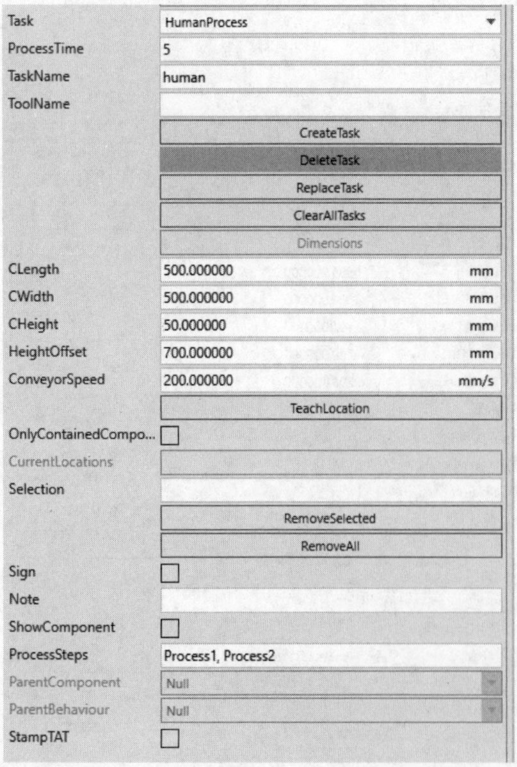

图 5-13 "HumanProcess" 任务选项

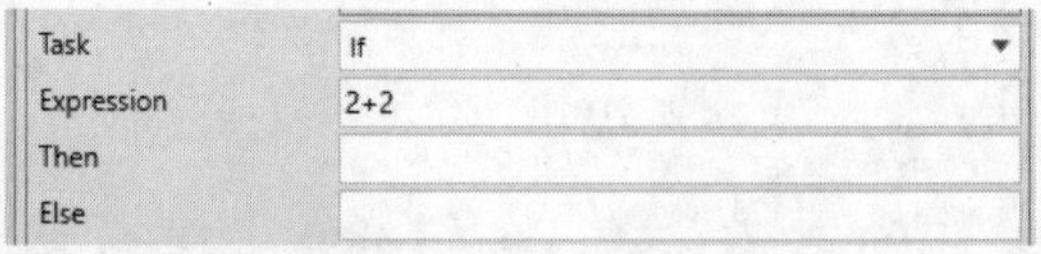

图 5-14 "If" 任务选项

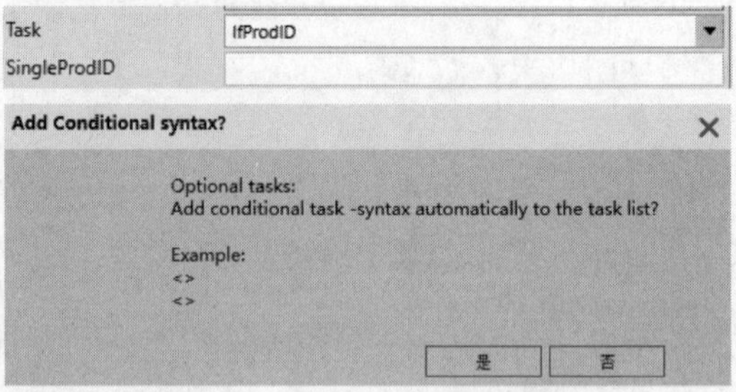

图 5-15 "IfProdID" 任务选项

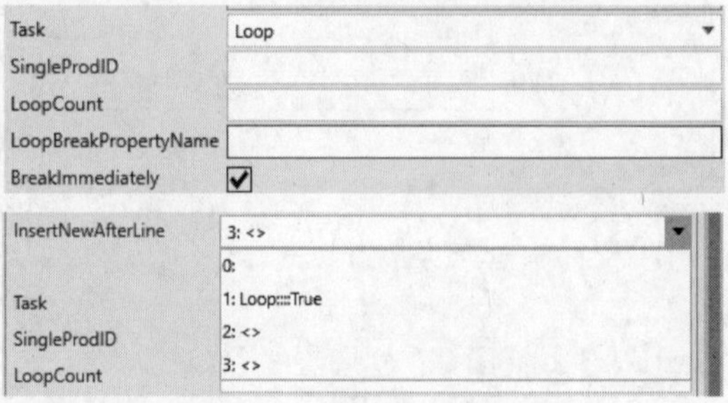

图 5-16 "Loop" 任务选项

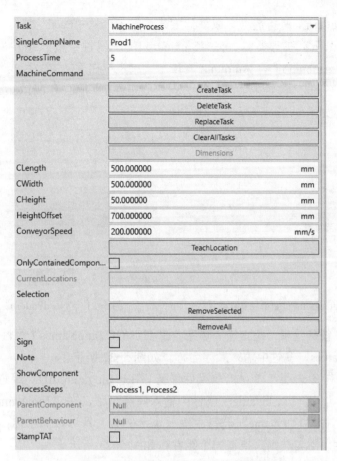

图 5-17 "MachineProcess" 任务选项

19）"Merge" 任务选项：将多个组件合并，允许合并的多个组件一起移动。在 "ParentProdID" 属性中输入要合并组件的父节点/根节点的 "ProductID"，在 "ListOfProdID" 属性中输入要合并的组件 "PrductID"；勾选 "All" 复选框时合并所有组件，不勾选则合并指定的组件，如图 5-18 所示。

20）"Need" 任务选项：从 "Feed" 任务中拾取的组件将被放到有 "Need" 任务的 "Works Process" 中。根据组件的 "ProductID"，任务控制器 "Works Task Control" 自动使用有效的资源将组件放置到默认坐标位置或者手动示教位置。在 "ListOfProdID" 属性中输入组件的 "ProductID"，如图 5-19 所示。

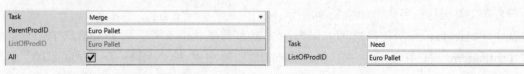

图 5-18 "Merge" 任务选项　　　　　图 5-19 "Need" 任务选项

21）"NeedCustomPattern" 任务选项：调用已在 "TaskControl" 预定义的阵列方式，放置多个从 "Feed" 任务拾取的元件，在 "PatternName" 属性中输入已定义的阵列名称，"StartRange" 和 "EndRange" 属性是基于规定的间隔控制阵列从第几个组件开始到第几个组件结束，如图 5-20 所示。

22）"NeedPattern"任务选项：以阵列方式放置多个从"Feed"任务中拾取的组件，该功能与"CreatePattern"任务类似。在"SingleProdID"属性中输入组件的"ProductID"，在"AmountX""AmountY""AmountZ"属性中输入在各方向生成组件的数量，在"StepX""StepY""StepZ"属性中输入在各方向生成组件的间隔；"StartRange"和"EndRange"属性与上述相同，如图 5-21 所示。

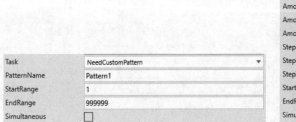

图 5-20 "NeedCustomPattern"任务选项   图 5-21 "NeedPattern"任务选项

23）"Order"任务选项：建立任务顺序。在"ListOfCompNames"属性中输入组件名称，在"ListOfOrderNames"属性中输入顺序名称，如图 5-22 所示。

24）"Pick"任务选项：建立拾取组件任务。在"SingleProdID"属性中输入要拾取组件的"ProductID"，在"TaskName"属性中输入任务名称，在"ToolName"属性中输入执行任务工具名称，在"TCPName"属性中输入执行任务工具坐标框名称；勾选"All"复选框时拾取所有组件，不勾选则只拾取一个组件，如图 5-23 所示。

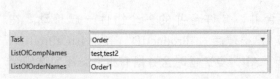

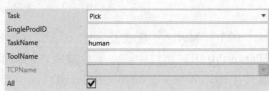

图 5-22 "Order"任务选项   图 5-23 "Pick"任务选项

25）"Place"任务选项：将"Pick"任务所拾取的组件放到有"Place"任务的"Works Process"中。在"SingleProdID"属性中输入组件的"ProductID"，在"TaskName"属性中输入任务名称，在"ToolName"属性中输入执行任务工具名称，在"TCPName"属性中输入执行任务工具坐标框名称，如图 5-24 所示。

26）"PlacePattern"任务选项：以阵列方式放置从"Pick"任务中所拾取的组件，与"NeedPattern"任务类似。在"SingleProdID"属性中输入组件的"ProductID"，在"AmountX""AmountY""AmountZ"属性中输入在各方向生成组件的数量，在"StepX""StepY""StepZ"属性中输入在各方向生成组件的间隔；"StartRange"和"EndRange"属性是基于规定的间隔控制阵列从第几个组件开始到第几个组件结束；在"TaskName"属性中输入任务名称，在"ToolName"属性中输入执行任务工具名称，在"TCPName"属性中输入执行任务工具坐标框名称，如图 5-25 所示。

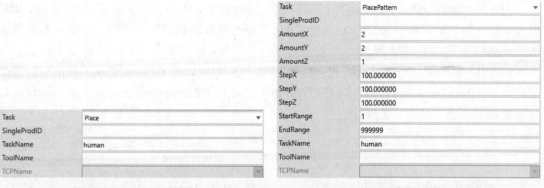

图 5-24　"Place"任务选项　　　　图 5-25　"PlacePattern"任务选项

27）"Print"任务选项：打印输出指定文本。在"Text"属性中输入要打印的文本；勾选"ComponentName"和"Time"复选框对应"True"，不勾选对应"False"，如图 5-26 所示。

28）"Remove"任务选项：将指定的组件移除。在"ListOfProdID"属性中输入组件的"ProductID"；勾选"All"复选框时移除所有组件，不勾选则移除指定组件。注意：这不是"Pick"或"Palce/Transport"类型行为，如图 5-27 所示。

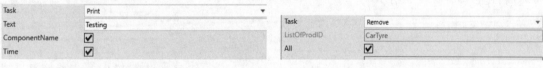

图 5-26　"Print"任务选项　　　　图 5-27　"Remove"任务选项

29）"RobotProcess"任务选项：建立机器人的作业任务，远程执行机器人的 RSL 程序。"TaskName"属性用于指定机器人及其被执行的程序，在"ToolName"属性中输入工具名称，在"TCPName"属性中输入工具坐标框名称，如图 5-28 所示。

30）"Split"任务选项：将已合并的组件分解、拆开。如果组件在某些阶段是父节点，则此任务将移除这一层级。在"ListOfProdID"属性中输入拆解组件的"ProductID"，如图 5-29 所示。

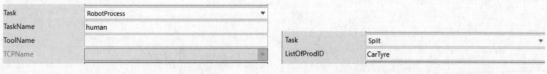

图 5-28　"RobotProcess"任务选项　　　　图 5-29　"Split"任务选项

31）"Sync"任务选项：建立同步任务。在"ListOfCompNames"属性中输入组件名称，在"SyncMessage"属性中输入同步信息，如图 5-30 所示。

32）"TransportIn"任务选项：将组件输入到"Works Process"中。在"ListOfProdID"属性中输入组件的"ProductID"；勾选"Any"复选框时接收任何一个组件，不勾选则只接收指定的组件，如图 5-31 所示。

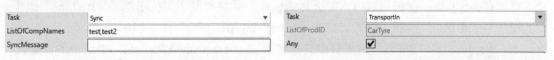

图 5-30　"Sync"任务选项　　　　图 5-31　"TransportIn"任务选项

33）"TransportOut"任务选项：将组件从"Works Process"中输出。在"ListOfProdID"属性中输入组件的"ProductID"；勾选"Any"复选框时输出任何一个组件，不勾选则只输出指定的组件，如图 5-32 所示。

34）"UpdateProductProcessSteps"任务选项：更新产品操作步骤。在"ListOfProcessStepsPerformed"属性中输入要执行的操作步骤；勾选"AllProcessSteps"复选框时更新所有步骤，不勾选则只更新指定步骤，如图 5-33 所示。

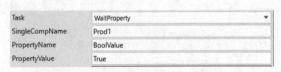

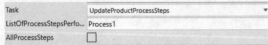

图 5-32　"TransportOut"任务选项　　　　图 5-33　"UpdateProductProcessSteps"任务选项

35）"WaitProperty"任务选项：由任务的形式接受其他组件的属性。在"SingleCompName"属性中输入组件的名称，在"PropertyName"属性中输入属性名称，在"PropertyValue"属性中输入属性值，如图 5-34 所示。

36）"WaitSignal"任务选项：由任务的形式接受其他组件的信号。在"SingleCompName"属性中输入组件的名称，在"SignalName"属性中输入属性名称，在"SignalValue"属性中输入属性值，如图 5-35 所示。

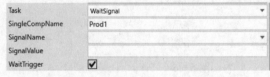

图 5-34　"WaitProperty"任务选项　　　　图 5-35　"WaitSignal"任务选项

37）"WarmUp"任务选项：当某个任务下添加一行"WarmUp"任务时，后面再添加任务，则运行到"WarmUp"后就会一直循环执行它下面的任务，"WarmUp"上方的任务只执行一遍，如图 5-36 所示。

38）"WriteProperty"任务选项：由任务的形式给其他组件写入属性。在"SingleCompName"属性中输入组件的名称，在"PropertyName"属性中输入属性名称，在"PropertyValue"属性中输入属性值，如图 5-37 所示。

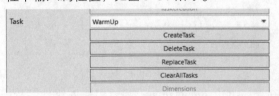

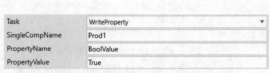

图 5-36　"WarmUp"任务选项　　　　图 5-37　"WriteProperty"任务选项

39）"WriteSignal"任务选项：由任务的形式发送信号给其他组件。在"SingleCompName"属性中输入组件的名称，在"SignalName"属性中输入属性名称，在"SignalValue"属性中输入属性值，如图 5-38 所示。

① "CreateTask"按钮：创建当前选择的任务，并将其列于"InsertNewAfterLine"之中。

② "DeleteTask"按钮：删除当前在"InsertNewAfterLine"中显示的任务。

③ "ReplaceTask"按钮：用当前的任务替换在"InsertNewAfterLine"中显示的任务。

④ "ClearAllTasks"按钮：清楚当前在"InsertNewAfterLine"中的所有任务。

⑤ "TeachLocation" 按钮：在组件中保存项目被创建或放置的位置。

图 5-38 "WriteSignal" 任务选项

5.2.2 操作人员

操作人员 "Works Human" 是模拟的人力资源，可以模拟人进行操作，如图 5-39 所示。

5.2.3 操作位置

操作位置 "Labor resource location" 用来指定操作人员取放物料或作业时的位置，如图 5-40 所示。还可以在其属性中指定操作人员的工作姿势是站着还是坐着。

图 5-39 操作人员 "Works Human" 组件　　图 5-40 操作位置 "Labor resource location" 组件

5.2.4 机器人控制器

在任务管理过程中，机器人控制器 "Works Robot Controller" 用来控制机器人拾取和放置工件，如图 5-41 所示。

5.2.5 任务控制器

任务控制器 "Works Task Control" 用于控制布局中所有的任务，如图 5-42 所示。

图 5-41 机器人控制器 "Works Robot Controller" 组件　　图 5-42 任务控制器 "Works Task Control" 组件

5.3 工件转运管理

5.3.1 导入组件并定位

在"电子目录"面板的"收藏"窗格中，在"eCatalog 4.1"下展开"Components"，再展开"Visual Components"，单击"Works"，然后在项目预览区选中并导入任务控制器"Works Task Control"，机器人控制器"Works Robot Controller"，三个任务处理器"Works Process"。

在"KUKA. Sim Library 3.1"下展开"Medium Payloads（30kg-70kg），选择"lontec-Series"，导入机器人"KR 50 R2500"。

在"Visual Components"下选择"InLine"，导入两个传送带"Conveyor"。

在"Visual Components"下选择"Robotics"，导入夹爪"Generic 3-Jaw Gripper"。

在"Visual Components"下选择"Products and Containers"，导入轮胎"Car Type"和托盘"Euro Pallet"。

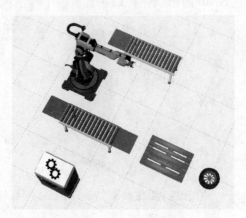

将夹爪"Generic 3-Jaw Gripper"安装到机器人"KR 50 R2500"手臂末端上，再将机器人放置到机器人控制器"Works Robot Controller"上。

将两个任务处理器"Works Process"和"Works Process #2"分别连接到第一个传送带"Conveyor"的两端，将剩下的一个任务处理器"Works Process #3"连接到第二个传送带"Conveyor #2"的输入端，如图5-43所示。

图5-43 导入组件并定位

5.3.2 在"Works Process"中设定任务

选择第一个传送带输入端的"Works Process"，在其"组件属性"面板中单击"Task"下拉列表选择"Create"，接下来要在"ListOfCompID"属性中输入轮胎组件的名称，为了避免输入错误，可在3D视图中选择轮胎组件，在其"组件属性"面板中复制"名称"属性"CarTyre"，然后在"Works Process"的"ListOfCompID"属性中粘贴轮胎名称"CarTyre"。单击"CreateTask"按钮，则在"InsertNewAfterLine"中创建了一个新任务"1:Create:CarTyre:"，如图5-44所示，该任务是在"Works Process"中生成轮胎。

再次单击"Task"，从其下拉列表选择"TransportOut"，勾选"Any"复选框，表示所有在"Works Process"中的组件都会被输出；单击"CreateTask"按钮，则在"InsertNewAfterLine"中创建了一个新任务"2:TransportOut:True"，该任务是将生成的轮胎从"Works Process"中输出。

单击仿真控制器中的播放按钮▶运行仿真，可以观察到从"WorksProcess"中生成轮胎并沿传送带向后输送。

图 5-44 创建任务

5.3.3 在 "Works Process #2" 中设定任务

在 3D 视图中选择第一个传送带输出端的 "Works Process #2"，在其 "组件属性" 面板中单击 "Task"，从其下拉列表选择 "TransportIn"，勾选 "Any" 复选框，表示任一组件都可送入 "Works Process #2" 中；单击 "CreateTask" 按钮，则在 "InsertNewAfterLine" 中创建了一个新任务 "1:TransportIn::True"，该任务是将生成的轮胎输入到 "Works Process #2" 中，如图 5-45 所示。

再次单击 "Task"，从其下拉列表选择 "Feed"，将 "TaskName" 中的任务名称 "human" 修改为 "PickTyre"。在 3D 视图区中选择夹爪，在 "组件属性" 面板中复制其名称 "Generic 3-Jaw Gripper"，然后在 "Works Process #2" 的 "TaskName" 中粘贴夹爪名称 "Generic 3-Jaw Gripper"；在 "TCPName" 下拉列表中选择 "Tool_TCP"；勾选 "All" 复选框，表示所有在 "Works Process #2" 中的组件都会被拾取。单击 "CreateTask" 按钮，则在 "InsertNewAfterLine" 中创建了一个新任务 "2:Feed::Pick Tyre:Generic 3-Jaw Gripper: Tool_TCP:True:False:"，该任务是提供轮胎让机器人夹爪抓取，如图 5-46 所示。

在 "Works Process #2" 的 "组件属性" 面板中单击 "Geometry" 页面，勾选 "ShowConveyor" 复选框，取消勾选 "ShowBox" 复选框，将输入与输出端的任务处理器区别开来。

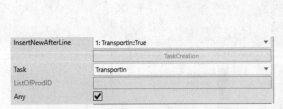

图 5-45 创建任务"1:TransportIn::True" 　　图 5-46 创建任务"2:Feed::PickTyre:Generic
3-Jaw Gripper: Tool_TCP:True:False:"

5.3.4 给机器人设定任务

在 3D 视图中选择机器人控制器"Works Robot Controller",在其"组件属性"面板中将"Tasklist"的任务清单"robot,assy"修改为"PickTyre",如图 5-47 所示。

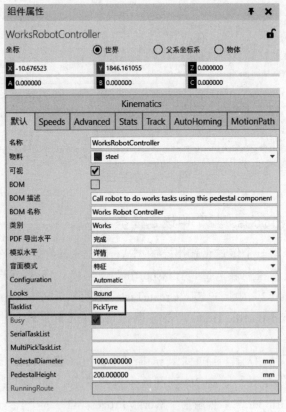

图 5-47 设定机器人任务

5.3.5 在"Works Process #3"中设定任务

选择托盘,在"组件属性"面板中复制其名称"Euro Pallet"然后选择第二个传送带输入端的"Works Process #3",在其"组件属性"面板中将"Task"设置为"Create",在"ListOf-CompNames"中粘贴托盘名称"Euro Pallet";单击"GreateTask"按钮,则在

"InsertNewAfterLine"中创建了一个新任务"1:Create:Euro Pallet:"，该任务是在"Works Process #3"中生成托盘，如图5-48所示。

由于托盘比较宽大，因需要改变"Works Process #3"的大小，在其"组件属性"面板中将"CLength"的值由"500"改为"1000"，"CWidth"的值也由"500"改为"1000"；选择与之相连的传送带，在其"组件属性"面板中将"ConveyorWidth"的值也由"500"改为"1000"；单击"开始"选项卡中的"交互"按钮，拖动传送带末端改变其长度，然后将传送带与"Works Process #3"重新连接。

单击"Task"，从其下拉列表中选择"Need"，在"ListOfProdID"中复制粘贴轮胎名称"CarTyre"；单击"CreateTask"按钮，则在"InsertNewAfterLine"中又创建了一个新任务"2:Need:CarTyre"，该任务是将从"Works Process #2"取来的轮胎放入"Works Process #3"中，如图5-49所示。

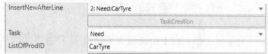

图5-48　创建任务"1:Create:Euro Pallet:"　　　图5-49　创建任务"2:Need:CarTyre"

在"Works Process #3"的"组件属性"面板中单击"Geometry"页面，勾选"ShowConveyor"复选框，取消勾选"ShowBox"复选框。

单击仿真控制器中的重置按钮使各组件复位。运行仿真，观察机器人从第一个传送带的输出端抓取送过来的轮胎，然后放置到第二个传送带的输入端，但是没有把轮胎放置到托盘上，而是放在了任务处理器"Works Process #3"上，与托盘发生了干涉，因此需要做如下修改。

当机器人将第一个轮胎放置到"Works Process #3"上时，暂停仿真，选择轮胎，单击选项卡中的"移动"按钮，拖动其操纵器Z轴将它从托盘中拉出，按住\<Shift\>键拖动轮胎操纵器原点，捕捉托盘上表面中心位置放置。

选择托盘下面的"Works Process #3"，在其"组件属性"面板中单击"TeachLocation"按钮，锁定轮胎位置。运行仿真，观察机器人把轮胎放在托盘上，如图5-50所示。

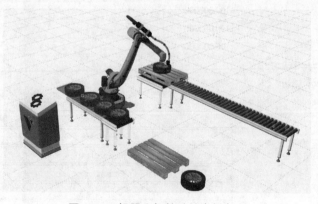

图5-50　机器人把轮胎放在托盘上

单击"Task"，从其下拉列表中选择"Merge"，在"ParentProdID"中复制粘贴托盘名称"EuroPallet"替换其中的"Name"；勾选"All"复选框，表示在"Works Process #3"中的所有组件都被合并；单击"CreateTask"按钮，则在"InsertNewAfterLine"中创建了一个新任务"3：Merge：EuroPallet：：True"，该任务是以托盘为父组件，将轮胎与托盘合并在一起，将来可以共同移动。

单击"Task"，从其下拉列表中选择"TransportOut"，勾选"Any"复选框，表示在"Works Process #3"中的所有组件都会被输出；单击"CreateTask"按钮，则在"InsertNewAfterLine"中创建了一个新任务"4:TransportOut::True"，该任务是将轮胎和托盘从"Works Process #3"中输出。

单击"Task"，从其下拉列表中选择"Delay"，修改"DelayTime"为5s，单击"CreateTask"按钮，则在"InsertNewAfterLine"中创建了一个新任务"5:Delay:5.0"，该任务是在下一个任务被执行之前加入延迟时间，避免托盘或轮胎重叠。

单击仿真控制器中的重置按钮使各组件复位，运行仿真观察机器人转运轮胎。

5.3.6 修改已设定的任务

选择"Works Process #3"，在其"组件属性"面板中单击"InsertNewAfterLine"的下拉按钮，从任务下拉列表中选择"2:Need:CarTyre"。单击"Task"，从其下拉列表中选择"NeedPattern"，在"SingleProdID"中复制粘贴轮胎名称"CarTyre"，将"AmountX"和"AmountY"的值均修改为"1"，将"AmountZ"的值更改为"2"。单击"ReplaceTask"按钮，则任务"2:Need:CarTyre"被替换为"2:NeedPattern:CarTyre:1:1:2:100.0:100.0:100.0:1:999999:False"，如图5-51所示，该任务是控制在每个托盘上叠放两个轮胎。

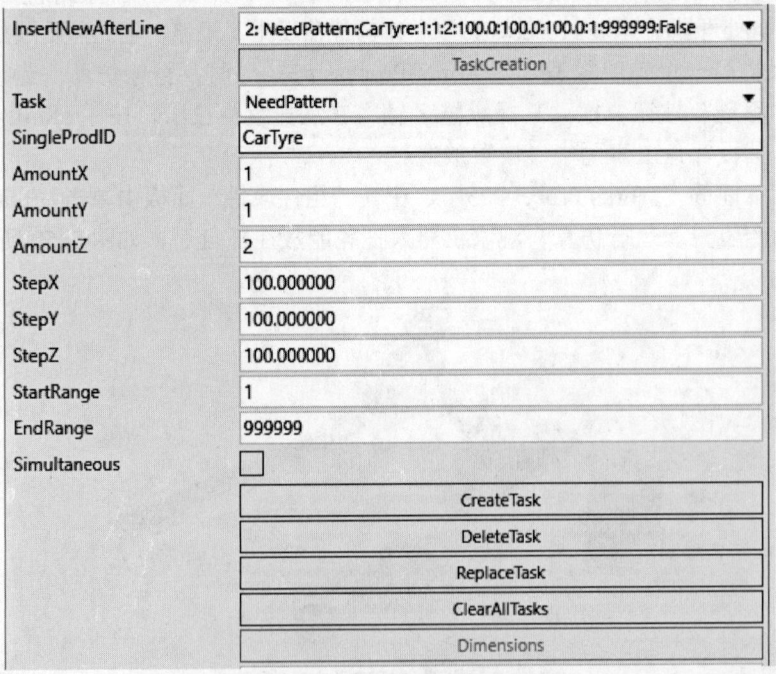

图 5-51 修改任务

分别选择托盘和轮胎，在其"组件属性"面板中取消勾选"可视"复选框将其隐藏。

重置仿真，然后运行仿真，观察输送系统管理的全过程，如图 5-52 所示。

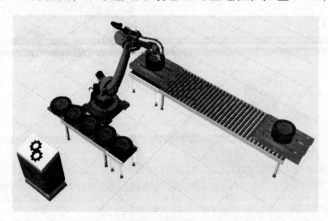

图 5-52　输送系统运行仿真

5.4　工艺工序管理

5.4.1　导入组件并定位

分别查找并导入下列组件：任务控制器"Works Task Control"、机器人控制器"Works Robot Controller"（2 个）、任务处理器"Works Process"、操作人员"Works Human Resource"、操作位置"Labor resource location"（2 个）、机器人"GenericRobot"、机器人"KR6_R700_Z200"、传送带"Conveyor"（4 个）、电路板"Board（PCB-0（1））"、元件"Part（Cylidrical Part）"。

拖动任务处理器"Works Process"和"Works Process #2"连接到"Conveyor"的两端，拖动"Works Process #3"和"Works Process #4"连接到"Conveyor #2"的两端，拖动"Works Process #5"连接到"Conveyor #3"的左端，拖动"Works Process #6"连接到"Conveyor #4"的左端。

拖动操作位置"Labor resource location"到"Works Process #2"旁边，拖动"Labor resource location #2"到"Works Process #3"旁边。

选中机器人控制器"Works Robot Controller"，在其"组件属性"面板中修改"PedestalDiameter"（直径）属性值为"600"、"PedestalHeight"（高度）属性值为"800"。拖动机器人"KR6_R700_Z200"连接到机器人控制器"Works Robot Controller"上，再把它们拖到"Works Process #4"和"Works Process #5"旁边并尽量靠近。如果运行仿真时意外中止，并且输出面板显示如下信息"KR6_R700_Z200::KR6_R700_Z200::Executor: vcHelperJointMove: P1: 位置在机器人够得着的范围之外。"其出错原因就是机器人"KR6_R700_Z200"的工作臂较短，接触不到需要抓取的组件。

拖动机器人"KR 6_R700_Z200"连接到机器人控制器"Works Robot Controller #2"上，并把它们拖放到"Works Process #6"旁边。

在布局视图中组建的生产线如图 5-53 所示。

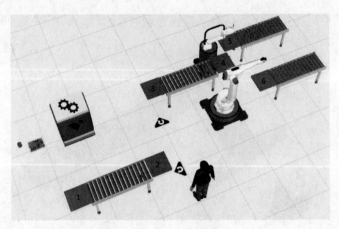

图 5-53　导入组件并定位

为后续能准确说明在各任务处理器中设置的任务，在图 5-12 中对任务处理器做了编号。

5.4.2　在"Works Process"中设定任务

选中"Works Process"，在其"组件属性"面板中展开"Task"下拉列表选择"Create"，在 ListOfCompID 中复制电路板名称"Board"；单击"CreateTask"按钮，则在"InsertNewAfterLine"中创建了一个新任务"1:Create:Board："，该任务是在"Works Process"中生成电路板，如图 5-54 所示。

再次展开"Task"下拉列表选择"TransportOut"；勾选"Any"复选框，表示所有在"Works Process"中的组件都会被输出；单击"CreateTask"按钮，则在"InsertNewAfterLine"中创建了一个新任务"2:TransportOut::True"，该任务是从"Works Process"中输出电路板，如图 5-55 所示。

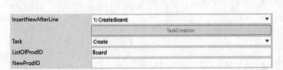

图 5-54　创建任务"1:Create:Board:"

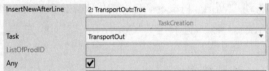

图 5-55　创建任务"2:TransportOut::True"

5.4.3　在"Works Process #2"中设定任务

选中"Works Process #2"，在其"组件属性"面板中展开"Task"下拉列表选择"TransportIn"；勾选"Any"复选框，表示任一组件都可送入"Works Process #2"；单击"CreateTask"按钮，则在"InsertNewAfterLine"中创建了一个新任务"1:TransportIn:Board:True"，该任务是将电路板输入"Works Process #2"，如图 5-56 所示。

再次展开"Task"下拉列表选择"Feed"；更改"TaskName"中的任务名称为"pick"；勾选"All"复选框，表示所有在"Works Process #2"中的组件都会被取走；单击"GreateTask"按钮，则在"InsertNewAfterLine"中创建了一个新任务"2:Feed::pick:::True:Flase:"，该任务是提供电路板让操作人员拾取，如图 5-57 所示。

InsertNewAfterLine	1: TransportIn:Board:True
	TaskCreation
Task	TransportIn
ListOfProdID	Board
Any	☑

图 5-56　创建任务 "1:TransportIn:Board:True"

InsertNewAfterLine	2: Feed::Pick:::True:False:
	TaskCreation
Task	Feed
ListOfProdID	
TaskName	Pick
ToolName	
TCPName	
All	☑
Simultaneous	☐
LimitCount	

图 5-57　创建任务 "2:Feed::pick:::True:Flase:"

5.4.4　给 "Works Human Resource" 设定任务

选中操作人员 "Works Human Resource"，在其 "组件属性" 面板的 "Tasklist" 中输入任务名称 "pick"，如图 5-58 所示。

5.4.5　在 "Labor resource location" 中设定任务

选中操作位置 "Labor resource location"，在其 "组件属性" 面板的 "PickTasks" 中输入任务名称 "pick"，如图 5-59 所示。

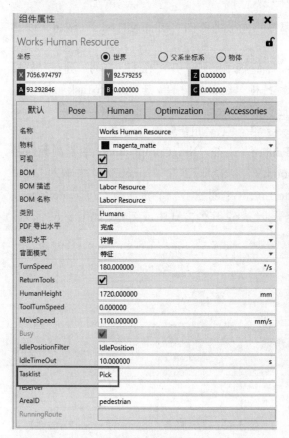

图 5-58　设定 "Works Human Resource" 任务

图 5-59　设定 "Labor resource location" 任务

选中操作位置"Labor resource location #2",在其"组件属性"面板的"PlaceTasks"中输入任务名称"pick"。前述设定任务的执行情况如图 5-60 所示。

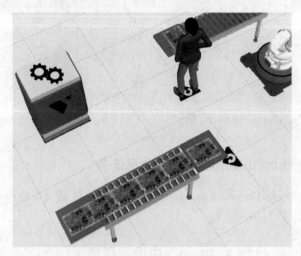

图 5-60　操作人员执行任务

5.4.6　在"Works Process #3"中设定任务

选中"Works Process #3",在其"组件属性"面板中单击"ClearAllTasks"按钮,以清除所有任务。

在"Works Process #3"的"组件属性"面板中,展开"Task"下拉列表选择"Need";在"ListOfProdID"中复制电路板名称"Board";单击"CreateTask"按钮,则在"InsertNewAfterLine"中创建了一个新任务"1:Need:Board",该任务是将从"Works Process #2"取来的电路板放入到"Works Process #3"中,如图 5-61 所示。

再次展开"Task"下拉列表选择"CreatePattern";在"SingCompName"中复制元件名称"Part";在"AmountX"中输入"2","AmountY"中输入"2","AmountZ"中输入"1";单击"CreateTask"按钮,则在"InsertNewAfterLine"中创建了一个新任务"2:CreatePattern:Part:2:2:1:100.0:100.0:100.0:1:999999",该任务是以 2×2 阵列方式生成组件,如图 5-62 所示。

InsertNewAfterLine	2: CreatePattern:Part:2:2:1:100.0:100.0:100.0:1:999999 ▼
	TaskCreation
Task	CreatePattern ▼
SingleCompName	Part
AmountX	2
AmountY	2
AmountZ	1
StepX	100.000000
StepY	100.000000
StepZ	100.000000
StartRange	1
EndRange	999999

InsertNewAfterLine	1: Need:Board ▼
	TaskCreation
Task	Need ▼
ListOfProdID	Board

图 5-61　创建任务"1:Need:Board"　　　图 5-62　创建任务"2:CreatePattern:Part:2:2:1: 100.0:100.0:100.0:1:999999"

创建组件阵列时，是基于原始组件进行排列的，如果要重新定义阵列组件的位置，需要先重新定位原始组件。单击"RemoveAll"按钮移除以前的阵列位置，单击"TeachLocation"按钮后，会有元件"Part"显示出来，此时可以运用操纵器调整原始组件的位置。如果要移除某个组件，可在"Selection"中输入组件名称后单击"RemoveSelected"按钮。

再次展开"Task"下拉列表选择"Merge"；在"ParentProdID"中复制电路板名称"Board"；勾选"All"复选框，表示在"Works Process #3"中的所有组件都被合并；单击"CreateTask"按钮，则在"InsertNewAfterLine"中创建了一个新任务"3:Merge:Board::True"，该任务是以电路板为父组件，将元件与电路板合并在一起，将来可以共同移动，如图 5-63 所示。

再次展开"Task"下拉列表选择"TransportOut"；勾选"Any"复选框，表示所有在"Works Process #3"中的组件都会被输出；单击"CreateTask"按钮，则在"InsertNewAfterLine"中创建了一个新任务"4:TransportOut::True"，该任务是从"Works Process #3"中输出合并在一起的电路板及元件，如图 5-64 所示。

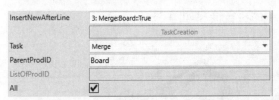

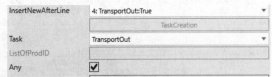

图 5-63　创建任务"3:Merge:Board::True"　　　图 5-64　创建任务"4:TransportOut::True"

5.4.7　在"Works Process #4"中设定任务

选中"Works Process #4"，在其"组件属性"面板中，展开"Task"下拉列表选择"TransportIn"；勾选"Any"复选框，表示任一组件都可送入"Works Process #4"中；单击"CreateTask"按钮，则在"InsertNewAfterLine"中创建了一个新任务"1:TransportIn::True"，该任务是将电路板及元件输入到"Works Process #4"中，如图 5-65 所示。

再次展开"Task"下拉列表选择"Split"；在"ListOfProdID"中复制元件名称"Part"；单击"CreateTask"按钮，则在"InsertNewAfterLine"中创建了一个新任务"2:Split:Part"，该任务是将元件从电路板上拆分下来，如图 5-66 所示。

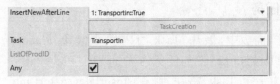

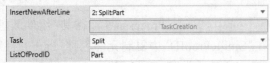

图 5-65　创建任务"1:TransportIn::True"　　　图 5-66　创建任务"2:Split:Part"

再次展开"Task"下拉列表选择"Pick"；在"SingleProdID"中复制元件名称"Part"；将"TaskName"中的任务名称更改为"PickPart"；"ToolName"为空；"TCPName"为空；勾选"All"复选框，表示拾取所有元件；单击"CreateTask"按钮，则在"InsertNewAfterLine"中创建了一个新任务"3:Pick:Part:PickPart:::True"，该任务是让机器人拾取元件，如图 5-67 所示。

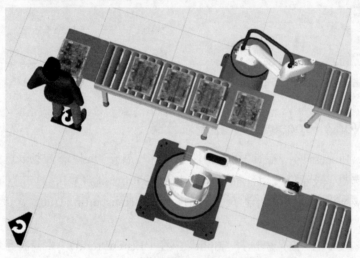

再次展开"Task"下拉列表选择"Pick"；在"SingleProdID"中复制电路板名称"Board"；将"TaskName"中的任务名称更改为"PickBoard"；"ToolName"为空；在"TCPName"为空；不勾选"All"复选框，表示只拾取一个电路板；单击"CreateTask"按钮，则在"InsertNewAfterLine"中创建了一个新任务"4:Pick:Board:PickBoard:::False"，该任务是让机器人拾取电路板，如图5-68所示。

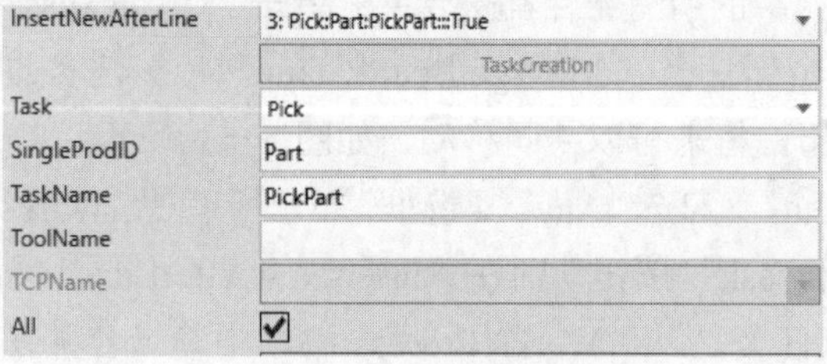

图5-67　创建任务"3:Pick:Part:PickPart:::True" 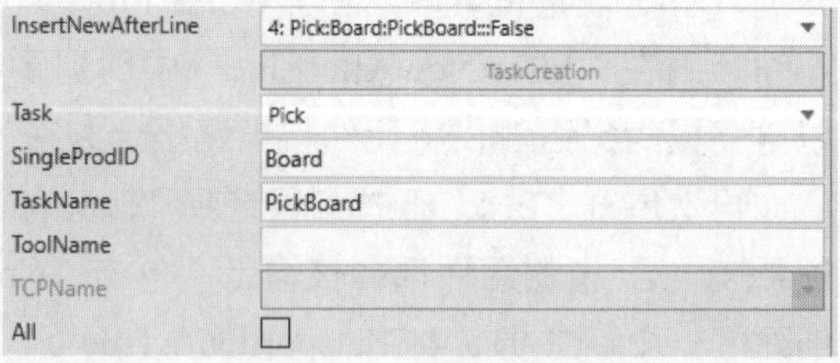　　　图5-68　创建任务"4:Pick:Board:PickBoard:::False"

前述设定任务（将电路板及元件合并输送）的执行情况如图5-69所示。

图5-69　将电路板及元件合并输送

5.4.8　在"Works Process #5"中设定任务

选中"Works Process #5"，在其"组件属性"面板中，展开"Task"下拉列表选择"Place"；在"SingleProdID"中复制元件名称"Part"；将"TaskName"中的任务名称更改为"PlacePart"；"ToolName"为空；在"TCPName"为空；单击"CreateTask"按钮，则在"InsertNewAfterLine"中创建了一个新任务"1:Place:Part:PlacePart::"，该任务是让机器人放下元件，如图5-70所示。

再次展开"Task"下拉列表选择"TransportOut"；勾选"All"复选框，表示所有在"Works Process #5"中的组件都会被输出；单击"CreateTask"按钮，则在"InsertNewAfterLine"中创建了一个新任务"2:TransportOut::True"，该任务是从"Works Process #5"中输出元件，如图5-71所示。

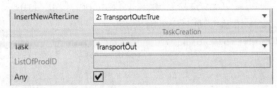

图 5-70　创建任务"1:Place:Part:PlacePart::"　　　图 5-71　创建任务"2:TransportOut::True"

5.4.9　在"Works Process #6"中设定任务

选中"Works Process #6"，在其"组件属性"面板中，展开"Task"下拉列表选择"PlacePattern"；在"SingleProdID"中复制电路板名称"Board"；在"AmountX"中输入"1"，"AmountY"中输入"1"，"AmountZ"中输入"5"；将"TaskName"中的任务名称更改为"PlaceBoard"；"ToolName"为空；"TCPName"为空；单击"CreateTask"按钮，则在"InsertNewAfterLine"中创建了一个新任务"1:PlacePattern:Board:1:1:5:100.0:100.0:100.0:1:999999:PlaceBoard::"，该任务是让机器人以阵列方式放置从"Pick"任务中拾取的电路板，如图 5-72 所示。

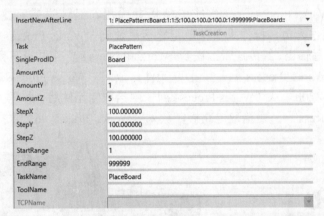

图 5-72　创建任务"1:PlacePattern:Board:1:1:5:100.0:100.0:100.0:1:999999:PlaceBoard::"

再次展开"Task"下拉列表选择"Merge"；在"ParentProdID"中复制电路板名称"Merge"；勾选"All"复选框，表示在"Works Process #6"中的所有组件都会被合并；单击"CreateTask"按钮，则在"InsertNewAfterLine"中创建了一个新任务"2:Merge:Board::True"，该任务是将阵列的电路板合并在一起，如图 5-73 所示。

图 5-73　创建任务"2:Merge:Board::True"

再次展开"Task"下拉列表选择"TransportOut"；勾选"All"复选框，表示所有在"Works

Process #6"中的组件都会被输出；单击"CreateTask"按钮，则在"InsertNewAfterLine"中创建了一个新任务"3:TransportOut::True"，该任务是从"Works Process #6"中输出电路板堆垛，如图 5-74 所示。

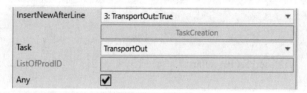

图 5-74　创建任务"3:TransportOut::True"

5.4.10　给机器人设定任务

选中"Works Robot Controller"，在其"组件属性"面板"SerialTasklist"中输入"PickPart，PlacePart"，该任务使它拾取并转放元件，多个任务需使用半角逗号将任务隔开。

选中"Works Robot Controller #2"，在其"组件属性"面板"SerialTasklist"中输入"PickBoard，PlaceBoard"，该任务使它拾取并转放电路板。

单击仿真控制器中的重置按钮，然后运行仿真，观察工艺工序管理的全过程，如图5-75 所示。在"Works Process"处生成电路板并输出，经传送带运送到"Works Process #2"中并提供给操作人员，操作人员拾取电路板后放到"Works Process #3"中，电路板与阵列的元件被合并后输出，经传送带运送到"Works Process #4"中并拆下元件，机器人"KR6_R700_Z200"从"Works Process #4"中拾取元件，放入"Works Process #5"并输出。待机器人"KR6_R700_Z200"从"Works Process #4"中拾取完元件后，机器人"GenericRobot"接着从"Works Process #4"中拾取电路板，放入"Works Process #6"中打包并输出。

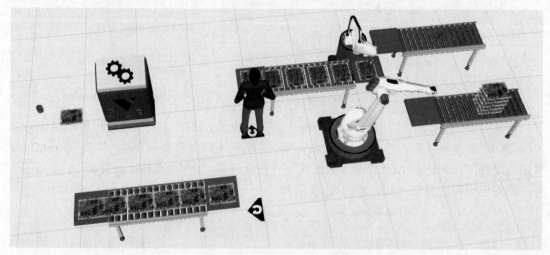

图 5-75　工艺工序运行仿真

第6章 AGV 应用

在 KUKA.Sim Pro 智能工厂虚拟仿真系统中可以使用车辆构建和测试自动输送系统。本章介绍了如何构建可仿真的基本 AGV 任务布局，例如通过无人搬运车装卸物料。

6.1 查找组件

在"电子目录"面板的"收藏"窗格中，在"eCatalog 4.1"下展开"Components"，展开"Visual Components"，然后单击"AGV"即可在项目预览区中查找到构建 AGV 自动输送系统的组件，如图 6-1 所示。

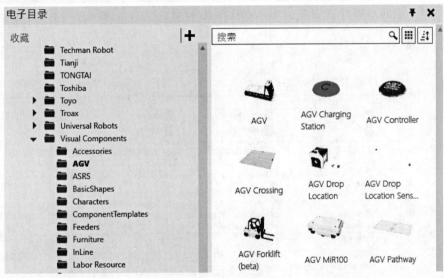

图 6-1　AGV 组件库

6.2 创建服务区域

AGV 可以沿着"AGV Pathway"（直线路径）和"AGV Crossing"（交叉路径）组件铺设的通道自动运行。

1）将"AGV Pathway"和"AGV Crossing"添加到 3D 视图中，然后将"AGV Crossing"连接到车道箭头指向的"AGV Pathway"的末端。

2）在 3D 视图中，选择并复制以上两个组件，然后将副本连接到"AGV Crossing"以形成 L 形路径。

3）重复步骤 2，但这次将副本连接到"AGV Pathway"以形成 U 形路径。

4）重复步骤 3，但此时连接副本以形成正方形路径，如图 6-2 所示。

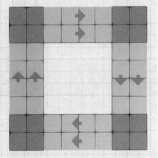

图 6-2　正方形路径

6.3 添加控制器和小车

AGV 需要 AGV 控制器在服务区域内导航，将其引导到相应位置。

1）将"AGV Controller"（AGV 控制器）添加到 3D 视图中，AGV 控制器的位置在 3D 视图中无关紧要，但要保持在某处可见。

2）将"AGV"添加到 3D 视图中，如果希望 AGV 在路径内工作，需要将 AGV 拖动到路径上的某个点，例如"AGV Crossing"中，如图 6-3 所示。否则，AGV 将被引导着沿尽可能最短的路径（例如直线）到达相应的位置。

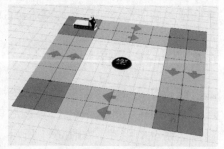

图 6-3　AGV 停泊点

3）在 AGV"组件属性"面板中，将"AgvID"设置为"struck01"，如图 6-4 所示。此属性值就是这辆 AGV 的标识，该值可被其他组件引用，以指定由哪辆 AGV 提供服务。

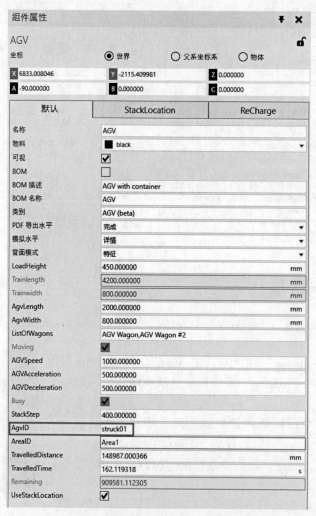

图 6-4　设置"AgvID"属性值

6.4 定义装载与卸料位置

组件"AGV Pick Location"定义了在 3D 视图中 AGV 装载物料的位置，而组件"AGV Drop Location"定义了 AGV 应将物料送达并卸料的位置。

1）将"AGV Pick Location"添加到 3D 视图中，然后移动"AGV Pick Location"靠近服务区域中的直线路径，直到在路径上出现绿色箭头，这表明在路径上运行的 AGV 可以到达该位置，在其"组件属性"面板中（见图 6-5）单击"AlignToClosestPath"按钮以使"AGV Pick Location"紧挨路径并与路径方向一致，如图 6-6 所示。接着将其"AGV_ID"属性设置为"struck01"，这是指定由"AGV_ID"属性值为"struck01"的 AGV 前来装载物料。

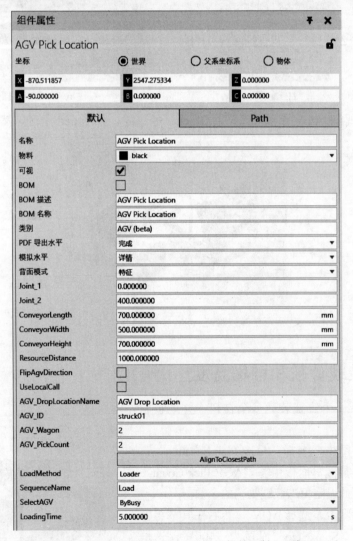

图 6-5 "AGV Pick Location"的"组件属性"面板

2）在"电子目录"面板的"收藏"窗格中，在"eCatalog 4.1"下展开"Components"，展开"Visual Components"，然后单击"Feeders"，添加"Shape Feeder"并将其连接到"AGV

Pick Location"上，在"Shape Feeder"的"组件属性"面板中展开"Product"属性的下拉列表选择"Block"。

3）将"AGV Drop Location"添加到3D视图中，并移动"AGV Drop Location"靠近服务区域中的直线路径，直到在路径上出现红色的箭头，这表明在路径上运行的AGV可以到达该位置。在其"组件属性"面板中单击"AlignToClosestPath"按钮以使"AGV Drop Location"紧挨路径并与路径方向一致，如图6-7所示。

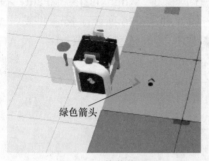
绿色箭头

图 6-6 装载位置

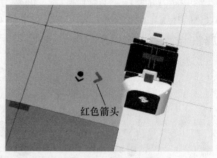
红色箭头

图 6-7 卸料位置

运行仿真以验证 AGV 装载和卸载"Block"的过程，如图 6-8 所示，然后重置仿真。

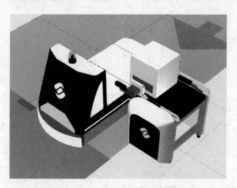

图 6-8 运行仿真以验证 AGV 装载和卸载"Block"的过程

6.5 定义装载计数和堆垛高度

AGV 可以从一个位置装载多个物料，并能将它们堆叠码垛。

1）在 3D 视图中，选择"AGV Pick Location"，然后在其"组件属性"面板中将"AGV Pick Count"设置为"2"，由此设定每次装载物料的个数。

2）在 3D 视图中，选择 AGV，然后在其"组件属性"面板中将"StackStep"设置为"400"，这是设定堆垛的高度。

3）运行仿真以验证 AGV 装载并运送一个堆垛（两个"Block"），如图 6-9 所示，然后重置仿真。

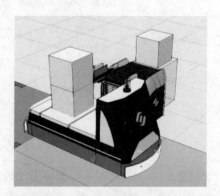

图 6-9 AGV 装载堆垛仿真

6.6 添加和使用车厢

AGV 或 AGV Train 可以用车厢运送物料，其"ListOfWagons"属性定义了要与无人搬运车一起使用的车厢。对于装载和运送，"AGV Pick Location"的"AGV-Wagon"属性定义了 AGV 的哪节车厢接收物料。

1）将两个"AGV Wagon"组件添加到 3D 视图中并移动排列到 AGV 后面。

2）在 3D 视图中，选择 AGV，然后在"组件属性"面板中将"ListOfWagons"设置为"AGV Wagon，AGV Wagon #2"，如图 6-10 所示，由此定义了 AGV 使用的车厢及其在运行时所处的顺序。

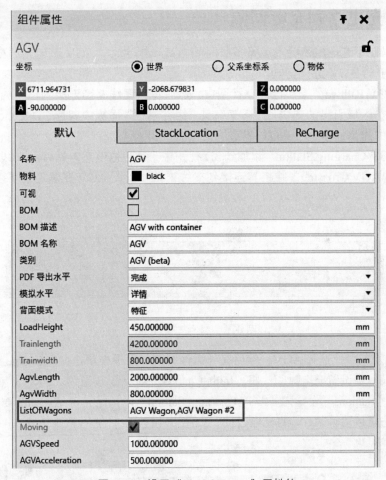

图 6-10 设置"ListOfWagons"属性值

3）在 3D 视图中，选择"AGV Wagon #2"，然后在"组件属性"面板中将"Stack Step"设置为"400"，由此指定该车厢在装载第二个物料时的堆垛高度。

4）在 3D 视图中，选择"AGV Pick Location"，然后在"组件属性"面板中将"AGV-Wagon"设置为"2"，由此指定物料放到 AGV 的第二节车厢上。

5）运行仿真以验证 AGV 的第二节车厢用于运送物料，如图 6-11 所示，然后重置仿真。

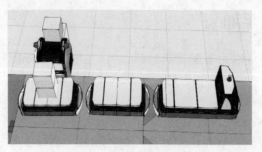

图 6-11 用第二节车厢运送物料

6.7 定义充电站和充电间隔

AGV 可以在不充电的情况下运行多长时间由其属性定义。AGV 充电站"AGV Charging Station"可用于对 AGV 进行充电。

1）将"AGV Pathway"添加到 3D 视图中，然后将该直线路径连接到已有的交叉路径上，以形成从主服务区域引出的支线。接下来在其"组件属性"面板中勾选"Direction2"复选框，以便形成路线的进出通道，使 AGV 能够从支线上进出。

2）将"AGV Charging Station"添加到 3D 视图中，然后将该充电站移到支线上的一个点。

3）添加"AGV Crossing"并将其连接到支线末端，以便 AGV 充满电后可以在此转向，如图 6-12 所示。

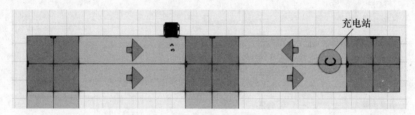

图 6-12 支线与充电站

4）在 3D 视图中，选择 AGV，然后在"组件属性"面板中单击"ReCharge"页面，可在"ChargingTime"中设置充电时间；将"InitialChargeCapacity"设置为"500"，由此设定初始充电量；再将"Stations"设置为"AGV Charging Station"以指定充电站，如图 6-13 所示。

5）运行仿真以验证 AGV 的充电过程，如图 6-14 所示，然后重置仿真。

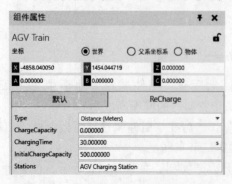

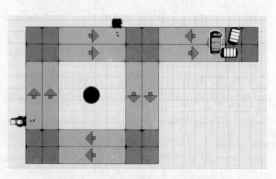

图 6-13 "ReCharge"页面的属性设置　　　　图 6-14 AGV 充电过程仿真

6.8 设定运行路线

"AGV""AGV Pathway"和"AGV Crossing"都具有"AreaID"属性，该属性可用于规划和限定 AGV 在服务区域中运行的路线。

1）在 3D 视图中，选择两个"AGV Crossing"和一个"AGV Pathway"，如图 6-15 所示。

2）复制并粘贴所选组件，然后通过它们的交叉路径将副本与原件吸附在一起，如图 6-16 所示。

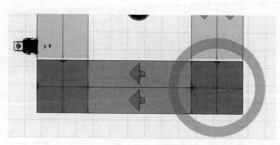

图 6-15 选择路径

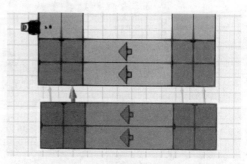

图 6-16 将副本与原件吸附在一起

3）选择内部路径（原始路径）中的"AGV Pathway"，然后在其"组件属性"面板中将"AreaID"设置为"Area2"。

4）运行仿真以验证 AGV 使用指定为"Area1"的外部路径（副本路径）运行，如图 6-17 所示，然后重置仿真。

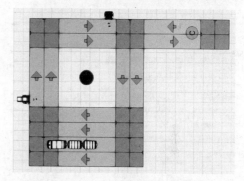

图 6-17 AGV 运行在外部路径上

6.9 定义装载序列

可以使用"AGV Task Sequencer"编程让 AGV 以特定顺序装载和运送物料。

1）在 3D 视图中，选择"AGV Pick Location"，然后在其"组件属性"面板中取消勾选"UseLocalCall"复选框，这意味着"AGV Pick Location"不会直接向 AGV 发送装载请求。

2）向 3D 视图中添加新的"AGV Pick Location #2"，然后移动"AGV Pick Location #2"靠近服务区域中的直线路径，直到在路径上出现绿色箭头，接下来在其"组件属性"面板中单击"AlignToClosestPath"按钮以使"AGV Pick Location #2"紧挨路径并与路径方向一致，取消勾选"UseLocalCall"复选框，然后将"AGV-ID"设置为"struck01"。

3）在 3D 视图中添加新的"Shape Feeder #2"，并将其连接到"AGV Pick Location #2"上，然后在其"组件属性"面板中展开"Product"的下拉列表选择"Cylinder"，如图 6-18 所示。

4）将"AGV Task Sequencer"添加到 3D 视图中，在其"组件属性"面板中单击"PickSequences"页面，然后单击"在编辑器中打开"按钮以编辑布局中 AGV 车辆的装载顺序。

5）在"AGV Task Sequencer:: 注释"编辑器中，将第一行设置为"AGV Pick Location #2,

AGV Pick Location", 然后关闭注释编辑器, 这意味着 AGV 应该在 "AGV Pick Location" 处装载一个 "Block" 堆垛之前, 先去 "AGV Pick Location #2" 处装载一个 "Cylinder", 如图 6-19 所示。

6) 运行仿真以验证 AGV 装载和卸载一个圆柱体和两个块的工作顺序, 如图 6-20 所示, 然后重置仿真。

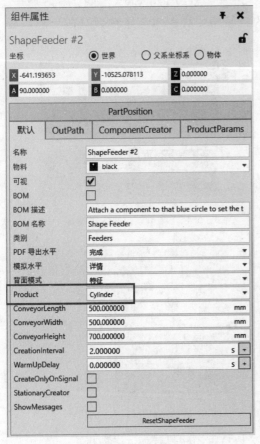

图 6-18　设置 "Shape Feeder #2"

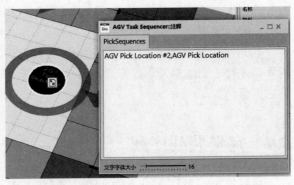

图 6-19　"AGV Task Sequencer:: 注释" 编辑器

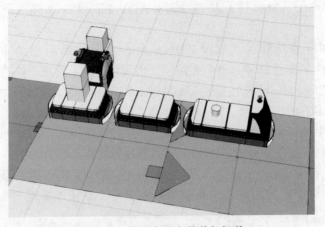

图 6-20　按规定顺序装载与卸载

6.10 定义等待位置

组件 "AGV Wait Location" 与 "AGV Task Sequencer" 一起使用时可以定义 AGV 等待接受任务的位置。

1）将 "AGV Pathway" 添加到 3D 视图中，然后将其连接到交叉路径，形成从主路径引出的支线。

2）将 "AGV Wait Location" 添加到 3D 视图中，然后将其移动到上述支线上的一个点。

3）添加 "AGV Crossing" 并将其连接到支线末端，以便 AGV 可以从等待位置到达或转向，如图 6-21 所示。

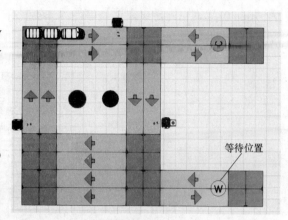

等待位置

图 6-21 支线与等待位置

4）添加一个 "AGV Train" 和两个 "AGV Wagon" 到 3D 视图中，现将 "AGV Train" 移动到路径上的某个点，再拖动一个 "AGV Wagon" 排列到 "AGV Train" 后面，然后选中 "AGV Train"，在其 "组件属性" 面板中设置 "ListOfWagons" 为 "AGV Wagon #3"，使 "AGV Train" 牵挂上后面的两个车厢；将 "AgvID" 设置为 "train01"，如图 6-22 所示。

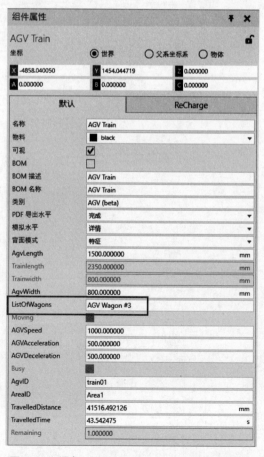

图 6-22 添加 "AGV Train" 和 "AGV Wagon"

5）在 3D 视图中选择"AGV Wait Location"，然后在其"组件属性"面板中设置"AgvID"为"train01"，由此定义来该处等待的车辆。

6）运行仿真，验证车队运行到等待位置，如图 6-23 所示，然后重置仿真。

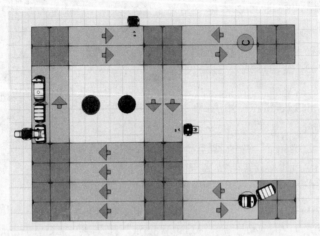

图 6-23　仿真运行到等待位置

第 7 章　工程图制作

工程图是布局项目（即非组件的可见对象）的一种类型，可以将 3D 视图中的布局按比例生成二维图形。图纸包含一个二维绘图模版，可称为绘图空间，支持视图的平移、缩放、填充和对中。

7.1　创建布局

创建布局的操作步骤如下。

1）新建一个布局，在"电子目录"面板的"收藏"窗格中，在"eCatalog 4.1"下展开"Components"，展开"Visual Components"，然后选择"Feeders"，在预览区中将"Shape Feeder"项目拖到 3D 视图中；接着在"Visual Components"中选择"InLine"，在项目预览区中双击"Conveyor"项目，然后再双击"Shuttle"项目。拖动"Shape Feeder"与"Conveyors"连接在一起，如图 7-1 所示。

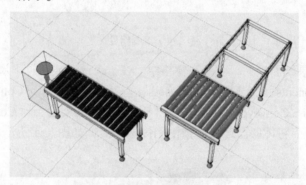

图 7-1　新建布局

2）在 3D 视图中选择"Conveyor"，在其"组件属性"面板中的"Default"页面上，将"ConveyorsType"属性设置为"BeltConveyors"，勾选"AutomaticParametersEnabled"复选框。选择"Shuttle Conveyors"，然后将"Shuttle Conveyors"拖拽到"Conveyors"的输出端，将它们连接在一起。某些组件具有相似的属性，当在这些组件之间建立连接时，它们的属性值可以被继承，查看"Shuttle Conveyors"就会发现上述属性已被自动继承，如图 7-2 所示。

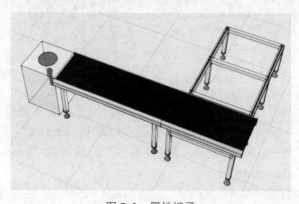

图 7-2　属性继承

3）选择"Shape Feeder"和"Conveyors"，在"开始"选项卡上的"剪贴板"组中，单击"复制"按钮，然后单击"粘贴"按钮，向 3D 视图中添加一组新组件。将粘贴的组件连接到"Shuttle Conveyors"的另一个输入端，如图 7-3 所示。

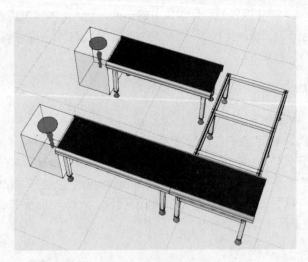

图 7-3　复制组件

4）在"电子目录"面板的"收藏"窗格中，在"eCatalog 4.1"下展开"Components"，展开"Visual Components"，选择"Processors"，然后添加一个"Conveyor Sensor"到 3D 视图中。拖动选定的"Conveyor Sensor"到"Conveyor"上，直到"Conveyor Sensor"捕捉到"Conveyor"，从而将传感器连接并依附到传送带上，如图 7-4 所示。

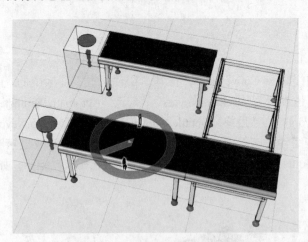

图 7-4　将传感器附加到传送带上

5）在 3D 视图中选择"Shape Feeder"，在其"组件属性"面板中的"Default"页面上，将属性"Product"设置为"Cylinder"，在"CreationInterval"文本框中输入"normal（10.0,2.0）"，然后按 <Enter> 键；在"组件属性"面板中的"ProductParams"页面上，将"物料"设置为"Aluminum"。

6）在 3D 视图中选择"Conveyor #2"，然后按 <Ctrl+C>，接着按三次 <Ctrl+V> 就可

以在 3D 视图中添加三个新的传送带，将复制的传送带分别连接到"Shuttle"的三个输出端。运行仿真来验证有一个供料器产生原料组件"Cylinder（圆柱）"，如图 7-5 所示，然后重置仿真。

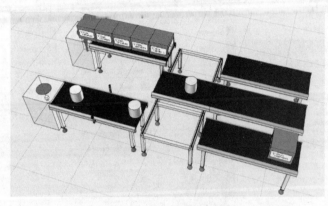

图 7-5　在仿真过程中供料器产生不同的原料组件

7）在 3D 视图中调整布局，如图 7-6 所示，然后在快速访问工具栏中单击保存按钮 💾 或按 <Ctrl+S>，将文件保存到文档库中的"My Models"文件夹中。

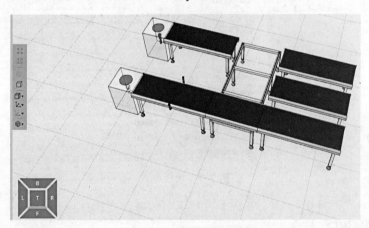

图 7-6　保存布局

7.2　使用模板

图纸模板可以按比例缩放图纸、生成一份物料清单（BOM），以及为图纸导出一份可打印的文档或者 CAD 文件。

1）在"图纸"选项卡的"图纸"组中，单击"装入模板"按钮，如图 7-7 所示。

2）在"模板导入"任务面板中，展开"模板"下拉列表，选择"Drawing Template A4"，然后单击"导入"按钮。

3）在图纸界面中，单击导入模板上的一个点或一条线来选择整个模板。在"组件属性"面板中，在"Tilte"文本框中输入图纸名称"物流输送系统"；在"DwgNo"文本框中输入图号"HW001"；在"Scale"中输入图纸比例（例如"1：50"）以定义任何新视图的比例。

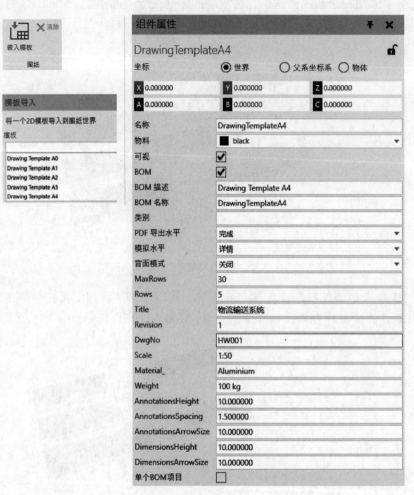

图 7-7　模板导入

7.3　添加视图

每个二维视图都是根据 3D 视图以正投影生成的，可以手动设置视图或使用标准视图来自动创建新的视图。

1）在"图纸"选项卡的"创建视图"组中，单击"选择"按钮，以创建自定义的视图，如图 7-8 所示。

2）系统自动转到布局视图，并显示提示信息"创建图纸视图 导航并使用区域选择以挑选图纸视图内容"。

3）在 3D 视图中，拖曳鼠标指针创建一个包括当前布局中所有组件的选择区域。

4）接着弹出"图纸视图"对话框，单击"继续"按钮后，系统转回到图纸视图并在所选区域生产一个视图。由于这个轴测图太小，可在其"图纸属性"面板中将"Scale"属性修改为"1:50"。

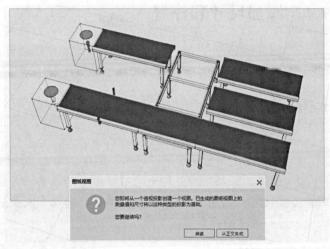

图 7-8　选择区域

5）在"创建视图"组中依次单击"顶""前""左"按钮生成三个标准方向视图，运用操纵器平移和旋转视图，如图 7-9 所示，按照逻辑关系将这四个视图摆放在对应位置。

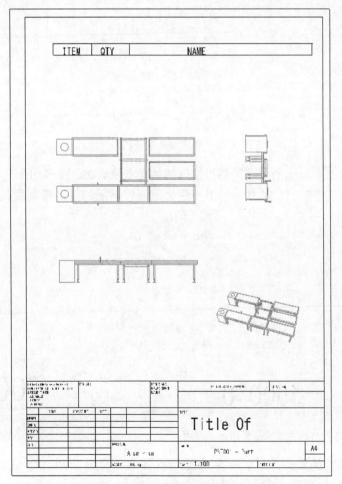

图 7-9　添加视图

7.4 添加尺寸和注释

尺寸和注释是允许标记视图的其他类型的布局项目，尺寸是一条带箭头的线，标明线、点和面之间的距离或角度；注释可以是锚定于一个点、一条线或边的文本标签。

7.4.1 添加尺寸

添加尺寸的操作步骤如下。

1）在"图纸"选项卡的"尺寸"组中，单击"线性"按钮。

2）通过选择两个端点和一个放置尺寸的参考点，就可以在俯视图上添加三个输出传送带的宽度尺寸，如图 7-10 所示。如果需要选择不同类别的点，可使用"线性尺寸"任务面板以设置有效的捕捉类型。

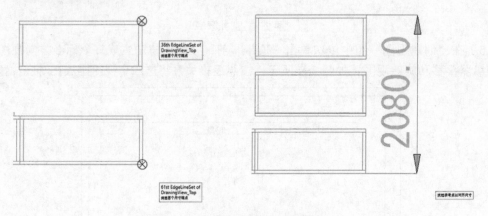

图 7-10　物流输送系统的总宽度

3）在前视图上添加一个尺寸，列出输送线的总长度，如图 7-11 所示。

4）在右视图上添加一个尺寸，列出不包含附属传感器的传送带高度，如图 7-12 所示。

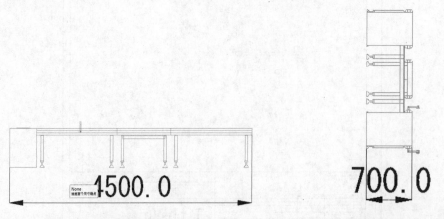

图 7-11　物流输送系统的总长度　　　　图 7-12　物流输送系统的高度

5）如果不想添加更多尺寸，可单击图纸界面中的空白空间、按 <Esc> 键或者在"线性尺寸"任务面板中单击"关闭"按钮。

6）如果需要编辑尺寸格式，可以选择尺寸，然后在"尺寸属性"面板中与尺寸的元素交互，以及编辑尺寸属性值。

7.4.2　添加注释

注释可以创建一个可见的插图编号或者标记，用于解释说明图纸的一个或者多个元素。可以手动或自动生成所有或选定视图的注释。

1）选择轴测图，然后在"图纸"选项卡上的"BOM"组中单击"创建"按钮，自动生成一组圆圈注释以及更新物料清单表格，如图7-13所示。

2）选择并重新排列添加的圆圈注释以适应模板的大小。

3）如果没有自动生成注释，可在图纸上选择一个固定点用于注释，然后选择一个位置用于放置注释的标签。若需要选择不同类别的位置，可使用"注释"任务面板以设置有效的捕捉类型；如果是创建一条注释，则文本会被固定到图纸视图中。

4）如果不想创建更多注释，可单击图纸界面组的空白空间、按 <Esc> 键，或者在"注释"任务面板中单击"关闭"按钮。

5）如果需要编辑注释，可以先选择注释，然后在"注释属性"面板中与注释的固定点和标签交互，以及编辑注释属性值。

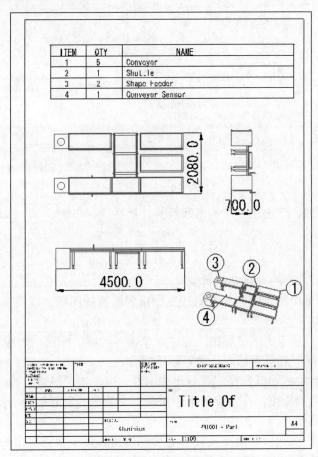

图7-13　添加注释

7.5　打印和导出图纸

布局项目（即非组件的可见对象）与 3D 视图中的当前布局一起保存。可以打印和导出图纸，但不能将图纸从它的布局中分离出来单独另存，例如图纸包括平面图、材料清单和零件列表。

7.5.1　打印图纸

可将一张或者多张图纸打印为 PDF 文档。

1）在"图纸"选项卡上的"打印"组中，单击"图纸"按钮，如图 7-14 所示。

2）在打印预览中，执行以下所有操作：

①定义选中的图纸是否应按比例缩放以适合纸张的大小和方向，或者勾选"区域选择"复选框以定制选择一个要放置在文档中的图纸区域。

②设置"打印机"以接收打印任务。打印机本身可用于将图纸生成为 PDF 或者作为传真 / 邮件附件发送。

③选择文档的"页面方向"和"纸张大小"。

3）单击"打印"按钮，然后将打印输出文件保存到文档库中的"My Models"文件夹中。

图 7-14　打印设置

4）在导航窗格上，单击左上角的返回箭头，然后保存布局。

7.5.2　导出图纸

可以将图纸导出为新的支持文件类型。

1）如果要导出一个特定图纸集，直接在图纸界面选择图纸，或者按住 <Ctrl> 键以从选择中添加 / 移除图纸。

2）在"图纸"选项卡上的"导出"组中，单击"图纸"按钮，如图 7-15 所示。

3）在"导出图纸"任务面板中，执行以下操作：

①如果要导出选中的图纸，在"要导出的组件"中单击"已选"。

②如果要导出所有图纸，在"要导出的组件"中单击"全部"。

③为要导出的图纸选择"文件格式"。

4）单击"导出"按钮，然后定义文件名称和位置，用于保存导出的文件。之后，会开启一个文件浏览器用于确认和显示文件保存在电脑上的位置。

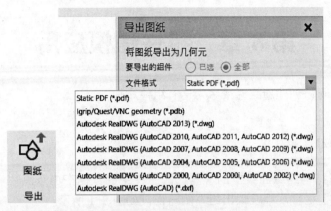

图 7-15　导出图纸

7.6　创建图纸的主要设置

创建图纸的主要设置如下。

1）在图纸视图中，可以手动或自动创建新的视图。在"图纸"选项卡的"创建视图"组中可以进行如下操作：

①手动创建视图。单击"选择"按钮，系统自动转换到 3D 布局视图并提示选择一个区域，该区域中的内容将自动生成为一个二维视图。选择区域前需要先调整好视图。

②自动创建视图。单击一个可用的视图按钮（顶、左、前、底、右、后退），即可生成一个标准方向的二维视图。

2）每个视图都有一个比例属性"Scale"，可以在属性面板中更改其中的比值。如果想控制整张图纸的比例，可导入一个图纸模板。通过使用图纸模板，能生成一个可打印的技术图纸以及零件清单或物料清单。每个组件都有一组"BOM"属性，有关的属性信息会自动填入图纸模板的物料清单中。如果组件未列入零件清单，应到该组件的"组件属性"面板中查看是否未勾选其"BOM"复选框；或者在图纸的"组件属性"面板中未勾选"BOM"复选框和"单个 BOM 项目"复选框。

3）在图纸界面中，可以使用操纵器"图纸属性"面板定义视图的位置。

4）如果要在视图中添加尺寸和注释，可以使用"图纸"选项卡上的"尺寸"和"注释"组中的命令按钮。

5）可以选择两个或者多个尺寸，然后在"尺寸属性"面板中编辑常见属性进行格式化。如果使用模板，模板的尺寸属性可用于预定义尺寸的高度、箭头粗细，以及在设置这些值之后创建的其他内容。

6）可以选择两个或者多个注释，然后在属性面板中，编辑它们的概要及指示风格。例如，可以更改圆圈注释，将它作为长方形注释使用。如果使用模板，模板的注释属性可用于预定义注释的高度、间隔，以及在设置这些值之后创建的其他内容。

7）图纸上的每个要素都是具有自身属性集的布局项目。布局项目不是组件，只是一个映射，并保存在布局中。这意味着每次 3D 视图中加载布局时才能生成视图、注释和尺寸，所以图纸和布局是不能分开保存的，但是可以单独打印和导出图纸。

第8章　组件建模应用

在建模视图中可以创建新组件或者为已有组件添加特征。

8.1　组件结构

组件是以树形结构组织的数据的容器，即组件中的数据在由节点组成的树形结构中组织。"组件图形"面板直观地表现出组件的结构，如图 8-1 所示。

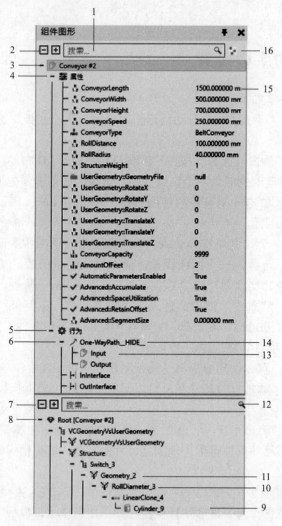

图 8-1　"组件图形"面板

1—组件节点树搜索框　2—组件节点树折叠/展开按钮　3—选中组件的根节点　4—组件属性　5—节点"行为"
6—子节点（链接）和关节　7—节点特征树折叠/展开按钮　8—选中节点的根特征　9—节点特征树窗格特征树
10—操作的子特征　11—操作类型特征　12—节点特征树搜索框　13—"行为"子元素项　14—"行为"子元素
15—组件中的选中项　16—组件节点树过滤器

"组件图形"面板提供对选中组件的概览,包括组件节点、行为、属性以及特征,其中组件节点树窗格列出了所选组件的节点属性和行为,而节点特征树窗格列出了所选节点的特征。属性与组件的根节点一起列出,且行为与其包含的节点一起列出。

在"组件图形"面板或 3D 视图中选择一个对象时,"组件图形"面板将自动更新以显示当前选择对象在组件中的位置。如果所选特征包含几何元,该特征将在 3D 视图中绿色高亮显示。如果所选特征为执行操作,则其子特征所包含的几何元将在 3D 视图中以橄榄色高亮显示。

8.1.1 节点

每个组件都拥有一个根节点,它是特征、行为、属性和组件原点的容器。如果组件需要拥有可移动部件或者运动结构,则需要在组件中创建新节点,这些节点类别称为"链接"。组件可以拥有任何数量的称作"链接"的子节点,并且每个链接都包含用于定义偏移、轴心点、关节类型以及自由度的属性。每个节点都包含一组行为和特征。不同节点中的行为可互相连接和参考。节点中的特征形成一个层级,可互相嵌套以执行特征的几何元以及物体本身进行操纵的操作。

8.1.2 属性

属性是组件的变量和特性,可用于控制节点、特征和行为中的属性值。组件属性包含在根节点中,因此可以在组件的任何节点中(包括表达式)访问和引用它们。当在"组件节点树"中选择一个属性时,会显示一个属性任务面板用于编辑该属性。选择多个组件时,会列出它们的共同属性,如果它们不需要唯一值,则可以对其进行编辑。

8.1.3 特征

特征是形状的视觉表现。原始特征是表示基本形状的一类特征,例如块体、圆柱体和锥体。某些类型的特征(例如挤压和变形)可以通过修改子特征(嵌套特征)的形状来实现。有些类型的特征包含与 3D 视图特别相关的数据,例如坐标框和平面。任何类型的特征都可以分解为几何特征,以便访问其几何元集和其他附加操作。

特征包含在节点中,可互相嵌套以继承值和执行动作。大多数情况下,特征用于容纳、分组和编辑几何元。在其他情况下,有些类型的特征用于显示信息和充当组件中的参照点。

8.1.4 行为

行为是组件在仿真之前或者仿真期间执行的一个或者一组动作,以完成特定的任务。例如,路径行为可以在特定方向上控制和移动组件。行为可以彼此连接以便协同工作。例如,传感器和信号可以连接至路径以检测进入的组件,如图 8-2 所示。

通常,行为包含在根节点中,以使它们更容易被找到、编辑以及与其他行为连接。在某些情况下,行为可能需要包含于特定的节点中以正常完成工作。例如,位于机器人手臂末端的组件容器需要抓取组件。

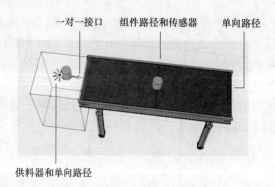

一对一接口　　组件路径和传感器　　单向路径

供料器和单向路径

图 8-2　行为连接

8.2　创建根节点和特征

　　每个组件至少包含一个节点，并且应至少有一个特征。组件的首选建模环境是空布局，创建的新组件位于 3D 视图的原点处，并且包含几何元。

　　1）在 3D 视图中创建新的空布局。

　　2）在"建模"选项卡上的"组件"组中，单击"新的"按钮。

　　3）在"几何元"组中，单击"特征"箭头，然后在"原始几何元"中单击"箱体"，则在节点特征树窗格中新组件的根节点下创建了"块体"特征。

　　4）在"特征属性"面板中，将"块体"的"长度"设置为"1000"，"宽度"设置为"800"，"高度"设置为"700"，"材料"设置为"Steel"，如图 8-3 所示。

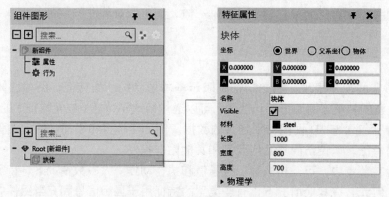

图 8-3　编辑"特征属性"面板

8.3　变换特征

　　可以创建一个组件参数并在属性面板中可见，操作特征也可以用于创建组件参数。

8.3.1　创建和分配属性

　　组件属性拥有其自身的属性集，可以在"属性"任务面板中读 / 写。根据属性类型可以定义限制（属性值的范围），通过"-"字符分隔最小值和最大值，用"；"或新的一行分隔一组步长值。

1）在"建模"选项卡上的"属性"组中，单击"属性"箭头，然后在"基坐标"中单击"实数"以创建实数类型的属性。

2）在"属性"任务面板中，执行以下全部操作：

① 将"名称"设置为"BlockWidth"，"限制"为"0-1000"，"值"设置为"500"。

② 单击展开"数量"下拉列表选择"Distance"，"幅度"为"mm"。

3）在 3D 视图中，单击块体。

4）在"特征属性"面板中，将"宽度"设置为"BlockWidth"，如图 8-4 所示。

图 8-4　编辑与分配属性

8.3.2　创建和应用操作特征

通过在节点特征树中使用拖放操作，可以将特征彼此嵌套。通常，几何特征嵌套在操作特征中，从而将操作应用于这些嵌套特征（子特征）。例如，您可以对一个或多个特征执行线性变换。

1）在"建模"选项卡上的"几何元"组中，单击"特征"箭头，然后在"移动"中单击"移动"以创建用于写入线性变换表达式的特征，如图 8-5 所示。

2）在"特征属性"面板中，将"表达式"设置为"Ty（-BlockWidth/2）"，它将根据"BlockWidth"的负值除以 2，沿 Y 轴平移子特征，如图 8-6 所示。

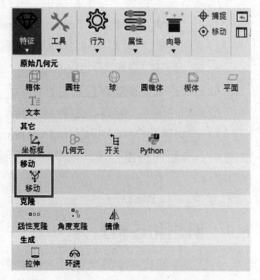

图 8-5　"移动"特征

通常，表达式函数（Tx，Ty，Tz）执行平移操作，（Rx，Ry，Rz）执行旋转操作，而（Sx，Sy，Sz）执行缩放操作。例如，"Tx（200）.Rz（45）.Tx（200）"是由"."字符分隔的三个函数表达式。

3）在"组件图形"面板的节点特征树中，将"块体"拖动到"移动"中，以嵌套特征并移动"块体"的相对位置，如图8-7所示。

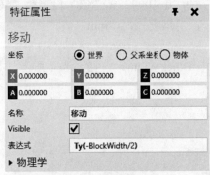

图 8-6 输入表达式属性

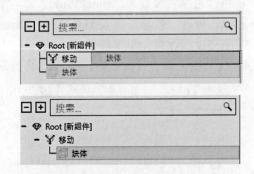

图 8-7 嵌套特征

默认情况下，当特征嵌套在另一个特征中或放置到不同节点时，该特征将继承其父系的偏移，或者被操作特征移动其位置。但是，如果在拖动特征时按住 <Shift> 键，就可以强制保留其绝对位置不变。

8.4 保存组件

组件必须与布局分开保存，也就是说，不要将组件作为布局保存。

1）单击"组件图形"面板的组件节点树窗格中的"新组件"，在"建模"选项卡上的"组件"组中，单击"保存"按钮。

2）在"保存组件"任务面板中，执行以下所有操作：

① 将"名称"设置为"TrainingComponent"。

② 单击展开"类型"下拉列表，选择"Conveyors"。

③ 将"标签"设置为"Training"。

④ 将"作者"设置为自定义的名字。

⑤ 单击"保存"按钮，如图8-8所示。

3）将文件命名为"TrainingComponent.vcmx"，保存在文档中的"My Models"文件夹中。该组件现在列在"电子目录"面板"我的模型"收藏中，可以根据需要随时备份保存。

8.5 创建和连接行为

如果要让组件在仿真之前或者仿真期间执行任务，应创建行为。行为可以彼此连接以执行一系列相关任务。例如，在仿真期间生成组件的行为需要与包含组件的行为连接。

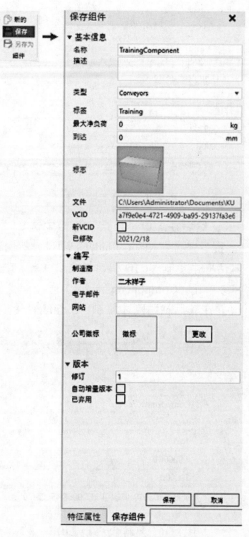

图 8-8　组件保存设置

8.5.1　创建行为

组件创建行为可用于在仿真期间创建原料组件的多个副本。

1）在"建模"选项卡上的"行为"组中，单击"行为"按钮，然后在"Material Flow"中单击"组件创建者"，则在"组件图形"面板的组件节点树窗格中，在"行为"下添加了第一个行为"ComponentCreator"，接下来要为该行为设置生成组件的来源。

2）执行以下操作之一：

①在"属性"面板中，单击"部件"右边的▢按钮。接下来，在"打开"对话框中，浏览"eCatalog 4.1\Components\Visual Components\ProductsAndContainers"，然后双击一个"Cylinder"组件以打开，并将该文件设置为样板组件。在文件资源管理器中，可以搜索"Cylinder"以找到正确的文件。由于引用了本地文件，"部件"将使用前缀为"file：///"的文件 URI 方案，如图 8-9 所示。

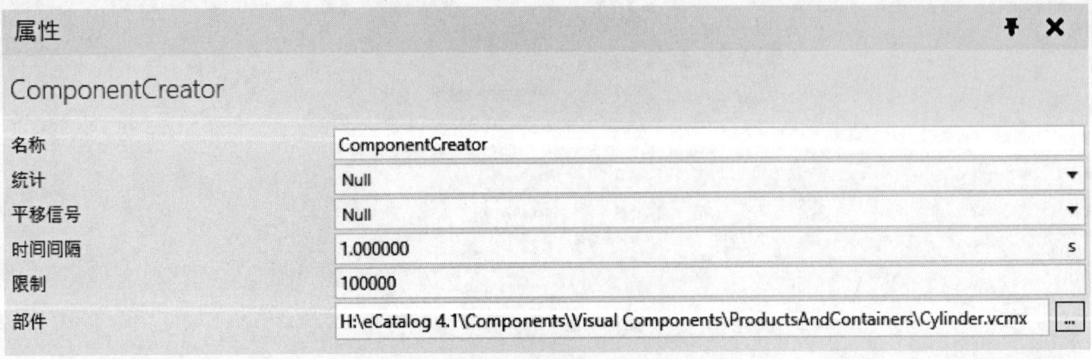

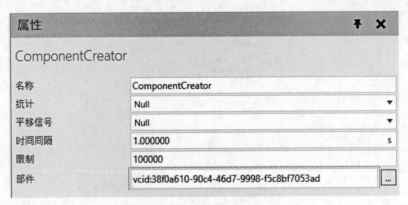

图 8-9　浏览本地文件

②单击"开始"选项卡，然后在"电子目录"面板中选择"所有模型"，然后在项目预览区中搜索"Cylinder"。接下来，右击"Cylinder"项目，然后选择"编辑元数据"命令，在打开的"查看元数据"对话框中复制 VCID 码，单击"关闭"按钮。最后，单击"建模"选项卡，在组件节点树窗格中单击"ComponentCreator"行为，然后在其"属性"面板的"部件"文本框中键入"vcid:"并在其后粘贴刚才复制"Cylinder"的 VCID 码，如图 8-10 所示。

图 8-10　复制组件的 VCID 码

8.5.2　连接行为

支持物料流的行为可以用于使用端口将组件输送到容器以及从容器输出。端口是连接器并在组件节点树窗格中列出其行为。在某些情况下，行为可以是静态容器，并且只能在组件（例如组件容器）传输。

1）在"建模"选项卡上的"行为"组中，单击"行为"按钮，然后在"Material Flow"中单击"容器"。

2）在"组件图形"面板的组件节点树窗格中，展开"ComponentContainer"，然后单击"Input"，如图 8-11 所示。

3）在"属性"面板中，单击展开"连接"下拉

图 8-11　"组件图形"面板

列表选择"ComponentCreator"，然后单击展开"端口"下拉列表选择"Output"，将两个行为连接起来，如图 8-12 所示。

4）运行仿真以验证在组件原点处创建了圆柱，如图 8-13 所示，然后重置仿真。

图 8-12　设置行为子元素属性

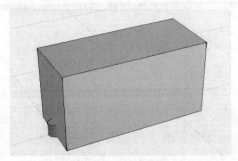

图 8-13　仿真行为效果

8.6　创建行为的位置

在 3D 视图中，行为可以参考"坐标框特征"来定位执行任务的位置。"坐标框特征"是 3D 视图中的一个参考点。组件和其他类型的对象使用坐标框特征来确定空间点、距离、旋转和路径。"坐标框特征"根据它们在 3D 视图中的用途来命名，它可以被选择、操纵和捕捉。

8.6.1　创建参考点

创建参考点的操作步骤如下。

1）在"建模"选项卡上的"几何元"组中，单击"特征"按钮，然后在"其他"中单击"坐标框"。

2）在"工具"组中，单击"捕捉"按钮，然后将添加的坐标框沿着 Z 轴捕捉到坐标框正上方顶部边缘的中点，如图 8-14 所示。

3）在"特征属性"面板中，将"名称"设置为"StartFrame"。

图 8-14　创建参考点

4）同理，创建一个新的坐标框特征，标记为"MidFrame"并定位于顶面中心，其全局位置坐标为（500，0，700）。

5）再创建一个新的坐标框特征，标记为"EndFrame"并定位于在 X 轴正方向上与"StartFrame"相对的顶部边缘中点，其全局位置坐标为（1000，0，700），如图 8-15 所示。

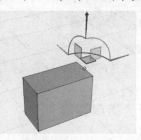

图 8-15　坐标框特征"EndFrame"位置

8.6.2 创建和定义路径

路径是行为的一种类型，它可以包含和控制由坐标框特征定义点位的组件流。

1）在"建模"选项卡上的"行为"组中，单击"行为"按钮，然后在"Material Flow"中单击"单向路径"。

2）在"属性"面板中，单击"Path"的展开按钮，然后单击其"添加/移除项目"按钮，如图 8-16 所示。

3）在"Add 'Path' items"对话框中，依次单击"StartFrame""MidFrame""EndFrame"按钮，然后关闭对话框，如图 8-17 所示。

特别注意：坐标框特征的顺序决定路径点位的性质，第一个和最后一个坐标框定义路径的输入端口和路径的终点，如图 8-18 所示。

图 8-16　添加路径

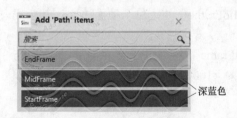

图 8-17　已添加的坐标框突出
显示为深蓝色

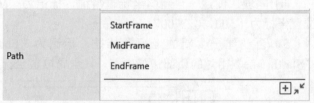

图 8-18　路径点位

8.6.3 切换行为端口连接

支持物料流的行为端口可以被切换以重新定义物流的连接和传输点。

1）在"组件图形"面板中，展开"OneWayPath"，然后单击选择"Input"。

2）在"属性"面板中，单击展开"连接"下拉列表选择"ComponentCreator"，然后单击展开"端口"下拉列表选择"Output"，这一操作将替换"ComponentCreator"与"ComponentContainer"的输出连接，如图 8-19 所示。

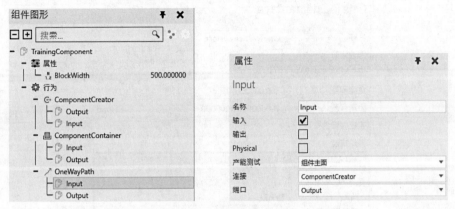

图 8-19　切换行为端口连接

3）运行仿真以验证组件的创建以及沿着路径的移动，如图 8-20 所示，然后重置仿真。

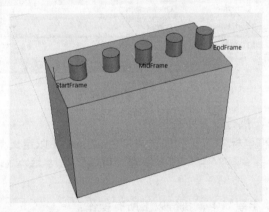

图 8-20　组件创建仿真

8.7　物理连接组件

接口允许将组件与 3D 视图中的其他组件进行物理连接或远程连接。也就是说，接口是将数据从一个组件传输到另一个组件的端口或连接器。

8.7.1　创建接口节段和字段

"节段"是接口的主要属性，而"字段"包含在节段之中，每个节段可以具有多个字段来支持所连接的组件之间的信息交换。

1）在"建模"选项卡上的"行为"组中，单击"行为"按钮，然后在"接口"中选择"一对一"。

2）在"属性"面板的"节段和字段"区域中，单击"添加新节段"按钮，在接口中创建一个新节段，如图 8-21 所示。

图 8-21　创建接口属性

3）在添加的节段中，执行以下所有操作：

① 单击展开"节段框坐标"下拉列表选择"EndFrame"以定义节段的物理位置。

② 单击展开"添加新字段"下拉列表选择"Flow"以支持在 MaterialFlow 节段中添加新字段。

4）在添加的"Flow 字段"中，执行以下所有操作：

① 单击展开"Container"下拉列表选择"OneWayPath"以定义由字段引用的行为，以便传输组件。

② 单击展开"PortName"下拉列表选择"Output"，以引用"OneWayPath"的输出端口，即该接口现在可以用于将组件从路径的输出端传送到连接的接口。

8.7.2　连接接口

接口允许组件通过相互插入在物理位置上彼此连接或者在一个或多个组件之间通过连线彼此连接。

1）在"电子目录"面板的"收藏"窗格中，在"eCatalog 4.1"下展开"Components"，再展开"Visual Components"，选择"InLine"。

2）将"Conveyor"项目拖到 3D 视图中，然后将其连接到"TrainingComponent"上，如图 8-22 所示。

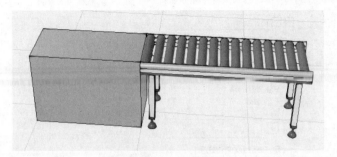

图 8-22　连接接口

3）运行仿真以验证圆柱体从"TrainingComponent"移动到添加的传送带上，然后重置仿真。

4）在 3D 视图中，单击选择"TrainingComponent"。

5）在"建模"选项卡上的"组件"组中，单击"保存"按钮。

8.8　创建双向路径组件

8.8.1　创建新组件

在 3D 视图中创建新的空布局，在"建模"选项卡上的"组件"组中，单击"新的"按钮创建一个新组件，在"组件属性"面板中修改其"名称"为"双向传送带"。

在"建模"选项卡上的"几何元"组中单击"特征"按钮，然后在"原始几何元"中单击"箱体"图标，则在"节点特征树"窗格中组件的根节点下创建了"块体"特征。在"块体"的"特征属性"面板中，将"块体"的"长度"设置为"1000"，"宽度"为"400"，"高度"为"700"。

8.8.2　创建参考点

在"建模"选项卡上的"几何元"组中单击"特征"按钮，然后在"其他"中单击"坐标框"图标，则在节点特征树窗格中新组件的根节点下创建了"坐标框"特征。在节点特征树窗格中选择根节点下的"坐标框"特征，在视图区中拖动坐标框原点将其移动到块体上表面左边缘的中点位置，在其"特征属性"面板中，将"名称"修改为"InFrameA"。

同理，再创建一个新的坐标框特征，标记为"OutFrameA"并定位于 X 轴正方向上与"InFrameA"相对的顶部边缘中点，如图 8-23 所示。

在节点特征树窗格中选择根节点下的"坐标框"特征，在视图区中拖动坐标框原点，将其移动到块体上表面右边缘的中点位置，在其"特征属性"面板中将"Rz"改为"180"，选择"物体"坐标系即可看到操纵器 X 轴转到相反方向，再将"名称"修改为"InFrameB"。

同理，再创建一个新的坐标框特征，标记为"OutFrameB"并定位于 X 轴正方向上与"InFrameB"相对的顶部边缘中点，并且同样将"物体"操纵器 X 轴转 180°。

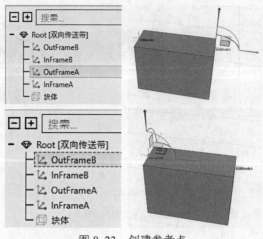

图 8-23　创建参考点

8.8.3　定义双向路径

在"建模"选项卡上的"行为"组中单击"行为"按钮，然后在"MaterialFlow"中单击"双向路径"图标，则在"组件图形"面板的组件节点树窗格中，在"行为"下添加了一个行为"TwoWayPath"，接下来需要设置该路径的起点和终点。

在组件节点树窗格中选择行为"TwoWayPath"，在其"属性"面板中单击"Path"的展开按钮，然后单击其"添加/移除项目"按钮，弹出"Add 'Path' items"对话框。在对话框中按照起点到终点的顺序依次单击"InFrameA""OutFrameA"，将其加入到"属性"面板的"Path"框中。选择行为"TwoWayPath"下的"Input"，在其"属性"面板中勾选"输入"和"输出"复选框；选择行为"TwoWayPath"下的"Output"，在其"属性"面板中勾选"输入"和"输出"复选框，如图 8-24 所示。

图 8-24　定义双向路径

8.8.4　创建输入接口

在"建模"选项卡上的"行为"组中单击"行为"按钮，然后在"接口"中选择"一对一"图标，则在"组件图形"面板的组件节点树窗格中，在"TwoWayPath"下添加了一个行为"OneToOneInterface"。在其"属性"面板的"节段和字段"区域单击"添加新节段"按钮，在接口中创建一个新节段；单击展开"节段框坐标"下拉列表选择"InFrameA"以定义节段的物理位置；单击展开"添加新字段"下拉列表选择"Flow"，单击展开"Container"下拉列表选择"TwoWayPath"，单击展开"PortName"下拉列表选择"Input"，如图 8-25 所示。

属性	📌 ✕

OneToOneInterface

名称	OneToOneInterface
为抽象的	☐
仅连接相同等级	☐
角度容差	360.000000 °
距离容差	1000000000.000000 mm
连接编辑名称	
接口描述	

节段和字段

▼ 节段: 新节段

名称	新节段
节段框坐标	InFrameA ▾

▼ Flow 字段: 新字段

名称	新字段
Container	TwoWayPath ▾
PortName	Input ▾

添加 新字段	▾

添加新节段

图 8-25　创建输入接口

在"电子目录"面板的"收藏"窗格中，在"eCatalog 4.1"下展开"Components"，再展开"Visual Components"，选择"Feeders"，在"项目预览区"选中供料器"Basic Feeder"并拖到 3D 视图中，然后将其连接到自定义的"双向传送带"组件上。运行仿真，观察圆柱体从供料器里出来并移动到自定义的路径上。在仿真控制器中单击重置按钮⏮，将供料器与新组件分开。

单击"建模"选项卡，在"组件图形"面板的组件节点树窗格中选择行为"OneToOneInterface"。在其"属性"面板的"节段和字段"区域单击"添加新节段"按钮，在接口中创建一个新节段；单击展开"节段框坐标"下拉列表选择"InFrameB"以定义节段的物理位置；单击展开"添加新字段"下拉列表选择"Flow"，单击展开"Container"下拉列表选择"TwoWayPath"，单击展开"PortName"下拉列表选择"Output"。

单击"开始"选项卡，将供料器"Basic Feeder"连接到"双向传送带"组件的另一端，运行仿真，发现小圆柱体移动到新组件处停止不前。重置仿真，选择新组件，在其"组件属性"面板中单击"TwoWayPath"页面，单击展开"方向"下拉列表选择"向前（自动）"，运行仿真可见小圆柱一直向前运行。在仿真控制器中单击重置按钮⏮。

8.8.5　创建输出接口

在"建模"选项卡上的"行为"组中单击"行为"按钮，然后在"接口"中选择"一对一"图标，则在"组件图形"面板的组件节点树窗格中，在"TwoWayPath"下添加了一个行为"OneToOneInterface_2"。在其"属性"面板的"节段和字段"区域单击"添加新节段"

按钮，在接口中创建一个新节段；单击展开"节段框坐标"下拉列表选择"OutFrameA"以定义节段的物理位置；单击展开"添加新字段"下拉列表选择"Flow"，单击展开"Container"下拉列表选择"TwoWayPath"，单击展开"PortName"下拉列表选择"Output"，如图 8-26 所示。

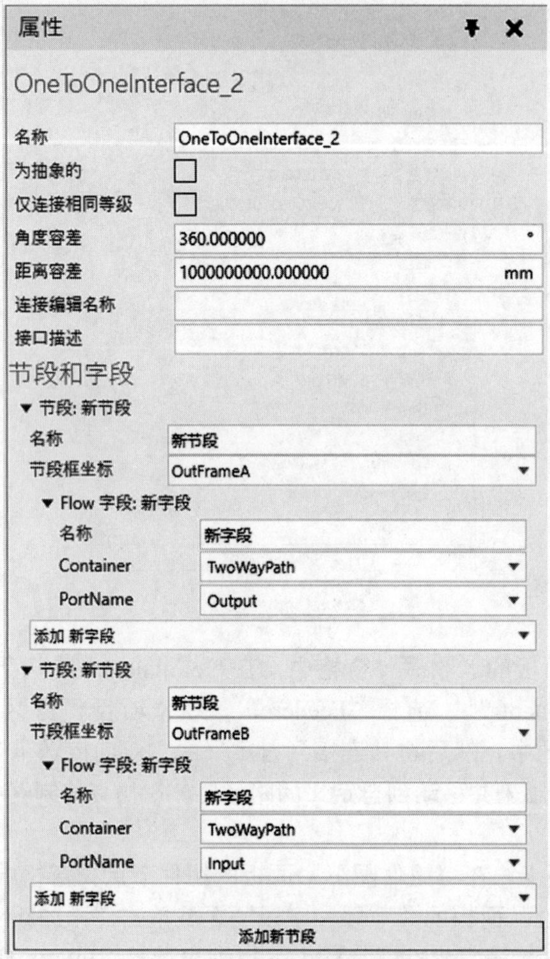

图 8-26　创建输出接口

再次单击"添加新节段"按钮，在接口中创建一个新节段；单击展开"节段框坐标"下拉列表选择"OutFrameB"以定义节段的物理位置；单击展开"添加新字段"下拉列表选择"Flow"，单击展开"Container"下拉列表选择"TwoWayPath"，单击展开"PortName"下拉列表选择"Input"。

8.8.6　连接组件

单击"开始"选项卡，然后在"电子目录"面板的"收藏"窗格中，展开"Models by Type"，单击"Conveyors"，在其下选择"VisualComponents"，将"Conveyor"项目拖到 3D 视图中，然后将其连接到新组件右边，将供料器"Basic Feeder"连接到新组件左边。运行仿真验证正向传输，如图 8-27 所示，然后重置仿真。

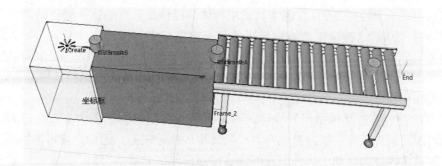

图 8-27　验证正向传输

将供料器 "Basic Feeder" 连接到新组件右边，将传送带 "Conveyor" 连接到新组件左边。运行仿真验证反方向传输，如图 8-28 所示。

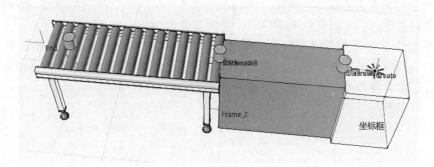

图 8-28　验证反向传输

8.9　组件的结构

组件的结构是一棵包含节点的树，在这棵树的顶端是组件的根节点，其中包含组件属性，其他节点在根节点下方链接和分布成形。各节点包含其自身的行为集，这些行为集与节点一起在树中列出。有些行为拥有执行特殊动作的子元素或者包含其他元素。例如，有些行为拥有能够在行为之间进行内部和外部组件传送的端口，而其他行为则拥有针对其他数据类别的容器。除根节点外，每个节点都可以使用属性面板定义其自身的关节、偏移和运动机制。

可以在组件范围内引用组件属性用于指定值和编写表达式，这可以使节点的几何元和其他属性参数化，也可以使用 "<BehaviorNetwork>∷<BehaviorProperty>" 的句法引用拥有唯一名称的行为属性。当节点的关节被分配至一个控制器时，会将额外的关节属性添加给该节点。

在组件节点树窗格中可以将一个节点拖动到另一个节点上，使组件中的节点相互依附，这将移动节点及其层级，包括行为和特征。默认情况下，父节点的偏移会影响新子节点的位置，但是，如果在拖动节点时按住 <Shift> 键，就可以使该节点保持其在 3D 空间的位置不变。而建模视图的移动模式（"建模"选项卡上的"移动模式"组）不会影响节点对不同节点的附着，移动模式用于控制在 3D 视图中，选中物体的层级是否与物体一起移动。

通过将特征从节点特征树窗格拖到组件节点树窗格中列出的一个节点，可以将其移到组件中的另一个节点中，这会将特征及其层级移到该节点中。默认情况下，特征将继承其父系的偏移，但是，如果在拖动特征时按住 <Shift> 键，就可以使特征保持其位置不变。同样，建模视图的移动模式不会影响特征向不同节点的移动。

组件中的行为可以互相引用和连接，不需要包含在相同的节点中。有些行为用于向另一种行为添加功能，或者需要与其他行为一同使用以执行任务。例如，可将传感器连接至一个路径，当被该路径上移动的组件触发时，会使用信号通知其他行为。

如果想要将一个组件中的行为连接至另一个组件中的行为，就需要使用接口。接口是一种连接器类别，可以连接至一个或者多个其他连接器。若要形成两个接口之间的连接，它们必须相互兼容并且拥有可用的端口。也就是说，接口的节段和字段必须互相匹配并且支持连接。可以使用任何数量的节段以支持不同类别的连接。节段中使用的字段类型和顺序非常重要，因为它们将定义连接器的逻辑。例如，可以将一个组件中的路径输出连接到一个不同的组件中的路径输入。如果要在内部完成，将需要使用传输行为的端口子元素。

若要将组件在物理上互相连接，应将两个组件的接口在一个点上互相插入，这个点由各接口的"节段框坐标"属性定义。若要将组件远程互相连接，它们的接口必须为抽象或者虚拟接口，这由各接口的"为抽象的"属性定义。

第 9 章　与 PLC 和 KUKA.OfficeLite 连通调试

KUKA.Sim Pro 集成了 PLC 功能，可以实现控制器的验证并能与 PLC 实时连接、协同工作。

9.1　启用连通性功能

KUKA.Sim Pro 的连通性功能可以使其定义的模拟变量与其他软件的控件和数据来源快速同步，这能使模拟器仿真过程受诸如 PLC 等控制器的控制，可用于验证控制程序的正确性。默认情况下，KUKA.Sim Pro 并不启用连通性功能。

单击"文件"选项卡进入后台，然后在导航窗格上单击"选项"，在"选项"中选择"附加"，如图 9-1 所示。单击"连通性"右侧的"启用"按钮，然后单击界面右下角的"确定"按钮。

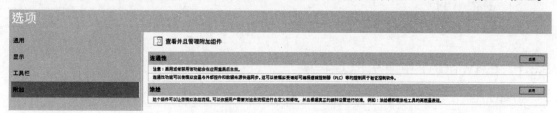

图 9-1　"附加"选项

退出 KUKA.Sim Pro 后重新启动，就可以看到工作界面中新增了"连通性"选项卡，如图 9-2 所示，现在即可使用连通性功能。"连通性"选项卡主要包括两方面的功能，一个是服务器的添加和编辑，另一个是变量和配对。

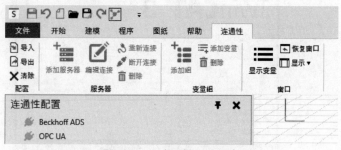

图 9-2　"连通性"选项卡

"连通性"选项卡上各命令的详细说明参见附录 H。

9.2　创建布局

在"电子目录"面板的"收藏"窗格中，在"eCatalog 4.1"下展开"Components"，展开"Visual Components"，然后单击"Feeder"，即可在项目预览区中双击"Basic

Feeder"项目并将其添加到 3D 视图的原点。

接着在"Models by Type"下选择"InLine",双击"Sensor Conveyor"项目将其添加到 3D 视图中并且自动连接到"Basic Feeder"上。运行仿真,如图 9-3 所示。

"Sensor Conveyor"是一个自带传感器的传送带,该传感器在仿真过程中可以检测到作为输送对象的圆柱体是否到达了传送带的中间位置。下面,将该传感器连接到 PLC 上以检测信号的变换。

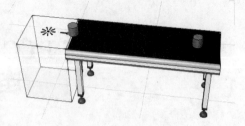

图 9-3 原料输送仿真

9.3 连接至 TwinCAT PLC

本节主要介绍 KUKA.Sim Pro 与 TwinCAT PLC 之间的连通方法。

在开始之前,必须确保在计算机上已经安装了下列软件:

1)KUKA.Sim Pro 3.0 以上版本。

2)TwinCAT PLC。

3)VisualStudio。

9.3.1 在 TwinCAT 中编写 PLC 程序

在 TwinCAT 中编写一个 PLC 程序,以自动统计经过传感器处的圆柱体个数。

启动 TwinCAT XAE,如图 9-4 所示。

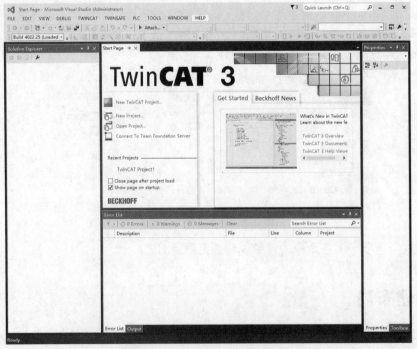

图 9-4 TwinCAT XAE 启动界面

单击 "New TwinCAT Project…" 新建一个项目, 如图 9-5 所示。

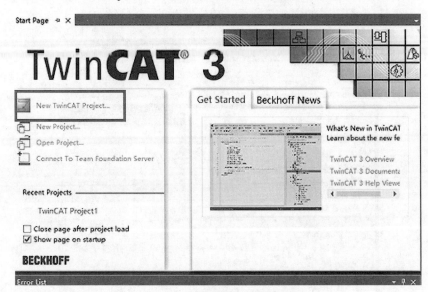

图 9-5 新建 TwinCAT 项目

输入 TwinCAT 新项目的名称, 设置保存位置, 单击 "OK" 按钮, 如图 9-6 所示。

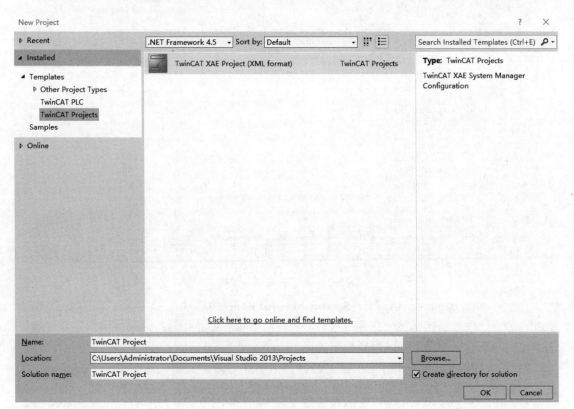

图 9-6 新建项目窗口

在 "Solution Explorer" 窗口中, 展开 "TwinCAT Project", 展开 "SYSTEM", 右击

"PLC"，选择"Add New Item…"，在弹出的窗口中选择"Standard PLC Project"，将其命名为"SensorConveyor"，如图 9-7 所示，单击"Add"按钮。

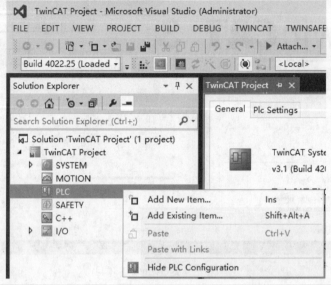

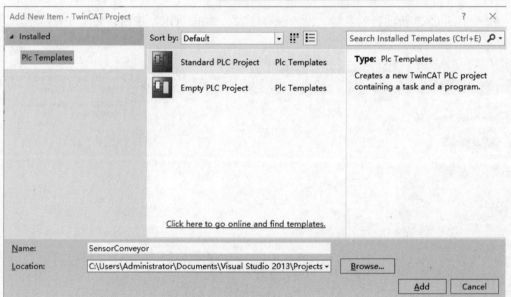

图 9-7　命名 PLC 项目名称

在"Solution Explorer"中展开"SensorConveyor Project"选项，在"POUs"下双击"MAIN（PRG）"，进入编辑环境（见图 9-8）。在"MAIN"页面中，上部窗格用于定义变量，下部窗格用于输入变量之间的逻辑控制关系。

编写的主程序如图 9-9 所示，在上部窗格中创建了两个变量，其中"partAtSensor"为布尔型变量，只有"TRUE"和"FALSE"两种值；而"partCount"为整型数变量，用于计数。在下部窗格中定义了这两个变量之间的逻辑关系，即如果"partAtSensor"的值为真（TRUE）时，则"partCount"的值加 1，然后再使"partAtSensor"的值为假（FALSE）。这样，"partAtSensor"每通断一次，"partCount"就计数一次。

图 9-8　PLC 编辑环境

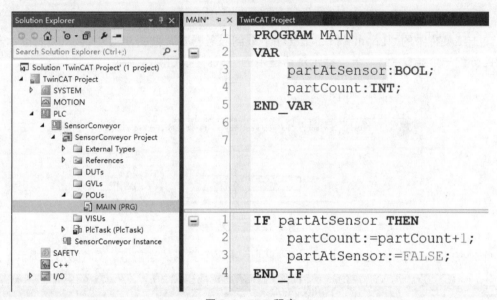

图 9-9　PLC 程序

单击工具栏中的"Activate Configuration"按钮以激活配置,在弹出的提示对话框中单击"确定"按钮,如图 9-10 所示。

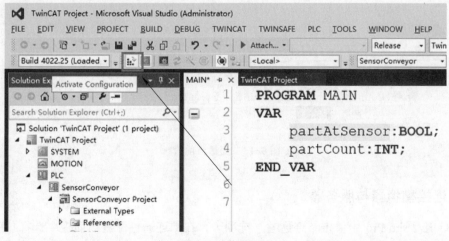

图 9-10　激活配置

系统提示"Restart TwinCAT System in Run Mode(在运行模式下重启 TwinCAT 系统)",如图 9-11 所示,单击"确定"按钮。

图 9-11　重启 TwinCAT 系统

单击工具栏中的"Login"按钮把程序下载到服务器中,如图 9-12 所示,随后提示是否要为此分配一个端口 851,单击提示对话框中的"Yes"按钮。

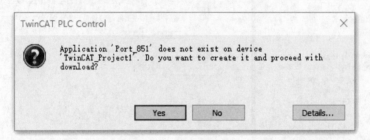

图 9-12　下载程序

此时在"MAIN"页面中可以直接观察到上述两个变量的当前值,如图 9-13 所示。

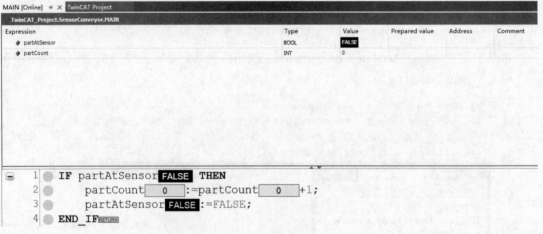

图 9-13　变量当前值

9.3.2　连接模拟器与服务器

在 KUKA.Sim Pro 中单击"连通性"选项卡,在"连通性配置"面板中选择"Beckhoff ADS",然后单击选项卡上"服务器"组中的"添加服务器"按钮,如图 9-14 所示。

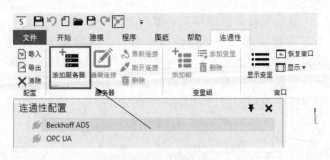

图 9-14　添加服务器

在右侧的"编辑连接"任务面板中显示"服务器地址"为"本地 TwinCAT 3"，"ADS 端口"为"851"。单击"测试连接"按钮，当提示"连接成功"后，单击"确定"按钮，最后单击任务面板右下角的"应用"按钮，如图 9-15 所示。

图 9-15　连接服务器

在"连通性配置"面板上，单击"Beckhoff ADS"选项组中"服务器"右边的灰色"连接 / 断开连接"按钮，使其变为绿色，以连接模拟器与服务器，如图 9-16 所示。

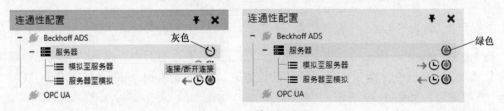

图 9-16　连接至服务器

9.3.3　变量配对

将 TwinCAT PLC 中定义的服务器变量与 KUKA.Sim Pro 组件中的模拟变量（组件属性）

同步，称为变量配对，而已配对的变量称为变量对。

在"连通性配置"面板中选择"模拟至服务器"，然后单击"连通性"选项卡上"窗口"组中的"显示变量"按钮，则在窗口下方显示出"已连接变量"面板。"已连接变量"面板包含一个与已配对变量相关的表格，在该面板中可以对与所有连接中的模拟和服务器变量的配对相关的问题进行管理和调试，如图 9-17 所示。

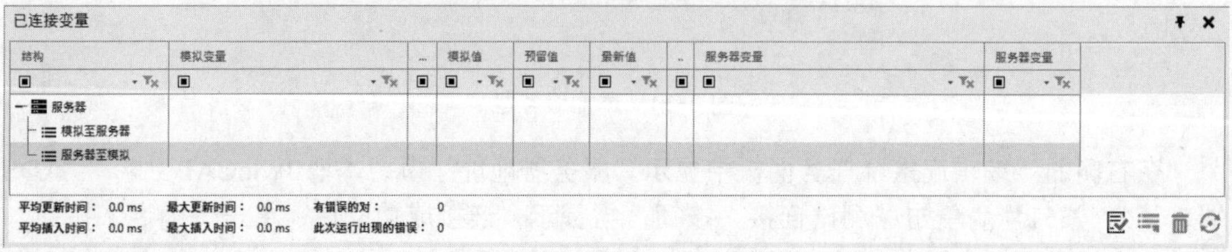

图 9-17　"已连接变量"面板

单击"连通性"选项卡上"窗口"组中的"创建变量"按钮，在弹出的"创建变量对"对话框中，取消勾选"组件属性"复选框，在"模拟结构"列中展开"Sensor Conveyor"及其下的"SignalInterface"，选择"SensorBooleanSignal"；在右侧的"服务器结构"列中展开"MAIN"，选择"partAtSensor"，单击下部的"选中对"按钮。这时在"SensorBooleanSignal"左侧出现了一个链条图标，说明变量已配对成功，如图 9-18 所示。这意味着，将 KUKA.Sim Pro 中传感器的属性"SensorBooleanSignal"与 TwinCAT PLC 程序中的变量"partAtSensor"相关联，两者实现了数据同步。

图 9-18　变量配对（一）

在 KUKA.Sim Pro 中运行仿真，即可在"已连接变量"面板中观察到仿真过程中模拟量的变化情况，即当圆柱体经过传感器所在的位置时，"SensorBooleanSignal"的值从"FALSE"变为"TRUE"，如图 9-19 所示。

切换到 TwinCAT，在"MAIN"页面中观察 PLC 程序的运行情况，可以看到每当圆柱体经过传感器所在的位置时，"partCount"的值就增加 1，如图 9-20 所示。这意味着，通过 TwinCAT PLC 实现了对 KUKA.Sim Pro 中工件输送的计数功能。

在 KUKA.Sim Pro 中重置仿真，单击"连通性配置"面板上"服务器"右边的"连接/断开连接"按钮，使其从绿色变为灰色，以断开两者的连接。

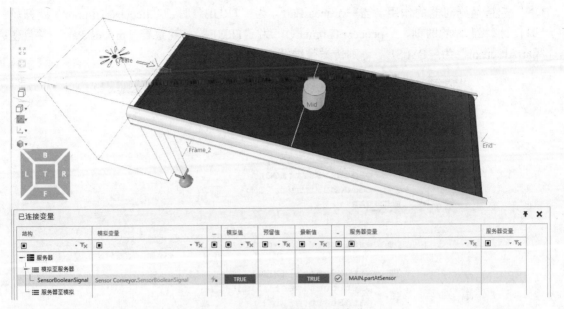

图 9-19　仿真过程模拟值的变化

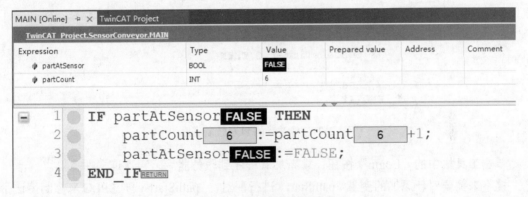

图 9-20　服务器变量的变化

9.3.4　实现 PLC 控制

修改 PLC 控制程序，控制 KUKA.Sim Pro 的仿真过程，当圆柱体到达传感器位置时传送带暂停 2s，然后继续运行。

在 "TwinCAT Project" 窗口中单击工具栏中的 "Logout" 按钮退出下载，修改程序。修改后的程序如图 9-21 所示。

在上部窗格中创建了布尔型变量 "pathStart"，用于控制 KUKA.Sim Pro 中传送带的运行与停止，当 "pathStart" 为 "TRUE" 时传送带运行，当 "pathStart" 为 "FALSE" 时传送带停止。下部窗格的逻辑关系表明，如果传感器检测到了圆柱体并且传送带正在运行，就计数一次并让传送带暂停；如果传感器没有检测到圆柱体或者传送带处于停止状态，就让传送带继续运行。

因为传送带只暂停 2s 就要继续运行，所以还需要一个计时器。变量 "peocessTimmer：

TON"起接通延时器的作用。当"processPart"为"TRUE"时,"peocessTimmer"就开始计时,计时到 2s 的时刻,"peocessTimmer.Q"为"TRUE",就重置"processPart"并且使"partAtSensor"为"FALSE",则传送带继续运行。

```
MAIN
     1    PROGRAM MAIN
     2    VAR
     3        partAtSensor:BOOL;
     4        partCount:INT;
     5        pathStart:BOOL;
     6        processPart:BOOL;
     7        peocessTimmer:TON;
     8    END_VAR
     9
    10
     1    peocessTimmer(IN:=processPart,PT:=T#2S);
     2
     3    IF partAtSensor THEN
     4        partCount:=partCount+1;
     5        pathStart:=FALSE;
     6        processPart:=TRUE;
     7    ELSIF (NOT partAtSensor) THEN
     8        pathStart:=TRUE;
     9    END_IF
    10
    11    IF peocessTimmer.Q THEN
    12        processPart:=FALSE;
    13        partAtSensor:=FALSE;
    14    END_IF
```

图 9-21 修改后的 PLC 控制程序

单击工具栏中的"Login"按钮,重新加载程序到服务器后,再次连接服务器。

接下来需要对新添加的变量"pathStart"进行配对,"pathStart"通过 PLC 来控制传送带,它相当于一个输出控制信号,因此在"连通性配置"面板中应选择"服务器至模拟",单击"连通性"选项卡上"窗口"组中的"创建变量"按钮,在弹出的"创建变量对"对话框中,取消勾选"组件属性"复选框,在"模拟结构"列中展开"Sensor Conveyor"及其下的"SignalInterface",选择"StartStop";在右侧的"服务器结构"列中展开"MAIN",选择"pathStart",单击下部的"选中对"按钮。这时在"StartStop"左侧出现了一个链条图标,说明变量已配对成功,如图 9-22 所示。此后,KUKA.Sim Pro 中传送带的属性"StartStop"与 TwinCAT PLC 程序中的变量"pathStart"就实现了数据同步。

在 KUKA.Sim Pro 中运行仿真,可以看到仿真过程已达到了控制要求。在仿真期间可从"已连接变量"面板中观察到模拟量的变化情况,同样也可在 TwinCAT 中看到各个变量的相应变化情况。

上述过程就是将 KUKA.Sim Pro 与 TwinCAT 连通,完成了 KUKA.Sim Pro 模拟变量与外部控件和数据来源的快速同步,实现了用 PLC 程序对模拟器计数以及控制模拟器的运行,验证了控制程序的功能。

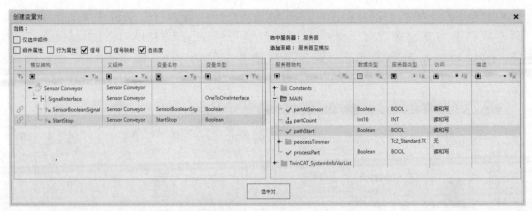

图 9-22　变量配对（二）

9.4　连接至西门子仿真 PLC

本节主要介绍 KUKA.Sim Pro 通过 OPC UA 服务器与西门子 S7-PLCSIM Advanced V3.0 仿真之间的连通方法。

在开始之前，除西门子 SIMATIC S7 PLC 外，必须确保在计算机上已经安装了下列软件:

1）KUKA.Sim Pro 3.0 以上版本。

2）西门子博途（TIA Portal）V15 软件。

3）S7-PLCSIM Advanced V3.0。

9.4.1　在西门子博途中创建项目

创建项目的步骤如下。

1）启动西门子博途（TIA Portal）V15 软件，在启动界面上选择"创建新项目"，将项目名称改为"SensorConveyor"，单击"创建"按钮，如图 9-23 所示。

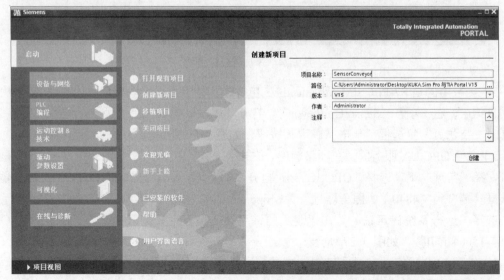

图 9-23　在博途中创建新项目

　　单击界面左下角的"项目视图"打开项目，在"项目树"中双击"添加新设备"，从弹出的"添加新设备"对话框中选择对应型号的 PLC（SIMATIC S7-1500），CPU 选择"CPU 1511-1 PN"，单击"确定"按钮（注意：CPU 选择带有 OPC 服务器功能的型号），如图 9-24 所示。

图 9-24　添加对应设备

　　2）因采用的是 S7-PLCSIM Advanced V3.0 仿真，需要开启"块编译时支持仿真"功能，在项目树中，右击项目"SensorConveyor"，打开"属性"窗口，在"保护"界面，勾选"块编译时支持仿真"复选框，单击"确定"按钮，如图 9-25 所示。

　　3）激活 OPC UA 服务器，在项目树中，右击 "PLC_1[CPU 1511-1 PN]"，打开"属性"窗口，在"常规"下，选择"OPC UA"，打开"服务器"，勾选"激活 OPC UA 服务器"复选框。端口为"4840"，服务器地址为"opc.tcp://192.168.0.1:4840"，如图 9-26 所示。

　　选择"运行系统许可证"，在"购买的许可证类型"下拉列表中选择"SIMATIC OPC UA S7-1500 small"，如图 9-27 所示。

　　4）编写 PLC 程序，在"项目树"中展开"程序块"项，双击"Main[OB1]"，编写如图 9-28 所示程序，并进行编译。

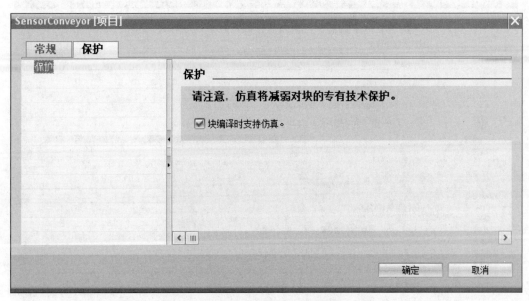

图 9-25　开启"块编译时支持仿真"功能

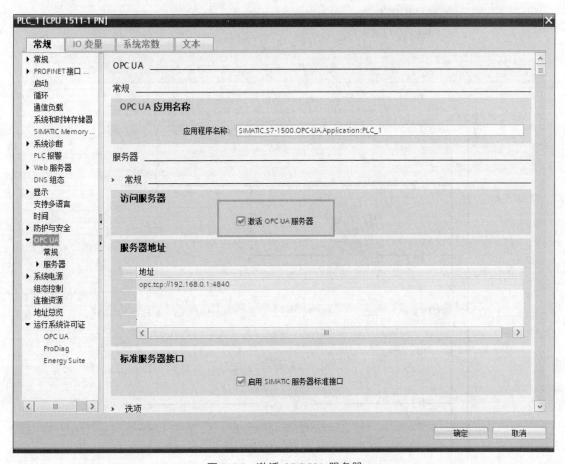

图 9-26　激活 OPC UA 服务器

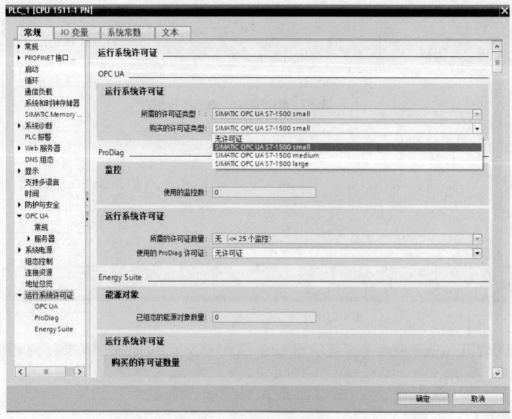

图 9-27　选择购买的许可证类型

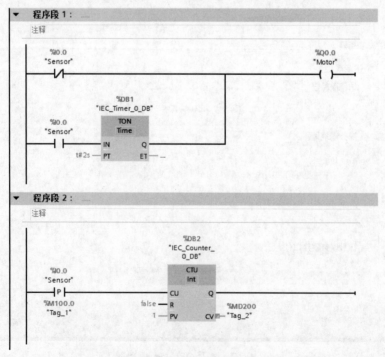

图 9-28　PLC 程序

9.4.2　创建虚拟 PLC

打开 S7-PLCSIM Advanced V3.0 软件，进行如下设置，如图 9-29 所示。

1）在"Online Access"中，选择"PLCSIM Virtual Eth.Adapter"。

2）在"TCP/IP communication with"下拉列表中，选择"<Local>"。

3）在"Start Virtual S7-1500 PLC"中，分别将"Instance Name"设置为"SensorConveyor"，"IP address[X1]"设置为"192.168.0.1"，"Subnet mask"设置为"255.255.255.0"。

4）单击"start"，启动虚拟 PLC，待出现"Active PLC Instance（s）"，说明启动成功。

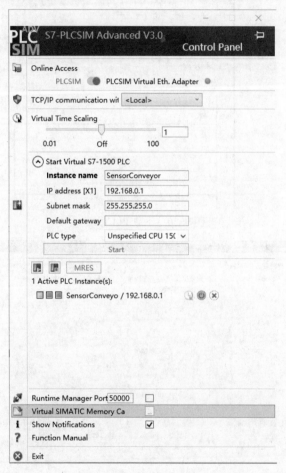

图 9-29　启动虚拟 PLC

9.4.3　下载 PLC 程序至虚拟 PLC

打开博途软件，在"项目树"中选择"PLC_1[CPU 1511-1 PN]"，单击菜单栏上的"下载到设备"按钮，如图 9-30 所示。

在弹出的"扩展的下载到设备"窗口中，将"PG/PC 接口的类型"设置为"PN/IE"，"PG/PC 接口"设置为"Simens PLCSIM Virtual Ethernet Adapter"，单击"开始搜索"按钮查找可下载的 PLC，如图 9-31 所示。

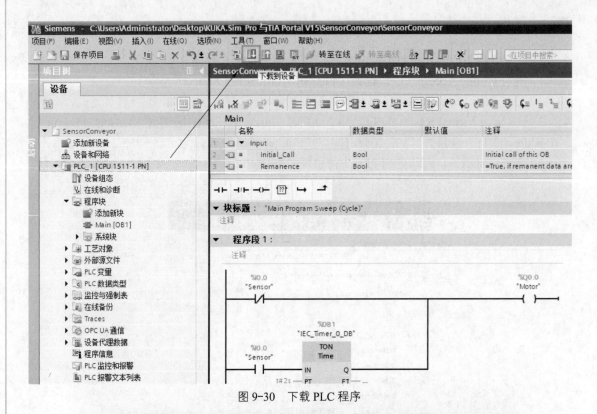

图 9-30　下载 PLC 程序

图 9-31　搜索 PLC 设备

搜索完成，在"选择目标设备"中选择"CPU-1500 Simulation"，单击"下载"按钮，接着在弹出的"下载结果"对话框中单击"装载"按钮，最后在"目录"列"启动模块"对应的"动作"列下拉列表中选择"启动模块"，单击"完成"按钮，如图 9-32 所示。

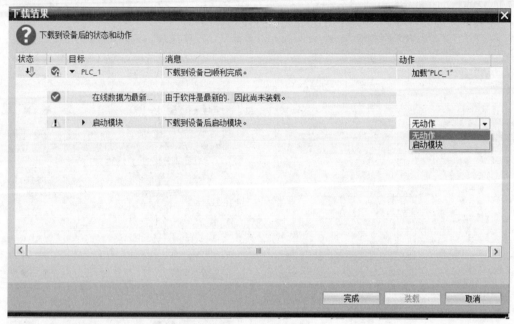

图 9-32　启动模块

9.4.4　连接模拟器与服务器

在 KUKA.Sim Pro 中单击"连通性"选项卡，在"连通性配置"面板上选择"OPC UA"，然后单击选项卡上"服务器"组中的"添加服务器"按钮，如图 9-33 所示。

图 9-33　添加服务器

在右侧的"编辑连接"任务面板中，将"连接"的"服务器地址"更改为"opc.tcp://192.168.0.1:4840"，此地址为创建西门子博途项目时激活 OPC UA 的服务器地址，如图 9-34 所示。单击"测试连接"按钮，当提示"连接成功"后，单击"确定"按钮，最后单击任务面板右下角的"应用"按钮。

在"连通性配置"面板上，单击"OPC UA"选项组中"服务器"右边的灰色"连接/断开连接"按钮，使其变为绿色，以连接模拟器与服务器，如图 9-35 所示。

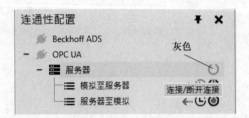

图 9-34　测试连接　　　　　　　　　图 9-35　连接至服务器

9.4.5　变量配对

将西门子 PLC 中定义的服务器变量与 KUKA.Sim Pro 组件中的模拟变量（组件属性）同步，称为变量配对，而已配对的变量称为变量对。

在"连通性配置"面板上，右击"模拟至服务器"项，从快捷菜单中选择"添加变量"命令，如图 9-36 所示。

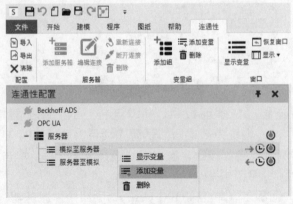

图 9-36　添加变量

在随后弹出的"创建变量对"对话框中,取消勾选"组件属性"复选框,在"模拟结构"列选择"SensorBooleanSignal",在右侧的"服务器结构"列中选择"Sensor"进行配对,单击下部的"选中对"按钮,如图 9-37 所示。

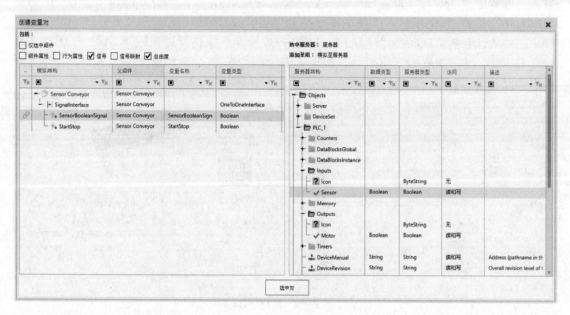

图 9-37 变量配对(一)

同理,在"连通性配置"面板上,右击"服务器至模拟"项,从快捷菜单中选择"添加变量"命令,打开"创建变量对"对话框,取消勾选"组件属性"按钮,在"模拟结构"列中选择"StartStop",在"服务器结构"列中选择"Motor"进行配对,如图 9-38 所示。

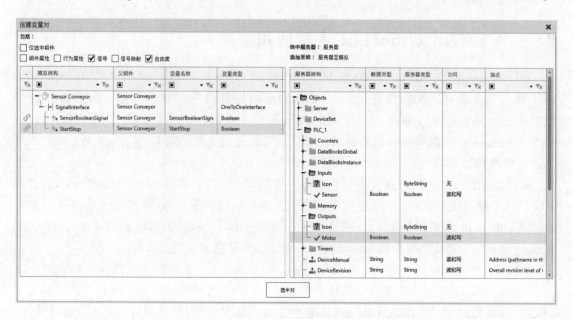

图 9-38 变量配对(二)

9.4.6 实现 PLC 控制

运行仿真，同时监控并观察博途软件中梯形图的变化，从 KUKA.Sim Pro 的"已连接变量"面板中可以看到，当工件经过传感器所在的位置时，"SensorBooleanSignal"的值从"FALSE"变为"TRUE"，工件在传感器处停留 2s 后继续传送，并且每经过一个工件，梯形图中的计数器 CTU 的值就增加 1，如图 9-39 所示。该仿真过程证明了西门子博途仿真 PLC 与 KUKA.Sim Pro 的连接成功，实现了通过西门子 PLC 来控制 KUKA.Sim Pro 传送带的启停以及实现工件计数的功能。

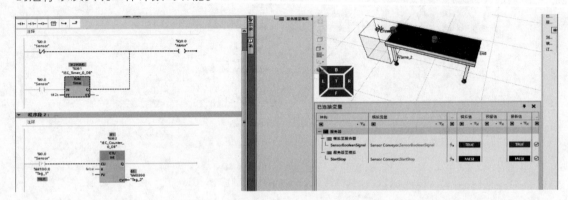

图 9-39　运行仿真

重置仿真，单击博途软件窗口标准工具栏中的"离线"按钮，单击"关闭"按钮，保存项目。

上述过程就是将 KUKA.Sim Pro 与西门子 PLC 通过博途软件编程以及 S7-PLCSIM 仿真进行连接，完成了 KUKA.Sim Pro 模拟变量与外部控件和数据来源的快速同步，实现了用 PLC 程序对模拟器计数以及控制模拟器的运行，验证了控制程序的功能。

9.5　与 KUKA.OfficeLite 连接应用

KUKA.Sim Pro 与 ABB 的 RobotStudio、安川的 MotoSim EG-VRC、FANUC 的 ROBOGUIDE 虚拟仿真软件不同，ABB、安川、FANUC 的虚拟仿真软件都有示教器，可直接在虚拟仿真上进行示教器操作编程，KUKA.Sim Pro 不带示教器，但是可以将 KUKA.Sim Pro 与 KUKA.OfficeLite 示教器软件进行连接，这样就可以通过示教器对 KUKA.Sim Pro 中的机器人进行示教操作了。

KUKA.OfficeLite 是 KUKA 的虚拟机器人控制器。通过该编程系统，可在任何一台计算机上离线创建并优化程序，创建完成的程序可直接传输给机器人并可确保即时形成生产力。KUKA.OfficeLite 与 KUKA KR C4 系统软件几乎完全相同，通过使用原 KUKA SmartHMI 和 KRL 语言句法，其离线操作和编程与机器人操作和编程完全相同。

KUKA.OfficeLite 是 VMware 虚拟机系统，KUKA.Sim Pro 是安装在物理主机中的，在进行两者之间的通信前，需要保证物理主机和虚拟机之间能够通信，也就是物理主机和虚拟机之间能相互 PING 通。KUKA.OfficeLite 软件为虚拟机文件，需要使用虚拟机软件打开使用，这里以 VMware Workstation 15 Player 版本软件为例。

9.5.1 物理主机的设置

物理主机的相关设置如下。

1. 关闭物理主机防火墙

打开物理主机"控制面板",选择"系统和安全"类别,选择"Windows Defender 防火墙",打开"启用或关闭 Windows Defender 防火墙",将专用网络和公共网络的防火墙都关闭,如图 9-40 所示。

图 9-40　关闭物理主机防火墙

2. 设置允许应用或功能通过防火墙

打开物理主机"控制面板",选择"系统和安全"类别,选择"Windows Defender 防火墙",打开"允许应用或功能通过 Windows Defender 防火墙",在"允许的应用"界面,单击"允许其他应用 … 按钮",打开"添加应用"界面,如图 9-41 所示。

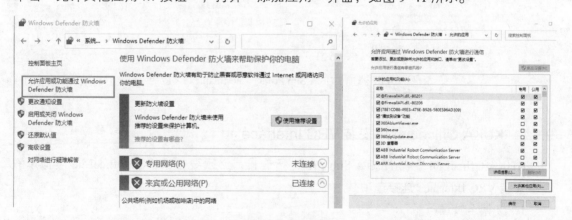

图 9-41　添加应用

3. 添加 VMware 虚拟机和 KUKA.Sim Pro 应用

在"添加应用"界面,单击"浏览",找到 VMware 虚拟机安装目录,选"vmplayer.exe"应用程序文件,单击"打开"按钮,在"允许的应用"界面,勾选"VMware Player"后面的"专用"和"公用"复选框,然后单击"确定"按钮,如图 9-42 所示。

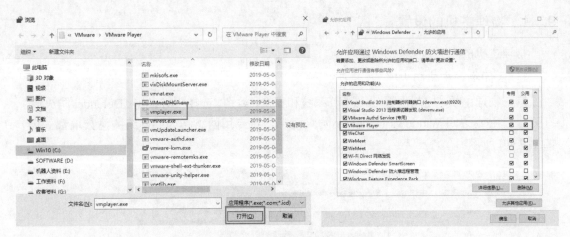

图 9-42　添加 VMware 虚拟机应用

　　同样的方法，添加 KUKA.Sim Pro 安装目录中的"portmap.exe"应用程序文件，如图 9-43 所示。

图 9-43　添加 KUKA.Sim Pro 的"portmap.exe"应用

9.5.2　KUKA.OfficeLite 中安装 VRC Interface

　　KUKA.OfficeLite 要与 KUKA.Sim Pro 进行连接，必须要在 KUKA.OfficeLite 虚拟示教器中安装 VRC Interface 连接选项。

　　1）切换至管理员。

　　2）在主菜单中选择菜单命令，"投入运行"→"辅助软件"，单击"新软件"按钮，勾选"VRC Interface"前面的复选框，单击"安装"按钮，在弹出的对话框中询问是否确实安装软件，单击"是"按钮进行安装，安装完成后，在弹出的对话框中提示"You have to restart the computer to complete the Technology Setup installation!"，单击"OK"按钮确认重启请求，如图 9-44 所示。

3）重启虚拟机中的 Windows 系统。

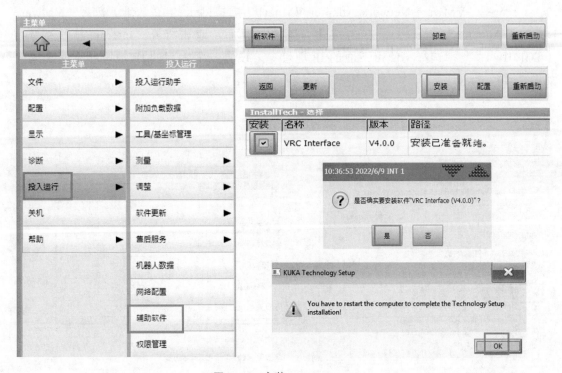

图 9-44　安装 VRC Interface

9.5.3　物理主机和虚拟机之间的通信

VMware Workstation 15 Player 虚拟机安装在物理主机中，在物理主机的"网络连接"中会生成"VMware Network Adapter VMnet1"和"VMware Network Adapter VMnet8"两个虚拟网卡，如图 9-45 所示，物理主机和虚拟机之间通过"VMware Network Adapter VMnet1"虚拟网卡进行通信。

图 9-45　虚拟网卡

1）设置"VMware Network Adapter VMnet1"虚拟网卡的 IP 地址。选择"VMware Network Adapter VMnet1"，右击打开"属性"界面，双击打开"Internet 协议版本 4（TCP/IPv4）"，选择"使用下面的 IP 地址"，设置一个固定的 IP 地址和子网掩码，如图 9-46 所示。

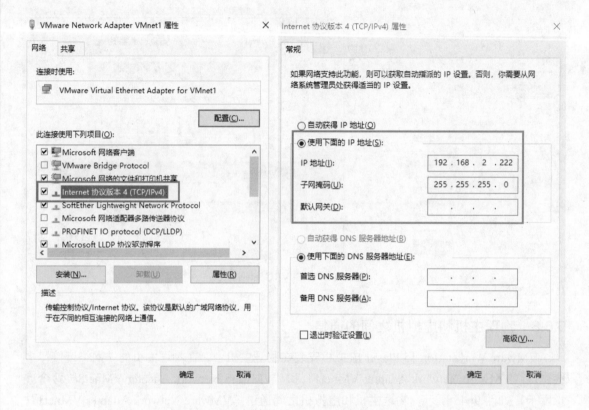

图 9-46 设置"VMware Network Adapter VMnet1"虚拟网卡的 IP 地址

2）设置虚拟机的"网络适配器"。打开 VMware Workstation 15 Player 的"虚拟机设置"界面，选择"网络适配器"，在"网络连接"下勾选"NAT 模式（N）：用于共享主机的 IP 地址"，单击"确定"按钮，如图 9-47 所示。

3）查看虚拟机网络连接的 IP 地址。选择"Local Area Connection 3"，右击并在弹出的快捷菜单中选择"Status"命令，打开"Local Area Connection 3 Status"对话框，单击"Details"按钮，查看 IP 地址。如图 9-48 所示。

4）物理主机和虚拟机之间相互 PING 通。分别在物理主机和虚拟机下按住 <Windows+R>快捷键将"运行"窗口打开，输入"CMD"，单击"确定"按钮，打开命令窗口。在物理主机输入"ping 192.168.6.134"指令（虚拟机 IP 地址），在虚拟机输入"ping 192.168.2.222"（物理主机 IP 地址），看两者之间是否能相互 PING 通，如图 9-49 所示。

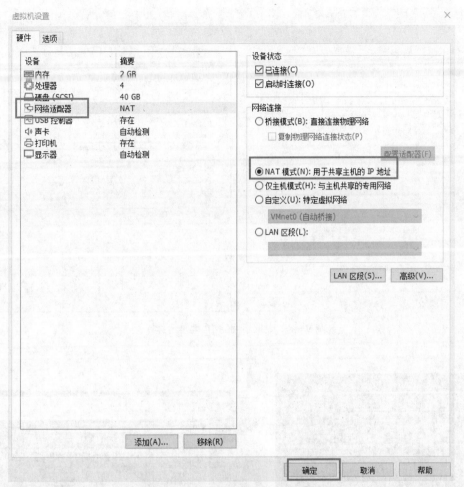

图 9-47　设置虚拟机网络连接模式

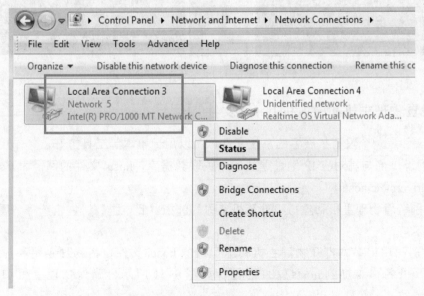

图 9-48　虚拟机网络 IP 地址

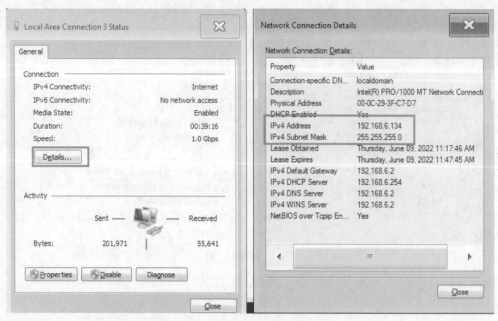

图 9-48　虚拟机网络 IP 地址（续）

图 9-49　物理主机和虚拟机之间 PING 通

9.5.4　设置物理主机和虚拟机 hosts 文件

hosts 文件是一个没有扩展名的系统文件，可以用记事本等工具打开，其作用就是将一些常用的网址域名与其对应 IP 地址建立一个关联数据库，hosts 文件的路径为 C:\Windows\System32\drivers\etc\hosts。

1）分别查看物理主机和虚拟机计算机名称，选择"此电脑"，右击选择"属性"，如图 9-50 所示。

2）分别使用记事本打开物理主机和虚拟机的 hosts 文件，将物理主机和虚拟机的 IP 地址、计算机名称添加到 hosts 文件后面，如图 9-51 所示，确保物理主机和虚拟机的 hosts 文件一致。

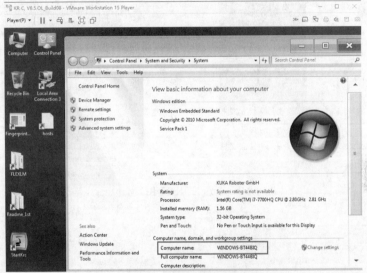

图 9-50 查看计算机名称

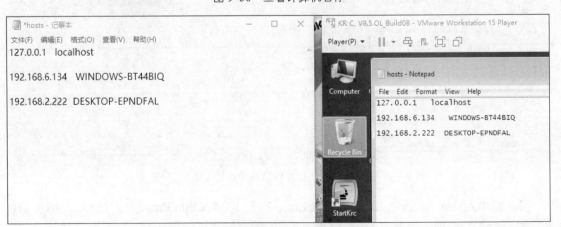

图 9-51 编辑 hosts 文件

9.5.5 KUKA.Sim Pro 与 KUKA.OfficeLite 连接

KUKA.Sim Pro 与 KUKA.OfficeLite 连接的操作步骤如下。

1）打开 KUKA.OfficeLite 的 KUKA VRC Manager。在连接之前，虚拟机需要设置 VRC 的访问许可，打开虚拟机"开始"菜单，在"Startup"下，单击打开"KUKA VRC Manager"，如图 9-52 所示。选择"Specify the License Server System"，单击"Next"按钮，输入虚拟机的计算机名称，单击"Finish"完成，如图 9-53 所示。

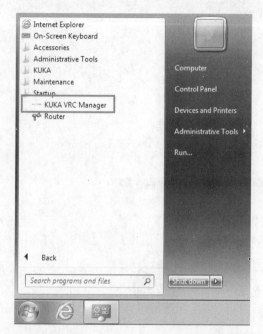

图 9-52　打开 KUKA VRC Manager

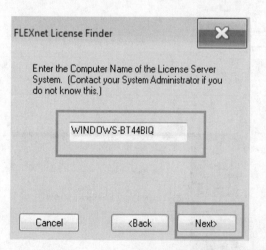

图 9-53　输入虚拟机的计算机名称并设置 VRC 访问许可

2）KUKA.Sim Pro 连接 KUKA.OfficeLite。打开 KUKA.Sim Pro，导入机器人"KR 210 R2700 extra"，机器人型号与 KUKA.Officelite 中保持一致，如图 9-54 所示。

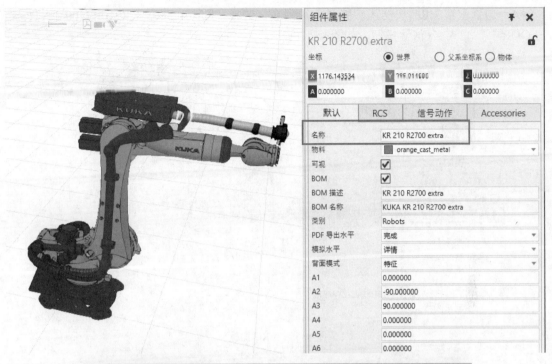

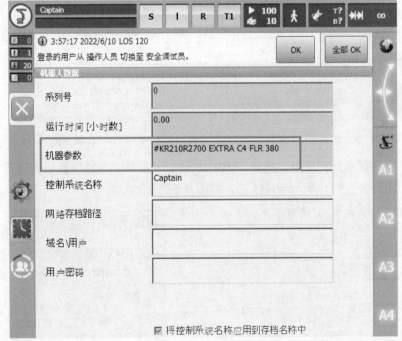

图 9-54　导入机器人

3）选中机器人，在"程序"选项卡，单击"机器人工具"组中的"VRC"按钮，进入
VRC 面板，如图 9-55 所示。单击"连接"按钮，输入虚拟机的计算机名称"WINDOWS-
BT44BIQ"（不同虚拟机的名称不同），按 <Enter> 键确认，单击"连接"按钮，进行连接，
如图 9-56 所示。

4）选择配置 VRC 机器人，展开下拉列表，选择"KRC4_380V-KR210R2700_EXTRA_FLOOR"，单击"OK"按钮，如图 9-57 所示。

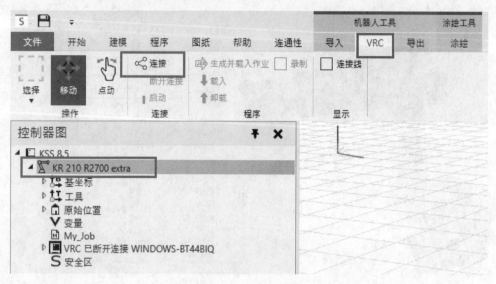

图 9-55　VRC 面板

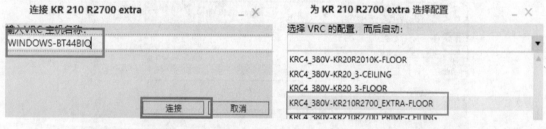

图 9-56　连接 VRC 主机　　　　　　　　图 9-57　配置 VRC 机器人

5）在"控制器图"面板中，选择"VRC 启动"，在其"属性"面板查看连接状态，当"状态"为"Ready"时，表示连接成功，如图 9-58 所示。

图 9-58　连接状态

6）为 VRC 选择程序，这里选择虚拟示教器中的程序作为"AUT"模式下的启动程序，这一步暂不选择，单击"Cancel"按钮，如图 9-59 所示。

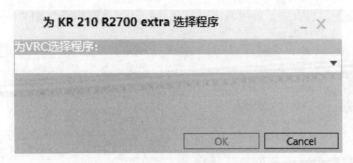

图 9-59　为 VRC 选择程序

7）将虚拟示教器的操作模式切换到"T1"模式，可以对 KUKA.Sim Pro 软件中的机器人进行示教操作与编程，同时以"AUT"模式自动运行，如图 9-60 所示。

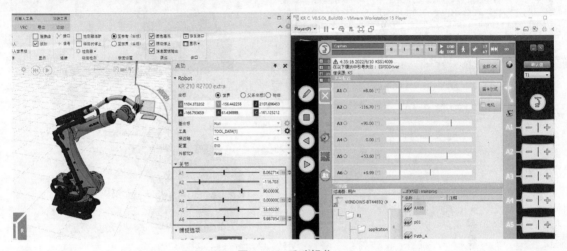

图 9-60　手动操作

9.5.6　KUKA.Sim pro 与 KUKA.OfficeLite 程序同步运行

KUKA.OfficeLite 可以对 KUKA.Sim Pro 软件中的机器人进行示教操作与编程，也可以将 KUKA.Sim Pro 软件中做好的程序直接导入示教器中，这样对于实际应用，可以进行快捷方便的离线编程。

1）选择机器人，单击"断开连接"按钮，在"断开连接 KR 210 R2700 extra"对话框选择"否"，如图 9-61 所示，则 VRC 关机时不断开连接，这样就可以在 KUKA.Sim Pro 中对机器人进行仿真编程。如果选择"是"，示教器将关机。

图 9-61　断开连接

2）在"作业图"面板中，对机器人进行简单的动作轨迹编程，如图 9-62 所示。

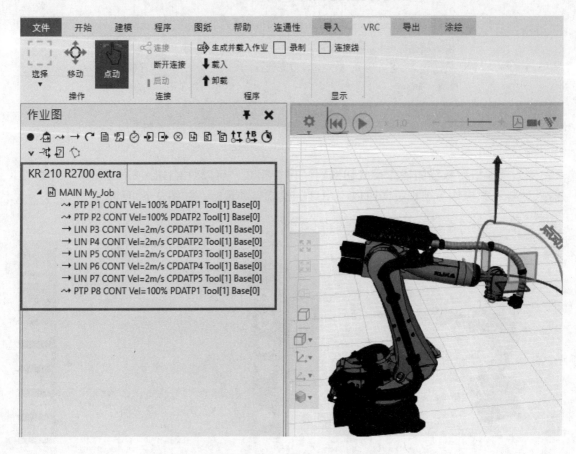

图 9-62　轨迹程序

3）在"VRC"面板下，单击"生成并载入作业"按钮，将轨迹程序"My_Job"导入示教器中，在弹出的"确认文件覆盖"对话框中，单击"全部是"按钮，如图 9-63 所示。

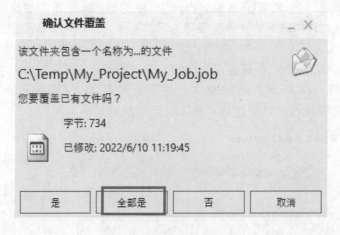

图 9-63　生成并载入作业

4）示教器在默认状态下会自动选择进入"My_Job"程序，单击 KUKA.Sim Pro 仿真软件的播放按钮，机器人开始运行程序，此时 KUKA.Sim Pro 机器人开始运动，示教程序指针也同步运行。KUKA.Sim Pro 与 KUKA.OfficeLite 之间的通信完成，如图 9-64 所示。

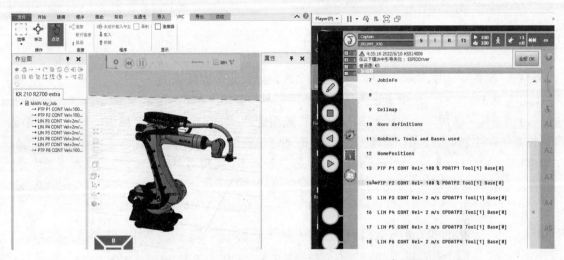

图 9-64　KUKA.Sim Pro 与 KUKA.OfficeLite 同步运行

第10章 用户定制设置

10.1 个性化偏好设置

在"文件"选项卡的"选项"中可按个人偏好设置工作环境。

1）单击"文件"选项卡进入后台，然后在导航窗格上单击"选项"命令。

2）选择"通用"，在如图 10-1 所示"通用选项"的"个性化"区域中，可以调整语言单位系统和主题设置。在"导航"区域中拖动"滚轮缩放"指针滑块或者直接更改其右边的数值可以改变鼠标滚轮缩放视图的灵敏度。默认状态下，视角将对目标定焦，包括其点选中心。如果不想让视角对其点选中心定焦，可将"缩放模式"更改为"保持兴趣中心"。在"SpaceMouse"区域中，可对 3D 鼠标进行设置，例如启用"SpaceMouse"，并进行其他调整。

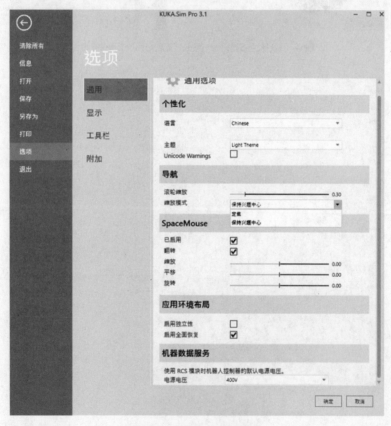

图 10-1 "通用选项"设置

3）选择"显示"，在如图 10-2 所示的"地面显示选项"区域中，可以更改 3D 视图区的背景颜色，启用或关闭地面和网格的可见性，设置地面反光程度及地面尺寸，控制是否在 3D 视图中显示世界坐标系。

4）在"尺寸和注释"区域的"显示精确度"框中，输入想要在测量值的小数点右边显示的位数。

5）单击界面右下角的"确定"按钮保存所有更改。有时需要重新启动软件才能使修改过的设置生效。

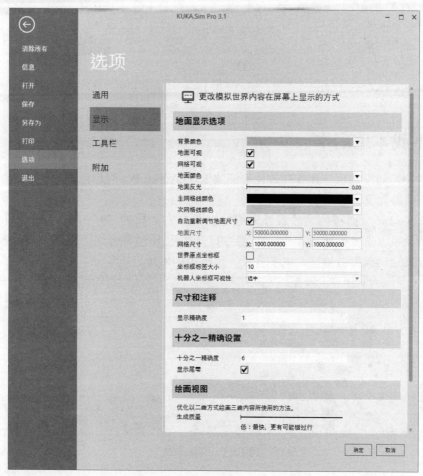

图 10-2 "地面显示选项"设置

10.2 定制快速访问工具栏

可以将选项卡上的命令添加到快速访问工具栏上。

1. 添加选项卡上的命令至快速访问工具栏

在选项卡上找到想要添加至快速访问工具栏的命令或者组，右击该命令或者组，然后选择"添加至快速访问工具栏"命令，如图 10-3 所示。

2. 在快速访问工具栏中移除从选项卡添加的命令

在"快速访问工具栏"上，鼠标指向想要移除的命令或者组，右击该命令或者组，然后选择"从快速访问工具栏删除"命令，如图 10-4 所示。若该命令属于快速访问工具栏上的一个组，则需要移除整个组。

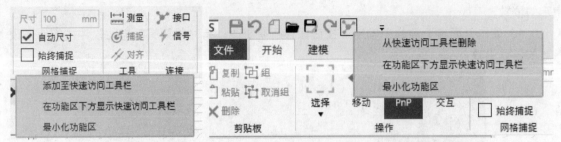

图 10-3　添加至快速访问工具栏　　　　　图 10-4　从快速访问工具栏删除命令

10.3　下载本地副本

在完成安装和设置后，具有有效许可证的 KUKA.Sim Pro 可以随时脱机使用，这需要在本地下载远程库和文件以供脱机使用。

在"电子目录"面板的"收藏"窗格中，单击右上角的"+"按钮打开一个如图 10-5 所示的下拉菜单，选择"编辑来源 ..."命令打开如图 10-6 所示的"来源"对话框，通过该对话框可以添加和编辑链接至"电子目录"面板上的本地及远程源文件。

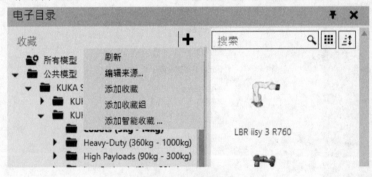

图 10-5　编辑来源

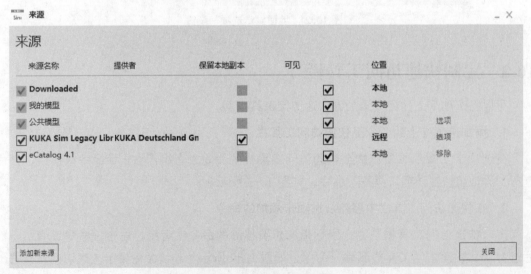

图 10-6　"来源"对话框

"来源"对话框中各项目的含义见表 10-1 所列。

表 10-1 "来源"对话框项目

名 称	说 明
第一列复选框	启用 / 禁用对来源的使用
来源名称	来源的名称,双击自定义字段可编辑来源的名称
提供者	来源的发布者
保留本地副本	开启 / 关闭下载远程源文件并将它们存储为计算机上的本地副本
可见	开启 / 关闭"收藏"窗格中对应来源名称的显示
位置	说明来源为本地还是远程
选项	可以更改或者从计算机删除本地副本的存储文件夹
移除	从"电子目录"面板移除来源
"添加新来源"按钮	可以将一个新来源添加至"电子目录"面板
"关闭"按钮	关闭对话框

在"来源"对话框中,找到名为"KUKA Sim Legacy Library 3.1"的源,然后勾选"保留本地副本"复选框,系统弹出提示对话框,单击"是"则下载该远程库的本地副本。接下来,在"来源"对话框中勾选其"可见"复选框,然后单击"关闭"按钮。

随后将下载"KUKA Sim Legacy Library 3.1"(组件的远程库)、布局和其他支持文件,下载的文件存储在用户文档库中的本地副本文件夹中,其路径为 C:\Users\Administrator\AppData\Local\KUKA\KUKA.Sim Pro 3.1\eCatalog\Local Copies\KUKA Sim Legacy Library 3.1。

可以重新定义本地副本的保存位置。在"来源"对话框中,找到想要编辑的远程来源;在远程来源"位置"列的右边单击"选项";在"选项"中,单击"更改文件夹"按钮,弹出"浏览文件夹"对话框,选择已有文件夹或新建一个文件夹,单击"确定"按钮。

在有效网络连接的情况下,本地副本会与其来源自动同步,即"电子目录"面板会自动检查和下载添加到远程来源里的新文件。在有些情况下,如果存在网络连接问题,可能要强制更新一个本地副本,其方法是在"来源"对话框中,找到想要编辑的远程来源,取消勾选其"保留本地副本"复选框,然后再次勾选该复选框。

10.4 定制收藏

定制收藏的相关操作如下。

1. 在"电子目录"面板中添加一个新的空收藏

在"电子目录"面板上的"收藏"窗格中,单击收藏窗格右上角的"+"按钮打开下拉菜单,然后选择"添加收藏"命令。在新添加的收藏上双击可修改其名称,例如修改为"My Part"。

2. 将项目添加至新建的收藏

在"电子目录"面板上的"收藏"窗格中,单击其他收藏或者来源以显示其项目,在"项目预览区"中,将想要添加至收藏的项目拖到新建的收藏中,如图 10-7 所示。

3. 从收藏中移除项目

在"电子目录"面板上的"收藏"窗格中,单击一个自定义收藏以显示其中的项目,在"项目预览区"中选择想要移除的项目，右击选中的项目，然后在快捷菜单中选择"移除"命令。

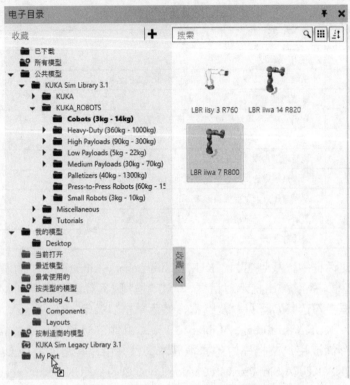

图 10-7　将项目添加至新建的收藏中

4. 从"电子目录"面板中删除收藏

在"电子目录"面板上的"收藏"窗格中，右击要删除的自定义收藏，然后在快捷菜单中选择"删除"命令。

10.5　定制收藏组

定制收藏组的相关操作如下。

1. 在"电子目录"面板中添加一个收藏组

在"电子目录"面板上的"收藏"窗格中，单击收藏窗格右上角的"+"按钮打开下拉菜单，然后选择"添加收藏组"命令。在新添加的收藏组上双击可修改其名称，例如修改为"My Project"。

2. 将不同的收藏和来源归入同一个收藏组中

在"电子目录"面板上的"收藏"窗格中，选择要成组的收藏和来源，例如"My Part"收藏和"KUKA Sim Legacy Library 3.1"源，然后将它们拖入新建的"My Project"收藏组中，如图 10-8 所示。

3. 将收藏和来源从收藏组中移除而把它们分开

在"电子目录"面板上的"收藏"窗格中，展开一个收藏组以查看其成员，将想要从组中移除的成员拖到其他收藏组或者来源中。

4. 删除一个收藏组以解散其所有成员

在"电子目录"面板上的"收藏"窗格中,右击要删除的收藏组,然后在快捷菜单中选择"删除"命令。

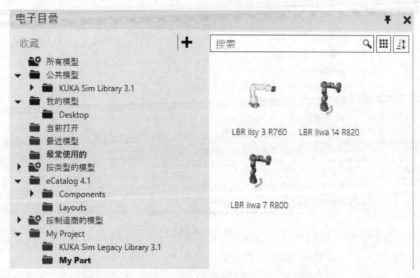

图 10-8　将不同的收藏和来源归入一个收藏组

10.6　自定义智能收藏

可以在"电子目录"面板中创建一个新的智能收藏,方便根据其类型查找项目。

在"电子目录"面板上的"收藏"窗格中,单击右上角的"+"按钮打开一个下拉菜单,选择"添加智能收藏 …"命令打开如图 10-9 所示的"新智能收藏"对话框,通过该对话框可以在链接至"电子目录"面板的来源中创建并保存一个自定义文件搜索。

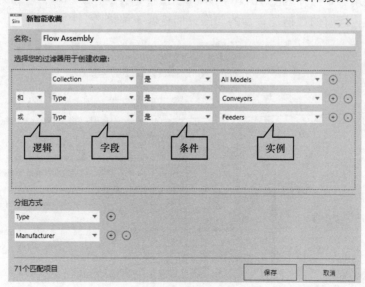

图 10-9　创建新的智能收藏

"新智能收藏"对话框中各项目的含义见表 10-2。

表 10-2 "新智能收藏"对话框项目

名　称	说　明
名称	定义新智能收藏的名称
过滤器	定义按序排列的搜索条件，用于筛选链接至该智能收藏的项目 字段：条件中数据项目的字段名称 条件：条件的比较运算符 实例：与条件中的字段相比较的值或文本 "+"号：添加一个新条件 "–"号：移除一个条件 逻辑：设置各条件之间的逻辑关系
分组方式	按一个或多个字段以升序匹配项目分组
N 个匹配项目	显示根据搜索条件链接至该智能收藏的项目数量
"保存"按钮	保存当前智能收藏或者创建的新智能收藏
"取消"按钮	取消编辑智能收藏或者添加新收藏的操作

在"收藏"窗格中，双击一个列出的智能收藏可打开"新智能收藏"对话框中，编辑一个或者多个属性，然后单击"保存"按钮。

在"收藏"窗格中，右击想要删除的智能收藏，然后选择"删除"命令，可以从"电子目录"面板中删除该智能收藏。

10.7　编辑／查看元数据

在"电子目录"面板上不但可以浏览显示项目的元数据，而且可以使用"编辑／查看元数据"命令查看或者编辑这些数据。

在项目预览区中选中并右击一个项目，从快捷菜单中选择"编辑元数据"命令，如果该项目来自远程来源则打开如图 10-10 所示的"查看元数据"对话框，在该对话框中将提示禁止编辑元数据，所有的数据是只读的，即只能查看不能修改。

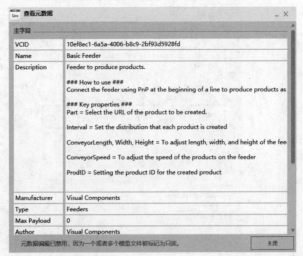

图 10-10　"查看元数据"对话框

"编辑 / 查看元数据"对话框中各项目的含义见表 10-3。

表 10-3　编辑 / 查看元数据对话框项目

名　　称	说　　明
主字段	列出项目的元数据属性。在空字段中可添加新的属性和值
标签	列出项目的标签 / 关键词。在空字段中可添加一个新的标签
"确定" / "关闭"按钮	关闭对话框或者保存对项目元数据的更改

如果该项目来自本地来源则打开"编辑元数据"对话框，即可在"编辑元数据"对话框中编辑和添加元数据属性及该项目的标签（给文件添加用于分类识别的关键词）。

1）若要添加属性，可在"主字段"最下方的空字段中单击，然后输入想要为该属性指定的名称和值。

2）若要编辑一个属性，可在"主字段"下方找到想要编辑的属性，然后单击该属性的"值"字段，再输入或者粘贴一个新值。

3）若要移除一个已添加的属性，可在"主字段"下方找到想要移除的属性，然后单击该属性的"名称"字段，再单击"删除"按钮清除该字段。

4）若要添加标签，可在"标签"下方的空字段中单击，然后输入或者粘贴一个标签。

5）若要编辑一个标签，可在"标签"下方找到想要编辑的标签，然后单击该标签的字段，再输入或者粘贴一个新值。

6）若要移除一个已添加标签，可在"标签"下方找到想要移除的标签，然后单击该标签的字段，再单击"删除"按钮清除该字段。

10.8　项目元数据详细信息

在"电子目录"面板中单击"搜索"框右边的项目显示方式按钮▦，从展开的下拉列表中选择"详情"命令打开"详细信息视图"，如图 10-11 所示。该视图以表格形式显示项目的元数据，表格的列标题表示项目的元数据属性，可以前后拖动列标题以调整表列顺序，单击列标题可对项目重新排序。如果列出的项目来自于本地文件，则可以复制和编辑表格中的单元值。

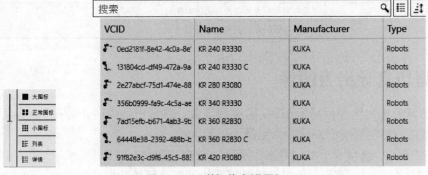

图 10-11　"详细信息视图"

在"详细信息视图"上右击，从弹出的快捷菜单中选择"Edit Columns"命令，如图 10-12 所示，将弹出如图 10-13 所示的"列选项"对话框，该对话框用于选择哪种元数据属性可作为列标题出现在"详细信息视图"中。

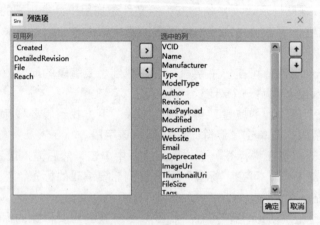

VCID	Name	Manufacturer	Type
0ed2181f-8e42-4c0a-8e'	KR 240 R33	打开	'A	Robots
131804cd-df49-472a-9a	KR 240 R33	复制值	'A	Robots
2e27abcf-75d1-474e-88	KR 280 R30	在Explorer中显示	'A	Robots
356b0999-fa9c-4c5a-ae	KR 340 R33	编辑元数据	'A	Robots
7ad15efb-b671-4ab3-9b	KR 360 R28	Edit Columns	'A	Robots

图 10-12　编辑列标题

图 10-13　"列选项"对话框

"列选项"对话框中各项目的含义见表 10-4。

表 10-4　"列选项"对话框项目

名　称	说　明
可用列	列出显示项目可用的元数据属性
右箭头">"	将"可用列"中选择的项目添加到"选中的列"中
左箭头"<"	移除"选中的列"中的选中项目
选中的列	所列出的元数据属性项将显示在"详细信息视图"中
向上箭头	在"选中的列"中将选中项目的顺序向上移动
向下箭头	在"选中的列"中将选中项目的顺序向下移动
"确定"按钮	保存对列标题的更改，关闭对话框
"取消"按钮	放弃所做的更改，关闭对话框

10.9　将仿真导出为图像

可将仿真导出为图像以捕捉 3D 视图中的场景。在导出图像时，会在 3D 视图中显示一个红色边框线以指明可捕捉并保存为图像的视图区域。

1）在"开始"选项卡上的"导出"组中，单击"图像"按钮。

2）在 3D 视图中，调节视角以使想要捕捉的区域在红色边框线范围内。

3）在如图 10-14 所示的"导出图像"任务面板中，执行以下所有操作：

① 为捕捉到的图像定义"分辨率"，包括其方向和大小。

图 10-14 "导出图像"任务面板

② 为捕捉到的图像指定一个"文件格式"或者选择"剪贴板"选项。

③ 为捕捉到的图像定义"渲染模式"。

④ 单击右下角的"导出"按钮,然后定义文件名称和位置以保存捕捉到的图像。

4)如果要停止导出图像,在"导出图像"任务面板中,单击"关闭"按钮。

注意: 视图选择器、仿真控制器以及选择高亮效果,这些都不会包含在导出的图像中。

10.10 将仿真录制为视频

在录制仿真时,会将组件的动作和移动保存至文件。若不想录制运动过程,可以停止仿真,然后将组件或者布局输出为一个静态 PDF,另一种方法是打印和导出 3D 视图图像。

1)在"开始"选项卡上的"导出"组中,单击"视频"按钮;或者在 3D 视图中的仿真控制器上,单击导出至视频按钮 ▇◣。

2)在 3D 视图中,调节视角以使想要录制的内容显示在红色边框线范围内。

3)在如图 10-15 所示的"导出至视频"任务面板中,为录像定义"分辨率""帧率""视频编解码器"和"质量",然后单击"开始录制"按钮。

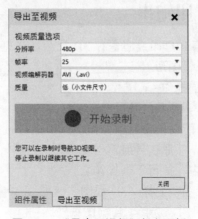

图 10-15 "导出至视频"任务面板

4)在弹出的"保存"对话框中,定义录像的文件名称和保存位置,单击"保存"按钮自动开始录制。

5）如果要停止录制，在"导出至视频"任务面板中单击"停止和保存"按钮以结束录制并生成视频文件，系统将自动启动播放器播放刚录制的视频。单击"关闭"按钮退出。

提示：可以在录制视频的同时调节 3D 视图，从而在视频上录制视角的场景变换。例如，可以使用一个"Fly Camera"组件在布局中移动，录制制造和仿真流程的不同阶段。

10.11　将仿真录制为动画

可将仿真录制为动画并导出至一个 VCAX 文件。这可以实现使用手机查看器查看和重放仿真，或者在虚拟现实中体验仿真。动画录制可以在仿真期间捕捉到组件的动作和运动。

1）在 3D 视图中的仿真控制器上，单击导出至动画按钮 W。

2）在"导出至动画"任务面板中，为录制定义一个"Frame rate（帧率）"，单击"开始录制"按钮，然后定义一个文件名及用于保存动画的位置。可以在录制时调节 3D 视图，从而在动画上录制视角的场景变换。

3）如果要停止录制仿真，在仿真控制器上或者在"导出至动画"任务面板中单击"停止和保存"按钮，如图 10-16 所示。

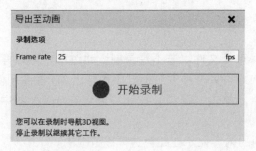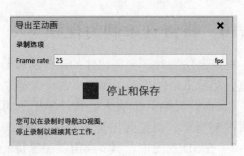

图 10-16　导出至动画

10.12　将 3D 视图打印输出

可以以一种易于打印的格式打印或者保存 3D 视图。在打印一个图像时，3D 空间的尺寸和视图用于生成可扩展的矢量图形。

1）执行以下一项或者多项操作：
① 拖动 3D 视图的边界以调节其屏幕尺寸。
② 编辑 3D 空间视图，可能需要重复该操作以打印想要的 3D 视图场景。
2）单击"文件"选项卡，然后在导航窗格上单击"打印"，如图 10-17 所示。
3）在"打印"选项区域中，执行下列操作之一：
① 如果要打印 3D 空间视图，选择"3D 视图"选项。
② 如果要打印二维图纸视图，选择"当前图纸"选项。
③ 如果要打印统计结果，选择"统计图表"选项。
4）在"渲染模式"中，单击展开下拉列表选择打印所需的渲染效果。

图 10-17 "打印"选项

5）在"打印机"中，单击展开下拉列表选择打印机，或者单击"打印机设置"按钮以设置首选打印机或添加定义一台新打印机。

6）在"页面方向"中，单击展开下拉列表选择页面方向。

7）在"纸张大小"中，单击展开下拉列表选择页面大小。

8）执行下列操作之一：

① 如果要将预览图像导出为一个 XPS 文档，单击"导出至 XPS"按钮。

② 如果要打印预览图像，单击"打印"按钮。

第 11 章　机器人拆垛与码垛工作站

工作站整体布局如图 11-1 所示，使用机器人指令编程，并通过示教基本点和基坐标偏移运算的方式，完成机器人将右侧传送带上的 4×3×3 箱体物料垛型拆解搬运到左侧传送带的托盘上进行 4×3×3 箱体物料码垛的任务，机器人程序如图 11-2 所示。

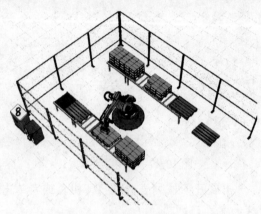

图 11-1　拆垛与码垛工作站

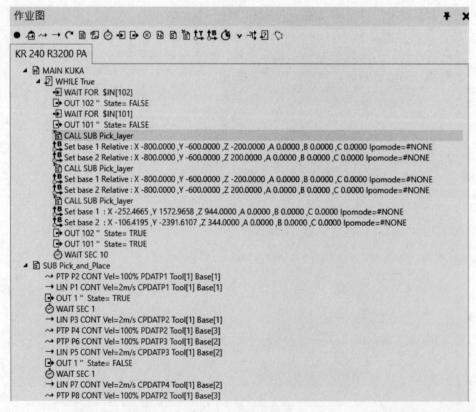

图 11-2　机器人程序

11.1 导入组件并定位

导入组件并定位的操作步骤如下。

（1）分别查找并导入下列组件 任务控制器"Works Task Control"、任务处理器"Works Process"（3 个）、传送带"Sensor Conveyor"（2 个）、机器人"KR 240 R3200 PA"、吸盘工具"Parametric Gripper"、托盘"Euro Pallet"（2 个）、围栏"Generic Fence"（若干）、箱体物料"Visual Components Box"、机器人控制器"KR C5 Cabinet 3HU Standard"、机器人底座"Pedestal_KR_FORTEC"。

（2）设置任务处理器"Works Process"组件属性 选中"Works Process"，在其"组件属性"面板中，点开"默认"页面，更改长度"CLength"的值为"1500"，更改宽度"CWidth"的值为"900"。点开"Geometry"页面，勾选"ShowConveyor"复选框，取消勾选"ShowBox"复选框，"ConveyorType"下拉列表中选择"BeltConveyor"。

"Works Process #2"的设置和"Works Process"保持一样。

选中"Works Process #3"，在其"组件属性"面板中，点开"默认"页面，更改长度"CLength"的值为"1200"，更改宽度"CWidth"的值为"800"。

（3）设置传送带"Sensor Conveyor"组件属性 选中"Sensor Conveyor"，在其"组件属性"面板中，点开"默认"页面，更改长度"ConveyorLength"的值为"4000"，更改宽度"ConveyorWidth"的值为"900"。

"Sensor Conveyor #2"的设置和"Sensor Conveyor"保持一样。

（4）设置吸盘工具"Parametric Gripper"组件属性 选中"Parametric Gripper"，在其"组件属性"面板中，更改"SuctionCupDistance_X"的值为"130"，更改"SuctionCupDistance_Y"的值为"55"。

（5）设置机器人底座"Pedestal_KR_FORTEC"组件属性 选中"Pedestal_KR_FORTEC"，在其"组件属性"面板中，更改高度"Height"的值为"500"。

（6）设置箱体物料"Visual Components Box"组件属性 选中"Visual Components Box"，在其"组件属性"面板中，更改高度"BoxHeight"的值为"200"，更改宽度"BoxWidth"的值为"200"，更改长度"BoxLength"的值为"400"。在"物料"下拉列表选择"turquoise"改变箱体物料颜色。

（7）组件连接 将两个任务处理器"Works Process"和"Works Process #2"分别连接传送带"Sensor Conveyor"和"Sensor Conveyor #2"。

将吸盘工具"Parametric Gripper"安装到机器人"KR 240 R3200 PA"手臂末端上，再将机器人安装到机器人底座"Pedestal_KR_FORTEC"上。

将托盘"Euro Pallet #2"放置到任务处理器"Works Process #2"上，中心对齐。

将任务处理器"Works Process #3"放置到托盘"Euro Pallet #2"上，边缘对齐，并通过"开始"选项卡上的"层级"组中的"附加"功能，将任务处理器"Works Process #3"附加在"Euro Pallet #2"上。

将箱体物料"Visual Components Box"放置到"Works Process #3"上，边缘对齐。

将围栏"Generic Fence"（若干）、任务控制器"Works Task Control"、机器人控制器"KR C5 Cabinet 3HU Standard"合理摆放，整体布局如图 11-3 所示。

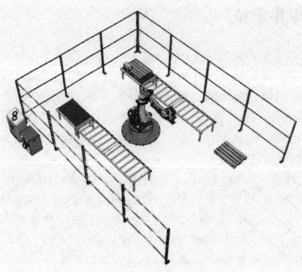

图 11-3　导入组件并定位

11.2　在"Works Process"中设定任务

选择"Works Process",在其"组件属性"面板的"默认"页面,展开"Task"下拉列表选择"Create",在"ListOfProdID"属性中输入托盘 1 组件的名称,为了避免输入错误,可在 3D 视图中选择托盘组件,在其"组件属性"面板中复制"名称"属性"Euro Pallet",然后在"Works Process"的"ListOfProdID"属性中粘贴托盘名称"Euro Pallet"。单击"CreateTask"按钮,则在"InsertNewAfterLine"中创建了一个新任务"1:Create: Euro Pallet:",如图 11-4 所示,该任务是在"Works Process"中生成托盘。

再次单击"Task",从其下拉列表选择"TransportOut",勾选"Any"复选框,表示所有在"Works Process"中的组件都会被输出;单击"CreateTask"按钮,则在"InsertNewAfterLine"中创建了一个新任务"2:TransportOut:True",该任务是将生成的托盘从"Works Process"中输出,图 11-4 所示。

组件属性		
Works Process		
坐标	● 世界　○ 父系坐标系　○ 物体	
X -150.000000	Y 0.000000	Z 0.000000
A 0.000000	B 0.000000	C 0.000000

Advanced	ResourceLocation	Failure
默认	Task　UserVariables　Geometry	Presets

名称	Works Process
物料	■ blue_grey ▼
可视	☑
BOM	☐
BOM 描述	Versatile component to execute all kinds of proc
BOM 名称	Works Process
类别	Works
PDF 导出水平	完成 ▼
模拟水平	详情 ▼
背面模式	开启 ▼
InsertNewAfterLine	1: Create:Euro Pallet: ▼
	TaskCreation
Task	Create ▼
ListOfProdID	Euro Pallet
NewProdID	

图 11-4　创建任务

单击仿真控制器中的播放按钮 ▶ 运行仿真,可以观察到从"Works Process"中生成托盘并沿传送带向后输送。

11.3 在 "Works Process #2" 中设定任务

选择 "Works Process #2"，在其 "组件属性" 面板的 "默认" 页面，点开 "Task" 下拉列表选择 "Create"，在 "ListOfProdID" 属性中输入托盘 2 组件的名称 "Euro Pallet #2"，单击 "CreateTask" 按钮，则在 "InsertNewAfterLine" 中创建了一个新任务 "1:Create: Euro Pallet #2:"，该任务是在 "Works Process #2" 中生成托盘。

再次单击 "Task"，从其下拉列表选择 "TransportOut"，勾选 "Any" 复选框，表示所有在 "Works Process #2" 中的组件都会被输出；单击 "CreateTask" 按钮，则在 "InsertNewAfterLine" 中创建了一个新任务 "2:TransportOut:True"，该任务是将生成的托盘从 "Works Process #2" 中输出。

11.4 在 "Works Process #3" 中设定任务

选择 "Works Process #3"，在其 "组件属性" 面板的 "默认" 页面，点开 "Task" 下拉列表选择 "CreatePattern"，在 "SingCompName" 中复制箱体物料名称 "VisualComponents_Box"；在 "AmountX" 中输入 "3"，"AmountY" 中输入 "4"，"AmountZ" 中输入 "3"，在 "StepX" 中输入 "400"，在 "StepY" 中输入 "200"，在 "StepZ" 中输入 "200"。

在 "Selection" 中输入箱体物料组件名称 "VisualComponents_Box"，单击 "TeachLocation"，这样就可以基于原始箱体物料组件位置进行阵列排列，这也就是前面将箱体位置放置到 "Works Process #3" 的原因。

单击 "CreateTask" 按钮，则在 "InsertNewAfterLine" 中创建了一个新任务 "1: CreatePattern: VisualComponents_Box:3:4:3:400.0:200.0:200.0:1:999999"，该任务是以 $4 \times 3 \times 3$ 阵列方式生成箱体物料组件。

再次单击 "Task"，从其下拉列表选择 "Feed"，在 "TaskName" 中输入 "robot"，单击 "CreateTask" 按钮，则在 "InsertNewAfterLine" 中创建了一个新任务 "2: Feed: VisualComponents_Box: robot:::Ture:False"，表示生成的阵列物料箱体可以被机器人吸取和放置。

单击仿真控制器中的 "播放" 按钮运行仿真，可以观察到从 3 个任务处理器中生成对应物料并沿传送带向后输送，如图 11-5 所示。

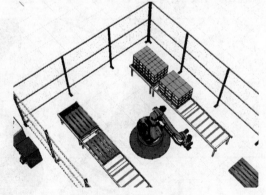

图 11-5 物料生成与输送

11.5 连接信号端口

本案例机器人作为主控制器，机器人在吸取和放置箱体物料时，两条传送带需要处于停止状态，当完成所有拆解和码垛工作后，传送带需要继续运行，工作站进入下一个循环工作状态。两条传送带启动和停止要由机器人进行控制，传送带传感器位置如图 11-6 所示。

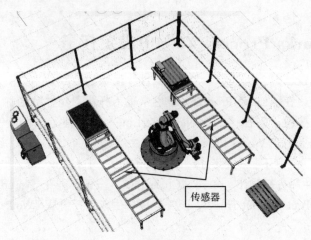

传感器

图 11-6　传送带传感器位置

在"程序"选项卡上的"连接"组中选中"信号"按钮，选中机器人，显示各组件的信号编辑器。

传送带"Sensor Conveyor"信号编辑器的"SenorBooleanSignal"端口是传送带的输出信号，传送带的传感器检测到物料后，此信号输出给机器人的输入信号。"StartStop"端口是传送带的输入信号，可以由机器人的输出信号来控制传送带的启动和停止。

分别将两台传送带的"SensorBooleanSignal"端口连接到机器人的"输入"端口，将机器人的"输出"端口分别连接到两台传送带的"StartStop"端口。

在机器人"KR 240 R3200 PA"信号编辑器，双击输入"0"将信号更改为"101"；同样将输出"0"也更改为"101"。同理，将输入"1"和输出"1"也分别更改为输入"102"和输出"102"，如图 11-7 所示。取消选中"信号"按钮，隐藏信号编辑器。

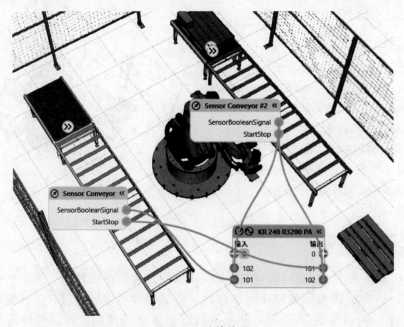

图 11-7　连接信号

11.6 编制机器人程序

11.6.1 控制传送带停止程序

信号连接好之后，单击仿真控制器中的"播放"按钮运行仿真，观察到两条传送带上面的托盘及箱体物料到达传感器位置时，传送带并没有停止而是继续向下运行。那么此时需要机器人等待传送带检测到托盘及箱体物料后输出的"SenorBooleanSignal"信号，机器人接收到"SenorBooleanSignal"信号后，输出信号控制传送带停止。

在"程序"选项卡中，选中机器人，在"作业图"面板中选择"MAIN My_Job"，单击添加 Wait for $IN 命令按钮 ，建立"WAIT FOR $IN[1]"，在"动作属性"任务面板中将"Nr"更改为"101"，"状态"列表选择"正确"，输入信号"WAIT FOR $IN[101]"表示等待传送带"Sensor Conveyor"传感器检测托盘到位。

单击添加 $OUT 命令按钮 ，建立"OUT 1" State=TRUE"，在"动作属性"任务面板中将"Nr"更改为"101"，"$IN"列表选择"错误"，输出信号"OUT 101" State=FALSE"，控制传送带"Sensor Conveyor"停止运行。

添加"WAIT FOR $IN[102]"，等待传送带"Sensor Conveyor #2"传感器检测托盘及箱体物料到位。

添加"OUT 102" State=FALSE"，控制传送带"Sensor Conveyor #2"停止运行。程序如图 11-8 所示，运行仿真以验证程序。

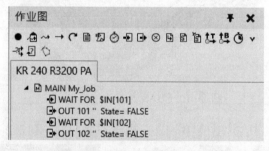

图 11-8　控制传送带停止程序

11.6.2 第一个箱体吸取和放置程序

本案例采用只示教一个吸取点和一个放置点，其他的位置点都是基于这两个点，通过偏移基坐标 BASE 所得。

1. 设置基坐标

运行仿真，等待两条传送带托盘和物料到位，单击"程序"选项卡，切换到机器人视图，选中机器人，在"组件属性"面板中，单击面板底部的"点动"标签，在"基坐标"下拉列表选择"BASE_DATA[1]"，单击后面的设置按钮 ，进入设置界面，单击选项卡上"工具和实用程序"中的"捕捉"按钮，在"基坐标捕捉"面板中，"模式"区域选择"1 点"，"设置"区域勾选"设置位置"复选框，取消勾选"设置方向"复选框，如图 11-9 所示，单击选择如图 11-10 所示的位置为"BASE_DATA[1]"，单击视图区任意位置完成设置。

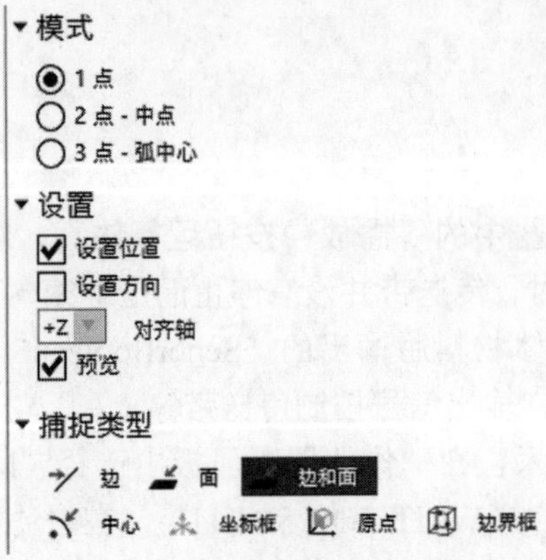

▼ 模式

◉ 1 点
○ 2 点 - 中点
○ 3 点 - 弧中心

▼ 设置

☑ 设置位置
☐ 设置方向
[+Z ▾] 对齐轴
☑ 预览

▼ 捕捉类型

〵 边　〱 面　[边和面]

〵 中心　夫 坐标框　🔍 原点　🔲 边界框

图 11-9　捕捉方式

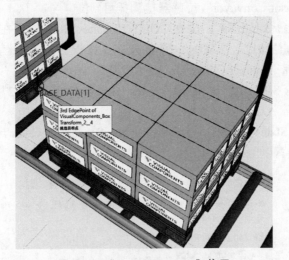

图 11-10　"BASE_DATA[1]" 位置

同样的方法，设置 "BASE_DATA[2]"，位置如图 11-11 所示。

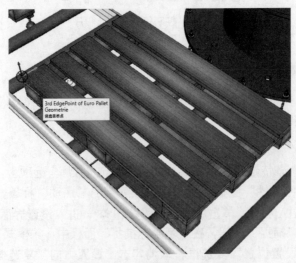

图 11-11　"BASE_DATA[2]" 位置

2. 显示机器人基坐标

在视图显示控制工具栏单击坐标框类型按钮，展开勾选"机器人基坐标"复选框，显示创建的"BASE_DATA[1]"和"BASE_DATA[2]"，如图 11-12 所示。

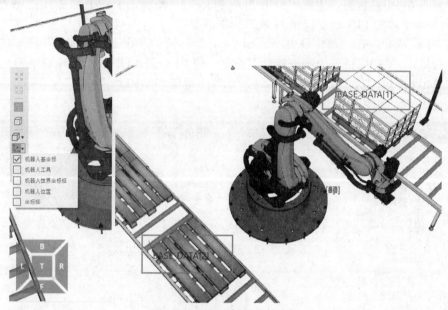

图 11-12　显示机器人基坐标

3. 吸取和放置程序

在"作业图"面板中单击添加子程序按钮，添加"MyRoutine"子程序，在"例行程序属性"面板中更改"名称"为"Pick_Place"。

选中机器人，在"组件属性"面板中，单击面板底部的"点动"标签，在"基坐标"下拉列表选择"Null"，在"工具"下拉列表选择"DoubleTool"。

在"作业图"面板中单击添加 PTP 命令按钮，建立初始点 P1 记录机器人的初始位置。

在"基坐标"下拉列表选择"BASE_DATA[1]"，单击"程序"选项卡上"工具和实用程序"组中的"捕捉"按钮，将吸盘捕捉到箱体上表面中心，如图 11-13 所示，单击添加 LIN 命令按钮 建立位置点 P2 作为吸取点，如图 11-14 所示。

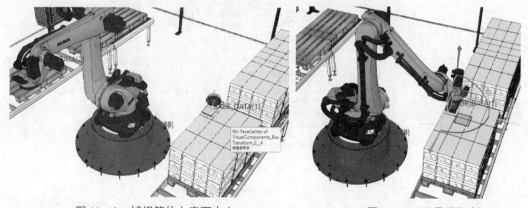

图 11-13　捕捉箱体上表面中心　　　　　　图 11-14　记录吸取点

参照第 3.1.2 小节设置吸盘控制，单击添加 $OUT 命令按钮 ，添加 "OUT 1" State=TRUE" 语句，在"动作属性"任务面板中将"Nr"更改为"1"，"状态"列表选择"正确"，则"OUT 1" State=TRUE" 使吸盘吸住箱体。

使机器人在 P1 点位置，选择"SUB Pick_Place"，单击添加 PTP 命令按钮 建立位置点 P3，再次单击添加 LIN 命令按钮 建立位置点 P4。

选择 P3 点语句，在"动作属性"面板"Z"坐标值的基础上"+300"（所加的值大于箱体高度即可），将 P3 点作为吸取接近上方点，将 P3 位置点语句拖到 P1 点语句之后。

选择 P4 点语句，在"动作属性"面板"Z"坐标值的基础上"+300"，将 P4 点作为吸取离开的上方点。如图 11-15 所示。

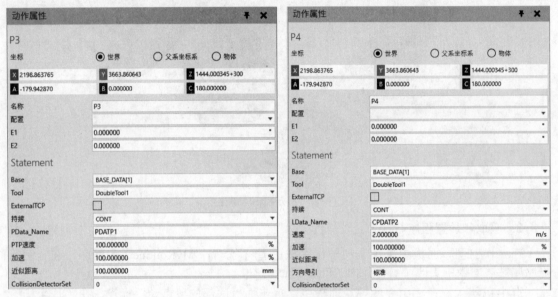

图 11-15　更改 P3 和 P4 点位置

选择"MAIN My_Job"，单击添加调用子程序命令按钮 ，添加语句"CALL SUB"，在"动作属性"面板"Routine"下拉列表选择"Pick_Place"子程序，则语句更新为"CALL SUB Pick_Place"，程序如图 11-16 所示，运行仿真验证效果如图 11-17 所示。

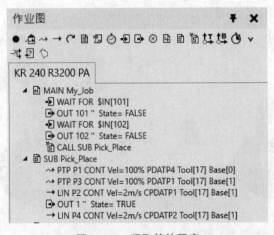

图 11-16　吸取箱体程序

图 11-17　吸取仿真效果

添加中间过渡点，选择 P1 点语句，右击选择复制按钮，选择 P4 点语句，右击选择粘贴按钮，添加中间过渡点 P5。

拖动点动操纵器，使机器人到达传送带"Sensor Conveyor"托盘的上方，如图 11-18 所示。单击"程序"选项卡上"工具和实用程序"中的"对齐"按钮，选择箱体顶角，再选择托盘顶角，使箱体和托盘顶角和边沿对齐，将箱体放置到托盘上，如图 11-19 所示。

图 11-18　托盘上方位置

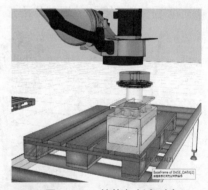

图 11-19　箱体与托盘对齐

选择机器人，在"组件属性"面板中，单击面板底部的"点动"标签，在"基坐标"下拉列表选择"BASE_DATA[2]"，在"工具"下拉列表选择"DoubleTool"，选择"SUB Pick_Place"，单击"添加 LIN 命令"按钮记录放置点 P6。

单击添加 $OUT 命令按钮，添加"OUT 1"State=TRUE"语句，在"动作属性"任务面板中将"Nr"更改为 1，"状态"列表选择"错误"，则"OUT 1"State=FASLE"使吸盘释放箱体。

使机器人在 P6 点位置，选择"SUB Pick_Place"，单击添加 PTP 命令按钮建立位置点 P7，再次单击添加 LIN 命令按钮建立位置点 P8。

选择 P7 点语句，在"动作属性"面板"Z"坐标值的基础上"+300"（所加的值大于箱体高度即可），将 P7 点作为放置接近上方点，将 P7 位置点语句拖到 P5 点语句之后。

选择 P8 点语句，在"动作属性"面板"Z"坐标值的基础上"+300"，将 P8 点作为放置离开的上方点。

添加中间过渡点，选择 P1 点语句，右击选择复制按钮，选择 P8 点语句，右击选择粘贴按钮□，添加中间过渡点 P9。

运行仿真效果如图 11-20 所示，程序如图 11-21 所示。

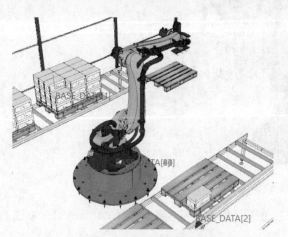

图 11-20 吸取放置仿真效果

图 11-21 吸取放置程序

11.6.3 第一行拆垛与码垛程序

在完成第一个吸取和放置动作程序后，机器人每层拆垛和码垛的顺序如图 11-22 所示。

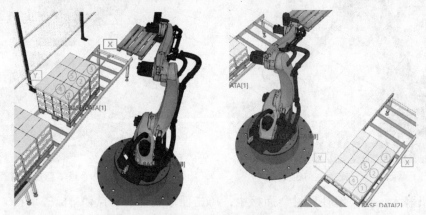

图 11-22 拆垛和码垛顺序

吸取第二个箱体的位置基于第一个箱体，在"BASE_DATA[1]"的 +X 方向进行一个箱体长度的偏移。放置第二个箱体的位置基于第一个箱体。在"BASE_DATA[2]"的 +X 方向进行一个箱体长度的偏移。所以在吸取和放置第二个箱体时，通过重新设置基坐标，就可以计算得到位置。

在"作业图"面板的"MAIN My_Job"中，选择"CALL SUB Pick_Place"，单击添加 Set Base 命令按钮，添加"Set base0 :"语句，在"动作属性"任务面板中，"基坐标"列表选择"BASE_DATA[1]"，勾选"IsRelative"复选框，表示是在当前的位置进行偏移，在"Position"中将"X"更改为"400"（箱体长度），"Y"更改为"0"，"Z"更改为"0"，"A"更改为"0"，"B"更改为"0"，"C"更改为"0"，则完整语句为"Set base 1 Relative:X 400.0000，Y 0.0000，Z 0.0000，A 0.0000，B 0.0000，C 0.0000 Ipomode=#NONE"。

再次单击添加 Set Base 命令按钮，添加 "Set base0 :" 语句，在 "动作属性" 任务面板中，"基坐标" 列表选择 "BASE_DATA[2]"，勾选 "IsRelative" 复选框，表示是在当前的位置进行偏移，在 "Position" 中将 "X" 更改为 "400"（箱体长度），"Y" 更改为 "0"，"Z" 更改为 "0"，"A" 更改为 "0"，"B" 更改为 "0"，"C" 更改为 "0"，则完整语句为 "Set base 2 Relative:X 400.0000，Y 0.0000，Z 0.0000，A 0.0000，B 0.0000，C 0.0000 Ipomode=#NONE"。

单击添加调用子程序命令按钮，添加语句 "CALL SUB"，在 "动作属性" 面板的 "Routine" 下拉列表选择 "Pick_Place" 子程序，则完整语句为 "CALL SUB Pick_Place"，这样就完成第二个箱体的吸取和放置程序。程序如图 11-23 所示。

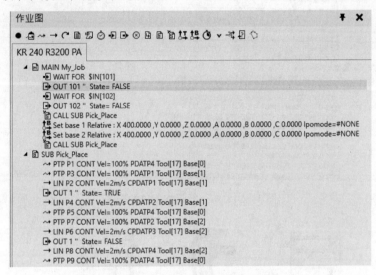

图 11-23　第二个箱体取放的程序

以此类推，吸取第三个箱体的位置基于第二个箱体，在 "BASE_DATA[1]" 的 +X 方向进行一个箱体长度的偏移。放置第三个箱体的位置基于第二个箱体。在 "BASE_DATA[2]" 的 +X 方向进行一个箱体长度的偏移。

选中 "Set base 1 Relative:X 400.0000，Y 0.0000，Z 0.0000，A 0.0000，B 0.0000，C 0.0000 Ipomode=#NONE" 语句，按住键盘的 <Shift> 键，再单击选择 "CALL SUB Pick_Place"，选中这三行语句，右击选择复制按钮，再右击选择粘贴按钮，添加吸取和放置第三个箱体的程序，第一行箱体的取放程序完成，程序如图 11-24 所示。

11.6.4　第一层拆垛与码垛程序

运行仿真，观察基坐标 "BASE_DATA[1]" 和 "BASE_DATA[2]" 在每完成一次取放之后会发生位置偏移，完成第一行吸取和放置之后，"BASE_DATA[1]" 和 "BASE_DATA[2]" 的位置如图 11-25 所示。

第二行第一个箱体基于当前的基坐标，在 X 方向偏移 "-800"（两个箱体长度），在 Y 方向偏移 "200"（一个箱体宽度）。

为了方便程序管理，将一行作为一个子程序，将一层作为一个子程序，在 "作业图" 面板中单击添加子程序按钮，添加 "MyRoutine" 子程序，在 "例行程序属性" 面板中更改"名称"为"Row",再次单击"添加子程序"按钮,添加"MyRoutine"子程序,在"例行程序属性"面板中更改"名称"为"Layer"。

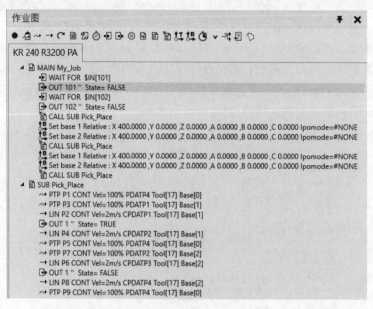

图 11-24　第一行箱体取放的程序

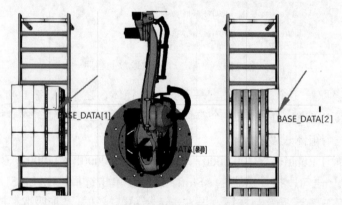

图 11-25　第一行箱体取放后的基坐标位置

选中"MAIN My_Job"程序中"OUT 102"State=FALSE"之后所有的语句,拖动到"SUB Row"子程序中。

选择"SUB Layer"子程序,单击添加调用子程序命令按钮,添加语句"CALL SUB",在"动作属性"面板的"Routine"下拉列表选择"Row"子程序,则完整语句为"CALL SUB Row"。

选择"SUB Layer",单击添加 Set Base 命令按钮,添加"Set base0 :"语句,在"动作属性"任务面板中,"基坐标"列表选择"BASE_DATA[1]",勾选"IsRelative"复选框,表示是在当前的位置进行偏移,在"Position"中将"X"更改为"-800","Y"更改为"200","Z"更改为"0","A"更改为"0","B"更改为"0","C"更改为"0",则完整语句为"Set base 1 Relative:X -800.0000, Y 200.0000, Z 0.0000, A 0.0000, B 0.0000, C 0.0000

Ipomode=#NONE"。

再次单击添加 Set Base 命令按钮，添加"Set base0 :"语句，在"动作属性"任务面板中，"基坐标"列表选择"BASE_DATA[2]"，勾选"IsRelative"复选框，表示是在当前的位置进行偏移，在"Position"中将"X"更改为"-800"，"Y"更改为"200"，"Z"更改为"0"，"A"更改为"0"，"B"更改为"0"，"C"更改为"0"，则完整语句为"Set base 2 Relative:X -800.0000，Y 200.0000，Z 0.0000，A 0.0000，B 0.0000，C 0.0000 Ipomode=#NONE"。

再次调用子程序，选择"SUB Layer"子程序，单击添加调用子程序命令按钮，添加语句"CALL SUB"，在"动作属性"面板的"Routine"下拉列表选择"Row"子程序，则完整语句为"CALL SUB Row"

选择"MAIN My_Job"，单击添加调用子程序命令按钮，添加语句"CALL SUB"，在"动作属性"面板的"Routine"下拉列表选择"Layer"子程序，则完整语句为"CALL SUB Layer"，第二行箱体的吸取和放置子程序编制完成。程序如图 11-26 所示。

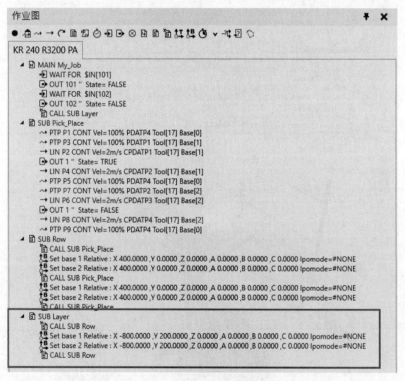

图 11-26　第二行箱体的吸取和放置子程序

复制"SUB Layer"子程序中的"Set base 1 Relative:X -800.0000，Y 200.0000，Z 0.0000，A 0.0000，B 0.0000，C 0.0000 Ipomode=#NONE""Set base 2 Relative:X -800.0000，Y 200.0000，Z 0.0000，A 0.0000，B 0.0000，C 0.0000 Ipomode=#NONE"和"CALL SUB Row"三行语句，粘贴在"SUB Layer"子程序后面，完成第三行的吸取和放置程序，再次粘贴完成第四行的吸取和放置程序，第一层的吸取和放置程序完成，程序如图 11-27 所示，仿真效果

如图 11-28 所示。

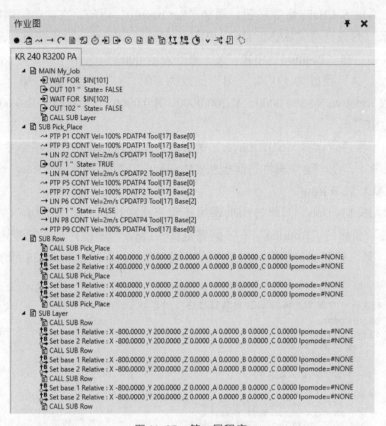

图 11-27　第一层程序

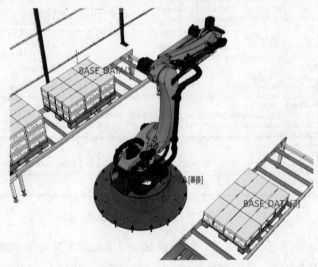

图 11-28　第一层仿真效果

11.6.5　第三层拆垛与码垛程序

拆垛，第二层第一个箱体基于第一层最后的基坐标，在 X 方向偏移"–800"（两个箱体长度），在 Y 方向偏移"–600"（三个箱体宽度），在 Z 方向偏移"–200"（一个箱子高度）。

码垛，第二层第一个箱体基于第一层最后的基坐标，在 X 方向偏移"–800"（两个箱体长度），在 Y 方向偏移"–600"（三个箱体宽度），在 Z 方向偏移"200"（一个箱子高度）。

选择"MAIN My_Job"，单击添加 Set Base 命令按钮，添加"Set base0 :"语句，在"动作属性"任务面板中，"基坐标"列表选择"BASE_DATA[1]"，勾选"IsRelative"复选框，表示是在当前的位置进行偏移，在"Position"中将"X"更改为"-800"，"Y"更改为"600"，"Z"更改为"-200"，"A"更改为"0"，"B"更改为"0"，"C"更改为"0"，则完整语句为"Set base 1 Relative:X -800.0000，Y 600.0000，Z -200.0000，A 0.0000，B 0.0000，C 0.0000 Ipomode=#NONE"。

再次单击添加 Set Base 命令按钮，添加"Set base0 :"语句，在"动作属性"任务面板中，"基坐标"列表选择"BASE_DATA[2]"，勾选"IsRelative"复选框，表示是在当前的位置进行偏移，在"Position"中将"X"更改为"-800"，"Y"更改为"600"，"Z"更改为"-200"，"A"更改为"0"，"B"更改为"0"，"C"更改为"0"，则完整语句为"Set base 2 Relative:X -800.0000，Y 600.0000，Z -200.0000，A 0.0000，B 0.0000，C 0.0000 Ipomode=#NONE"。

再次调用子程序，选择"MAIN My_Job"，单击添加调用子程序命令按钮，添加语句"CALL SUB"，在"动作属性"面板的"Routine"下拉列表选择"Layer"子程序，则完整语句为"CALL SUB Layer"，完成第二层的吸取和放置程序。

复制"MAIN My_Job"程序中的"Set base 1 Relative:X -800.0000，Y 200.0000，Z -200.0000，A 0.0000，B 0.0000，C 0.0000 Ipomode=#NONE""Set base 2 Relative:X -800.0000，Y 200.0000，Z -200.0000，A 0.0000，B 0.0000，C 0.0000 Ipomode=#NONE"和"CALL SUB Layer"三行语句，粘贴在"MAIN My_Job"程序后面，完成第三层的吸取和放置程序，单循环完整的拆垛和码垛程序编制完成，程序如图 11-29 所示，仿真效果如图 11-30 所示。

11.6.6　循环执行拆垛与码垛

拆垛与码垛完成，为了循环执行任务，需要机器人控制两条传送带开始运行，同时要复位两个基坐标的初始位置。

选择"MAIN My_Job"，单击添加 Set Base 命令按钮，添加"Set base0 :"语句，在"动作属性"任务面板中，"基坐标"列表选择"BASE_DATA[1]"，取消勾选"IsRelative"复选框。

再次单击添加 Set Base 命令按钮，添加"Set base0 :"语句，在"动作属性"任务面板中，"基坐标"列表选择"BASE_DATA[2]"，取消勾选"IsRelative"复选框。

单击添加 $OUT 命令按钮，建立"OUT 1"State=TRUE"，在"动作属性"任务面板中将"Nr"更改为"101"，"$IN"列表选择"正确"，输出信号"OUT 101"State=TRUE"，控制传送带"Sensor Conveyor"开始运行。

添加"OUT 102"State=TRUE"，控制传送带"Sensor Conveyor #2"开始运行。

为了使物料能够向下传输，完全通过传感器进入下一个循环，单击添加 Wait 命令，建立"WAIT SEC 0"，在"动作属性"任务面板中更改"延迟"为"5"，等待延时语句为"WAIT SEC 5"。

最后，使整个任务进入循环，单击添加 WHILE 命令按钮，建立"WHILE True"语句，将上面所有语句拖入"WHILE True"里面。完整的程序如图 11-31 所示，循环仿真效果如图 11-32 所示。

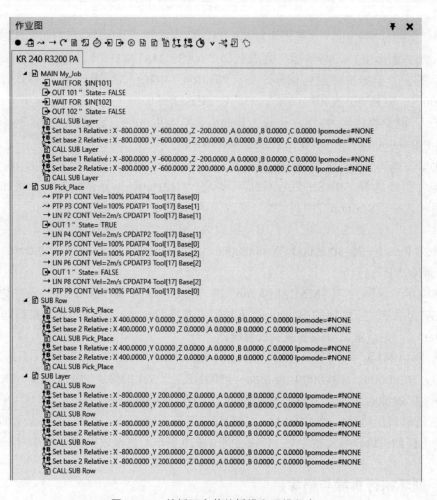

图 11-29　单循环完整的拆垛和码垛程序

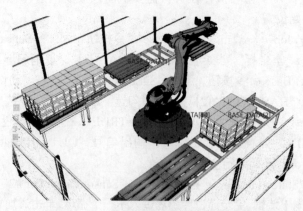

图 11-30　单循环拆垛与码垛仿真效果

机器人拆垛与码垛工作站

作业图

KR 240 R3200 PA

- ▲ MAIN My Job
  - ▲ WHILE True
    - WAIT FOR $IN[101]
    - OUT 101 " State= FALSE
    - WAIT FOR $IN[102]
    - OUT 102 " State= FALSE
    - CALL SUB Layer
    - Set base 1 Relative : X -800.0000 ,Y -600.0000 ,Z -200.0000 ,A 0.0000 ,B 0.0000 ,C 0.0000 Ipomode=#NONE
    - Set base 2 Relative : X -800.0000 ,Y -600.0000 ,Z 200.0000 ,A 0.0000 ,B 0.0000 ,C 0.0000 Ipomode=#NONE
    - CALL SUB Layer
    - Set base 1 Relative : X -800.0000 ,Y -600.0000 ,Z -200.0000 ,A 0.0000 ,B 0.0000 ,C 0.0000 Ipomode=#NONE
    - Set base 2 Relative : X -800.0000 ,Y -600.0000 ,Z 200.0000 ,A 0.0000 ,B 0.0000 ,C 0.0000 Ipomode=#NONE
    - CALL SUB Layer
    - Set base 1 : X -252.4665 ,Y 1572.9658 ,Z 944.0000 ,A 0.0000 ,B 0.0000 ,C 0.0000 Ipomode=#NONE
    - Set base 2 : X -256.4195 ,Y -2391.4611 ,Z 344.0000 ,A 0.0000 ,B 0.0000 ,C 0.0000 Ipomode=#NONE
    - OUT 101 " State= TRUE
    - OUT 102 " State= TRUE
    - WAIT SEC 5
- ▲ SUB Pick_Place
  - PTP P1 CONT Vel=100% PDATP4 Tool[17] Base[0]
  - PTP P3 CONT Vel=100% PDATP1 Tool[17] Base[1]
  - LIN P2 CONT Vel=2m/s CPDATP1 Tool[17] Base[1]
  - OUT 1 " State= TRUE
  - LIN P4 CONT Vel=2m/s CPDATP2 Tool[17] Base[1]
  - PTP P5 CONT Vel=100% PDATP4 Tool[17] Base[0]
  - PTP P7 CONT Vel=100% PDATP2 Tool[17] Base[2]
  - LIN P6 CONT Vel=2m/s CPDATP3 Tool[17] Base[2]
  - OUT 1 " State= FALSE
  - LIN P8 CONT Vel=2m/s CPDATP4 Tool[17] Base[2]
  - PTP P9 CONT Vel=100% PDATP4 Tool[17] Base[0]
- ▲ SUB Row
  - CALL SUB Pick_Place
  - Set base 1 Relative : X 400.0000 ,Y 0.0000 ,Z 0.0000 ,A 0.0000 ,B 0.0000 ,C 0.0000 Ipomode=#NONE
  - Set base 2 Relative : X 400.0000 ,Y 0.0000 ,Z 0.0000 ,A 0.0000 ,B 0.0000 ,C 0.0000 Ipomode=#NONE
  - CALL SUB Pick_Place
  - Set base 1 Relative : X 400.0000 ,Y 0.0000 ,Z 0.0000 ,A 0.0000 ,B 0.0000 ,C 0.0000 Ipomode=#NONE
  - Set base 2 Relative : X 400.0000 ,Y 0.0000 ,Z 0.0000 ,A 0.0000 ,B 0.0000 ,C 0.0000 Ipomode=#NONE
  - CALL SUB Pick_Place
- ▲ SUB Layer
  - CALL SUB Row
  - Set base 1 Relative : X -800.0000 ,Y 200.0000 ,Z 0.0000 ,A 0.0000 ,B 0.0000 ,C 0.0000 Ipomode=#NONE
  - Set base 2 Relative : X -800.0000 ,Y 200.0000 ,Z 0.0000 ,A 0.0000 ,B 0.0000 ,C 0.0000 Ipomode=#NONE
  - CALL SUB Row
  - Set base 1 Relative : X -800.0000 ,Y 200.0000 ,Z 0.0000 ,A 0.0000 ,B 0.0000 ,C 0.0000 Ipomode=#NONE
  - Set base 2 Relative : X -800.0000 ,Y 200.0000 ,Z 0.0000 ,A 0.0000 ,B 0.0000 ,C 0.0000 Ipomode=#NONE
  - CALL SUB Row
  - Set base 1 Relative : X -800.0000 ,Y 200.0000 ,Z 0.0000 ,A 0.0000 ,B 0.0000 ,C 0.0000 Ipomode=#NONE
  - Set base 2 Relative : X -800.0000 ,Y 200.0000 ,Z 0.0000 ,A 0.0000 ,B 0.0000 ,C 0.0000 Ipomode=#NONE
  - CALL SUB Row

图 11-31　完整的程序

图 11-32　循环仿真效果

第12章 机器人焊接、机床上下料、码垛流水线

本案例是一条机器人生产流水线，总体工艺流程布局如图 12-1 所示，主要包含五个工序，自动出料工序、人工上料工序，机器人1焊接工序、机器人2机床上下料工序、机器人3码垛工序。

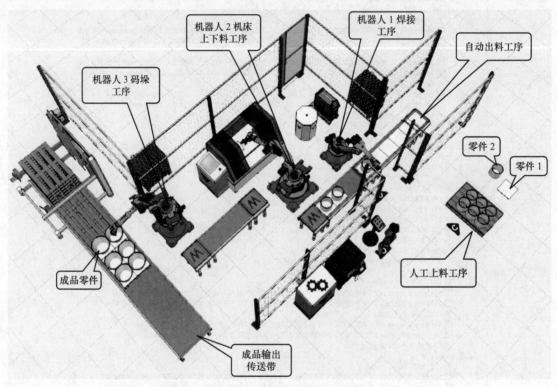

图 12-1　总体工艺流程布局

自动出料工序生成零件1，经传送带输送到达机器人1焊接工序停止，等待人工将零件2装配到零件1上，按下操作按钮，机器人1开始焊接。

焊接完成后，零件1和零件2的组合件经传送带输送到达机器人2机床上下料工序，机器人2将组合件搬运至机床上进行加工，机床加工完成后，机器人2再将加工后的成品搬运至后端的传送带上。

成品经传送带输送到机器人3码垛工序，机器人3将成品按规则码垛，并摆放到成品输出传送带的托盘上。

12.1　自动出料工序

本案例使用的全部是 Visual Components Premium 4.1 的模型库文件。

12.1.1　导入组件并定位

导入组件并定位的操作步骤如下。

1）在"电子目录"中选中"eCatalog4.1"，分别查找并导入下列组件。

① 任务处理器"Works Process"（2个）。

② 任务控制器"Works Task Control"。

③ 传送带"Conveyor"。

④ 零件1"Block"。

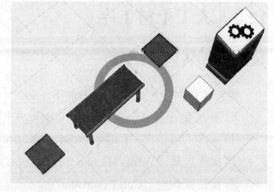

2）组件连接。分别将两个传送带通过PnP连接到"Conveyor"，连接前注意"Conveyor"的输送方向，如图12-2所示，将"Works Process"连接到"Conveyor"的进料端，将"Works Process #2"连接到"Conveyor"的出料端。

图12-2　连接方向

12.1.2　设置组件属性和任务

组件属性和任务的相关设置如下。

1. 设置零件1"Block"组件属性

选中"Block"，在其"组件属性"面板中，更改高度"Height_Z"的值为"10"。

2. 设置任务处理器"Works Process"组件属性并设置任务

选中"Works Process"，在其"组件属性"面板中，打开"Geometry"页面，在"ConveyorType"下拉列表中选择"BeltConveyor"，分别勾选"ShowBox""Show W""ShowConveyor"复选框。

打开"默认"页面，展开"Task"下拉列表选择"Create"，在"ListOfProdID"属性中输入零件1组件的名称"Block"，单击"CreateTask"按钮，则在"InsertNewAfterLine"中创建了一个新任务"1:Create: Block"，该任务是在"Works Process"中生成零件1。

再次展开"Task"下拉列表选择"TransportOut"，勾选"Any"复选框，表示所有在"Works Process"中的组件都会被输出；单击"CreateTask"按钮，则在"InsertNewAfterLine"中创建了一个新任务"2:TransportOut::True"，该任务是从"Works Process"中输出零件1。

3. 设置任务处理器"Works Process #2"组件属性并设置任务

选中"Works Process #2"，在其"组件属性"面板中，打开"Geometry"页面，在"ConveyorType"下拉列表中选择"BeltConveyor"，分别勾选"ShowBox""Show W""ShowConveyor"复选框。

打开"默认"页面，展开"Task"下拉列表选择"TransportIn"；勾选"Any"复选框，表示任一组件都可送入"Works Process # 2"中，单击"CreateTask"按钮，则在"InsertNewAfterLine"中创建了一个新任务"1:TransportIn:True"，该任务是将生成的零件1输入到"Works Process #2"中。

运行仿真，效果如图12-3所示。

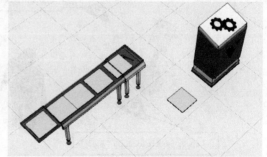

图12-3　自动出料工序仿真效果

12.2 人工上料工序

12.2.1 导入组件并定位

导入组件并定位的操作步骤如下。

1）在"电子目录"中选中"eCatalog4.1"，分别查找并导入下列组件。

① 操作人员位置"Labor resource location 4.0"（3个）。

② 操作人员"Works Human Resource"。

③ 按钮操作台"Cell Controller"。

④ 托盘"Euro Pallet"。

⑤ 任务处理器"Works Process #3"。

⑥ 零件2"TubeGeo"。

2）设置"Works Process #3"组件属性。选中"Works Process #3"，在其"组件属性"面板中，打开"默认"页面，更改长度"CLength"的值为"1200"，更改宽度"CWidth"的值为"800"。

3）组件定位布局。通过"开始"选项卡上的"工具"组中的"对齐"功能将"Works Process #3"放置到托盘"Euro Pallet"上。

将零件2"TubeGeo"放置到"Works Process #3"上的合适位置，便于在"Works Process #3"中生成零件2的阵列，其他组件的摆放位置如图12-4所示。

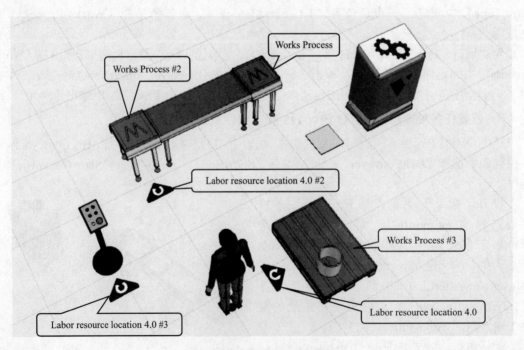

图 12-4 人工上料工序布局

12.2.2　设置组件任务

接下来需要对各组件的任务进行设置。

1. 设置任务处理器"Works Process #2"组件任务

选中"Works Process #2"，在其"组件属性"面板"默认"页面，在已有的任务下继续添加任务，展开"Task"下拉列表选择"Need"，在"ListOfProdID"中输入"TubeGeo"，单击"CreateTask"按钮，则在"InsertNewAfterLine"中创建了一个新任务"2:Need:TubeGeo"，该任务表示把从"WorksProcess #3"取来的零件 2 放入到"WorksProcess #2"中。

创建操作人员操作过程任务，展开"Task"下拉列表选择"HumanProcess"，在"ProcessTime"中输入操作人员操作时间为"2"，在"TaskName"中输入"Human02"，单击"CreateTask"按钮，则在"InsertNewAfterLine"中创建了一个新任务"3:HumanProcess:2:Human02"，该任务表示操作人员将零件 2 放置到零件 1 上进行装配动作。

再次展开"Task"下拉列表选择"HumanProcess"，在"ProcessTime"中输入操作人员操作时间为"2"，在"TaskName"中输入"Human03"，单击"CreateTask"按钮，则在"InsertNewAfterLine"中创建了一个新任务"4:HumanProcess:2:Human03"，该任务表示操作人员进行按钮操作动作。

2. 设置任务处理器"Works Process #3"组件任务

选中"Works Process #3"，在其"组件属性"面板"默认"页面，展开"Task"下拉列表选择"CreatePattern"，在"SingCompName"中输入零件 2 组件的名称"TubeGeo"；在"AmountX"中输入"2"，在"AmountY"中输入"3"，在"AmountZ"中输入"3"，在"StepX"中输入"300"，在"StepY"中输入"-300"，在"StepZ"中输入"250"。

在"Selection"中输入零件 2 组件名称"TubeGeo"，单击"TeachLocation"按钮，这样就可以基于零件 2 组件当前位置进行阵列排列，单击"CreateTask"按钮，则在"InsertNewAfterLine"中创建了一个新任务"1:CreatePattern: TubeGeo:3:2:3:300.0:-300.0:250.0:1:999999"，该任务是以 3×2×3 阵列方式生成零件 2 组件。

再次单击"Task"，从其下拉列表选择"Feed"，在"TaskName"中输入"Human01"，单击"CreateTask"按钮，则在"InsertNewAfterLine"中创建了一个新任务"2: Feed: TubeGeo:Human01:::Ture:False"，该任务表示生成的阵列零件 2 由操作人员从"Works Process #3"搬运放置到"Works Process #2"中。

3. 设置操作人员位置"Labor resource location 4.0"组件任务

操作人员先从托盘处的"Labor resource location 4.0"位置取料，然后移动到"Works Process #2"处的"Labor resource location 4.0 #2"进行放料和装配动作，再移动到"Cell Controller"处的"Labor resource location 4.0 #2"进行按钮操作动作。

选择"Labor resource location 4.0"，在其"组件属性"面板的"PickTasks"文本框中输入与"Works Process #3"组件任务"Feed"中"2: Feed:TubeGeo:Human01:::Ture:False"一致的任务名称"Human01"，表示操作人员从此处取料。

选择"Labor resource location 4.0 #2"，在其"组件属性"面板的"PlaceTasks"文本框中输入与"Works Process #3"组件任务"2: Feed:TubeGeo:Human01:::Ture:False"中"TaskName"一致的任务名称"Human01"，在"ProcessTasks"文本框中输入与"Works Process #2"组件任务"3:HumanProcess:2:Human02"中"TaskName"一致的任务名称"Human02"，表示

操作人员至此处放置物料并完成装配动作。

选择"Labor resource location 4.0 #3",在其"组件属性"面板的"ProcessTasks"文本框中输入与"Works Process #2"组件任务"4:HumanProcess:2:Human03"中"TaskName"一致的任务名称"Human03",表示操作人员至此处进行按钮操作动作。

4. 设置操作人员"Works Human Resource"组件任务

选中"Works Human Resource",在其"组件属性"面板的"TasksList"文本框中输入"Human01,Human02,Human03",表示操作人员至三个操作人员位置进行相应的动作任务。

运行仿真,效果如图 12-5 所示。

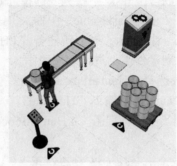

图 12-5　人工上料工序仿真效果

12.3　机器人 1 焊接工序

12.3.1　导入组件并定位

导入组件并定位的操作步骤如下。

1)在"电子目录"中选中"eCatalog4.1",分别查找并导入下列组件。

① 机器人控制器"Works Robot Controller"。

② 机器人 1 "KR 5 arc"。

③ 焊枪"weld torch"。

④ 在"开始"选项卡下,选中"Conveyor",通过迷你工具栏复制一个传送带"Conveyor #2",再选中"Works Process"复制一个"Works Process #4"。

2)组件连接和定位布局。将焊枪"weld torch"安装到机器人 1 "KR 5 arc"手臂末端,再将机器人 1 放置到机器人控制器"Works Robot Controller"上,在"Works Robot Controller"的"组件属性"面板"默认"界面,将"PedestalDiameter"的值修改为"650",将"PedestalHeight"的值修改为 700。

将传送带"Conveyor #2"连接到任务处理器"Works Process #2"上,再将任务处理器"Works Process #4"连接到传送带"Conveyor #2"上,如图 12-6 所示。

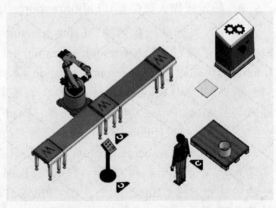

图 12-6　机器人 1 焊接工序布局

12.3.2 设置组件任务

接下来需要对各组件的任务进行设置。

1. 设置任务处理器"Works Process #2"组件任务

操作人员将零件 2 放置到"Works Process #2"中并进行装配,移动到"Labor resource location 4.0 #3"处进行按钮操作台(Cell Controller)的模拟按钮操作后,此时需要机器人对零件 1 和零件 2 进行焊接,使零件 1 和零件 2 组合起来。

创建机器人焊接任务,选中"Works Process #2",在其"组件属性"面板"默认"页面,在已有的任务下面继续添加任务,展开"Task"下拉列表选择"RobotProcess",在"TaskName"中输入"weld",在"ToolName"中输入焊枪的名字"weld_torch",在"TCPName"中选择"weld_tip",单击"CreateTask"按钮,则在"InsertNewAfterLine"中创建了一个新任务"5: RobotProcess:weld:weld_torch:weld_tip"。

焊接完成后,需要将零件 1 和零件 2 合并为一个零件,展开"Task"下拉列表选择"Merge",在"ParentProdID"中输入零件 1 的名称"Block",在"ListOfProdID"中输入零件 2 的名字"TubeGeo",单击"CreateTask"按钮,则在"InsertNewAfterLine"中创建了一个新任务"6:Merge:Block:TubeGeo:False"。

从"Works Process #2"中输出合并后的零件,再次展开"Task"下拉列表选择"TransportOut",勾选"Any"复选框,单击"CreateTask"按钮,则在"InsertNewAfterLine"中创建了一个新任务"7:TransportOut::True",

2. 设置任务处理器"Works Process #4"组件任务

"Works Process #4"是由"Works Process"复制得来的,在"Works Process"所设置的任务也相应地被复制到"Works Process #4"中。在设置"Works Process #4"组件任务之前,需要先清空里面的任务。选中"Works Process #4",在其"组件属性"面板"默认"页面,单击"ClearALLTask"按钮,清除里面的所有任务。

展开"Task"下拉列表选择"TransportIn";勾选"Any"复选框,单击"CreateTask"按钮,则在"InsertNewAfterLine"中创建了一个新任务"1:TransportIn:True",该任务是将"Works Process #2"合并后的零件输入"Works Process #4"中。

3. 设置机器人控制器"Works Robot Controller"组件任务

选中"Works Robot Controller",在"组件属性"面板,任务列表"TaskList"输入与"Works Process #2"的任务"5:RobotProcess:weld:weld_torch:weld_tip"中的"TaskName"一致的名称"weld"。

12.3.3 编制机器人焊接程序

机器人焊接工序是围绕零件 2 与零件 1 搭接的一周进行环焊缝焊接,焊接路径使用圆弧指令将一周环焊缝约等分成 4 条圆弧。

在"程序"选项卡中,选中机器人 1"KR 5 arc",在"作业图"中单击"添加子程序"按钮,添加"MyRoutine"子程序,在"例行程序属性"面板中更改"名称"为"weld",此程序名与"Works Process #2"的任务"5:RobotProcess:weld:weld_torch:weld_tip"中的"TaskName"一致。

　　将机器人调整至合适姿势，作为初始状态，选中机器人，在"组件属性"面板中，单击面板底部的"点动"标签，在"基坐标"下拉列表选择"Null"，在"工具"下拉列表选择"weld_tip"。在"作业图"中单击添加 PTP 命令按钮，建立初始点 P1 记录机器人的初始位置，如图 12-7 所示。

　　在"程序"选项卡上"工具和实用程序"组中单击"捕捉"按钮，将"捕捉类型"设置为"边和面"，移动光标捕捉零件 1 和零件 2 的搭接处，单击添加 PTP 命令按钮，建立焊接起始点 P2，如图 12-8 所示。

　　单击添加 CIRC 命令按钮 ⌒，添加圆弧运动语句"CIRC C1 C2 CONT Vel=0.1 m/s Tool[17]Base[0]"，移动光标捕捉零件 1 和零件 2 的搭接处，捕捉约为如图 12-9 所示的 C1 点位置，选中"CIRC C1 C2 CONT Vel=0.1 m/s Tool[17]Base[0]"语句，右击选择"修改辅助点"，即记录 C1 点位置，如图 12-10 所示，继续移动光标捕捉零件 1 和零件 2 的搭接处，捕捉约为如图 12-11 所示的 C2 点位置，选中"CIRC C1 C2 CONT Vel=0.1 m/s Tool[17]Base[0]"语句，右击选择"修改端点"，即记录 C2 点位置，如图 12-12 所示。

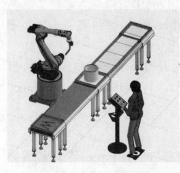
图 12-7　机器人初始位置

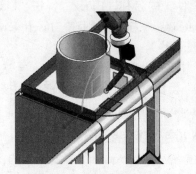
图 12-8　焊接起始点 P2

图 12-9　C1 点位置

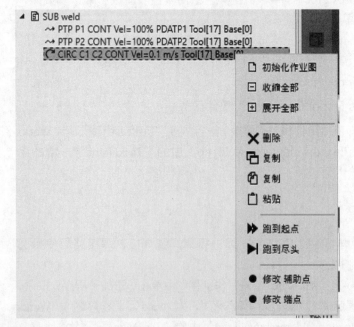
图 12-10　修改圆弧位置点

图 12-11　C2 点位置

再添加三条圆弧运动语句，"CIRC C3 C4 CONT Vel=0.1 m/s Tool[17]Base[0]" "CIRC C5 C6 CONT Vel=0.1 m/s Tool[17]Base[0]" 和 "CIRC C7 C8 CONT Vel=0.1 m/s Tool[17]Base[0]"。对应的位置点如图 12-12 所示。

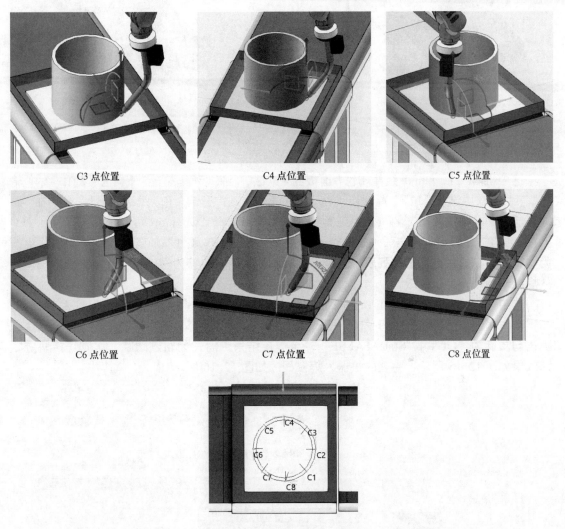

C3 点位置   C4 点位置   C5 点位置

C6 点位置   C7 点位置   C8 点位置

图 12-12   焊接圆弧轨迹点位置

添加接近起始点的中间过渡点，选中 P2 点，拖动焊枪尖端的"TCP 操纵器"，移动至零件 2 的上方位置，如图 12-13 所示，单击添加 PTT 命令按钮，添加 P3 点，拖动 P3 点语句至 P1 点语句下面。

添加接近结束点之后的中间过渡点，选中"CIRC C7 C8 CONT Vel=0.1 m/s Tool[17] Base[0]"语句，拖动焊枪尖端的"TCP 操纵器"移动至零件 2 的上方位置，如图 12-14 所示，单击添加 PTT 命令按钮，添加 P4 点。

选中 P1 点，右击弹出快捷菜单，选择"复制"命令，选中 P4 点，右击弹出快捷菜单，选择"粘贴"命令，添加与 P1 点位置相同的 P5 点。

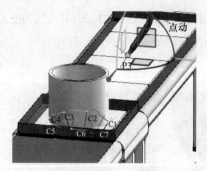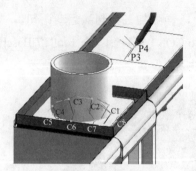

KUKA 工业机器人仿真操作与应用技巧

图 12-13　P3 点位置　　　　　　　　　　图 12-14　P4 点位置

12.3.4　跟踪焊接轨迹

选中机器人 1，单击"组件属性"面板的"默认"，在"动作配置"下"信号动作"的"输出"下拉列表中选择"17"。此时出现两个新的界面"跟踪开启"和"跟踪关闭"，分别在"跟踪开启"和"跟踪关闭"的"使用工具"下拉列表中选择"weld_tip"。

选中 P2 点语句，单击添加 $OUT 命令按钮，在"动作属性"任务面板中将"Nr"更改为"17"，在"状态"下拉列表中选择"正确"，则语句更新为"OUT 17"State=TRUE"，从焊接起始点开启轨迹跟踪。

选中"CIRC C7 C8 CONT Vel=0.1 m/s Tool[17]Base[0]"语句，单击添加 $OUT 命令按钮，在"动作属性"任务面板中将"Nr"更改为"17"，在"状态"下拉列表中选择"错误"，则语句更新为"OUT 17"State=FALSE"，至焊接结束点后关闭轨迹跟踪，仿真焊接轨迹跟踪效果如图 12-15 所示，完整的机器人焊接程序如图 12-16 所示。

图 12-15　焊接轨迹跟踪效果

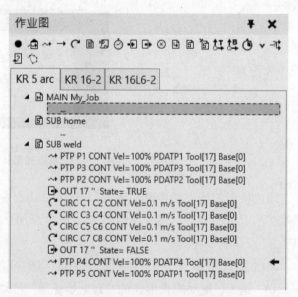

图 12-16　机器人焊接程序

运行仿真，机器人焊接结束后，焊接组合件向下传输至"Works Process #4"，仿真效果如图 12-17 所示。

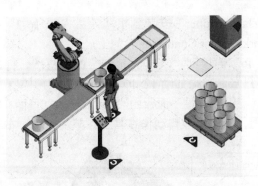

图 12-17　机器人 1 焊接工序仿真效果

12.4　机器人 2 机床上下料工序

12.4.1　导入组件并定位

导入组件并定位的操作步骤如下。

1）在"电子目录"中选中"eCatalog4.1"，分别查找并导入下列组件。

① 机器人控制器"Works Robot Controller"。

② 机器人 2"KR 16-2"。

③ 夹爪"Generic 3-Jaw Gripper"。

④ 任务处理器"Works Process"。

⑤ 机床"Works Lathe"。

在"开始"选项卡下，选中"Conveyor"，通过迷你工具栏复制一个传送带"Conveyor #3"，再选中"Works Process"复制出"Works Process #6"和"Works Process #7"。

2）组件连接和定位布局：选中"Works Process #5"，在其"组件属性"面板的"默认"页面，修改"CLength"的值为"100"，修改"CWidth"的值为"100"，通过捕捉的方式将"Works Process #5"放置到"Works Lathe"的自定心卡盘中心，并"附加"到自定心卡盘上，如图 12-18 所示。

图 12-18　"Works Process #5"安装位置

将夹爪"Generic 3-Jaw Gripper"安装到机器人 2"KR 16-2"手臂末端，再将机器人放置到机器人控制器"Works Robot Controller #2"上。

将"Works Process #6"连接到"Conveyor #3"的进料端，将"Works Process #7"连接到"Conveyor #3"的出料端，布局如图 12-19 所示。

选中机器人 2，在其"组件属性"面板的"WorkSpace"页面，勾选"Envelope"复选框，显示机器人 3D 工作范围，确保取放料动作在其工作范围之内，布局如图 12-19 所示。

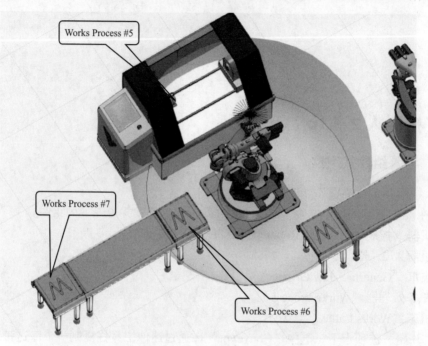

图 12-19　机器人 2 机床上下料工序布局

12.4.2　设置组件任务

焊接组合件传至"Works Process #4"，机器人 2"KR 16-2"抓取焊接组合件，放置到机床"Works Lathe"的"Works Process #5"上，机床加工完成后，机器人将加工后的零件取出并放置到"Works Process #6"上，零件继续向下传输至"Works Process #7"。

1. 设置任务处理器"Works Process #4"组件任务

选中"Works Process #4"，在其"组件属性"面板的"默认"页面，在已有的任务下面继续添加任务，展开"Task"下拉列表选择"Pick"，在"SingleProdID"中输入零件 1 的名称"Block"，在"TaskName"中输入"Pick01"，在"ToolName"中输入夹爪的名称"Generic 3-Jaw Gripper"，在"TCPName"下拉列表中选择"Tool_TCP"，单击"CreateTask"按钮，则在"InsertNewAfterLine"中创建了一个新任务"2:Pick:Block:Pick01:Generic 3-Jaw Gripper:Tool_TCP:True"，该任务表示机器人 2"KR 16-2"使用夹爪"Generic 3-Jaw Gripper"的工具中心"Tool_TCP"抓取"Works Process #4"的焊接组件。

2. 设置任务处理器"Works Process #5"组件任务

选中"Works Process #5"，在其"组件属性"面板的"默认"页面，展开"Task"下拉列表选择"Place",在"SingleProdID"中输入零件 1 的名称"Block",在"TaskName"中输入"Place 01",在"ToolName"中输入夹爪的名称"Generic 3-Jaw Gripper",在"TCPName"下拉列表中选择"Tool_TCP",单击"CreateTask"按钮,则在"InsertNewAfterLine"中创建了一个新任务"1:Place:Block:Place01:Generic 3-Jaw Gripper:Tool_TCP",该任务表示机器人 2"KR 16-2"使用夹爪"Generic 3-Jaw Gripper"的工具中心"Tool_TCP"抓取焊接组件并放置到"Works Process #5"上。

再次展开"Task"下拉列表选择"MachineProcess",在"SingleCompName"中输入机床的名称"Works_Lathe",在"ProcessTime"中输入机床加工时间"50",单击"CreateTask"按钮,则在"InsertNewAfterLine"中创建了一个新任务"2:MachineProcess:Works_Lathe:50",该任务表示机床加工工作。

机床加工完成后,为了显示加工前后焊接组合件的不同,在此更改零件 2 的外观形状属性,在更改之前需要先分离零件 1 和零件 2,更改完零件 2 的外观形状属性后,再合并零件 1 和零件 2,为了最后的机器人 3 码垛工序,需要再更改零件 1 的名称使其变成一个新的零件。

展开"Task"下拉列表选择"Split",在"ListOfProdID"中输入零件 2 的名称"TubeGeo",单击"CreateTask"按钮,则在"InsertNewAfterLine"中创建了一个新任务"3:Split:TubeGeo",该任务将零件 2 和零件 1 分离。

选中零件 2,在其"组件属性"面板,选择更改零件 2 的外观形状属性"ConeAngle"(锥度),修改值为"15",对比观察,效果如图 12-20 所示,再将值改为"0"。

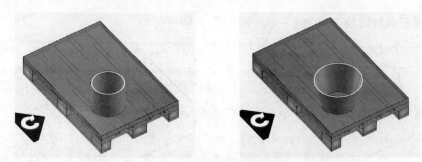

图 12-20 零件 2 外观形状属性变化

选中"Works Process #5",继续添加任务,在其"组件属性"面板的"默认"页面,展开"Task"下拉列表选择"ChangeProductProperty",在"SingleOfProdID"中输入零件 2 的名称"TubeGeo",在"PropertyName"中输入"ConeAngle",在"PropertyValue"中输入"15",再单击"CreateTask"按钮,则在"InsertNewAfterLine"中创建了一个新任务"4:ChangeProductProperty:TubeGeo:ConeAngle:15",该任务更改零件 2 的外观形状属性"ConeAngle"(锥度)。

再次合并零件 1 和零件 2,展开"Task"下拉列表选择"Merge",在"ParentProdID"中输入零件 1 的名称"Block",在"ListOfProdID"中输入零件 2 的名字"TubeGeo",单击"CreateTask"按钮,则在"InsertNewAfterLine"中创建了一个新任务"5:Merge:Block:TubeGeo:False"。

更改零件 1 的名称,展开"Task"下拉列表选择"ChangeID",在"SingleProdID"中输入零件 1 的名称"Block",在"NewProdID"中输入新的名字"Block_1",单击"CreateTask"按钮,则在"InsertNewAfterLine"中创建了一个新任务"6: ChangeID:Block:Block_1"。

再次展开"Task"下拉列表选择"Pick",在"SingleProdID"中输入零件 1 的新名称

"Block_1"，在"TaskName"中输入"Pick02"，在"ToolName"中输入夹爪的名称"Generic 3-Jaw Gripper"，在"TCPName"下拉列表选择"Tool_TCP"，单击"CreateTask"按钮，则在"InsertNewAfterLine"中创建了一个新任务"7:Pick:Block_1:Pick02:Generic 3-Jaw Gripper:Tool_TCP:True"，该任务表示机器人2"KR 16-2"抓取"Works Process #5"上的机床加工后的零件。

3. 设置任务处理器"Works Process #6"组件任务

先清除"Works Process #6"里面的所有任务。选中"Works Process #6"，在其"组件属性"面板的"默认"页面，单击"ClearALLTask"按钮，清除里面的所有任务。

展开"Task"下拉列表选择"Place"，在"SingleProdID"中输入零件1的新名称"Block_1"，在"TaskName"中输入"Place02"，在"ToolName"中输入夹爪的名称"Generic 3-Jaw Gripper"，在"TCPName"下拉列表选择"Tool_TCP"，单击"CreateTask"按钮，则在"InsertNewAfterLine"中创建了一个新任务"1: Place:Block_1:Place02:Generic 3-Jaw Gripper:Tool_TCP:True"，该任务表示机器人2"KR 16-2"将抓取机床加工后的零件放置到"Works Process #6"上。

再次展开"Task"下拉列表选择"TransportOut"，勾选"Any"复选框，表示所有在"Works Process #6"中的组件都会被输出；单击"CreateTask"按钮，则在"InsertNewAfterLine"中创建了一个新任务"2:TransportOut::True"，该任务是从"Works Process #6"中输出零件Block_1。

4. 设置任务处理器"Works Process #7"组件任务

选中"Works Process #7"，在其"组件属性"面板的"默认"页面，展开"Task"下拉列表选择"TransportIn"；勾选"Any"复选框，单击"CreateTask"按钮，则在"InsertNewAfterLine"中创建了一个新任务"1:TransportIn:True"，该任务接收"Block_1"输入到"Works Process #7"中。

5. 设置机器人控制器"Works Robot Controller #2"组件任务

机器人的工作是由"Works Robot Controller #2"控制执行的，选中"Works Robot Controller #2"，在"组件属性"面板的任务列表"TaskList"中输入"Pick01，Place01，Pick02，Place02"，分别是"Works Process #4"任务2的"TaskName"，"Works Process #5"任务1的"TaskName"，"Works Process #5"任务7的"TaskName"，"Works Process #6"任务1的"TaskName"，中间用英文输入法下的","隔开。

至此，运行仿真，机器人2"KR 16-2"可以正常抓取焊接后的组合件，并放置到机床上，机床可以正常加工，并改变零件1的外观属性，但是进入第二个循环时，由于机床的加工时间大于前面机器人1焊接工序的流程时间，当焊接后的组合件再次到达"Works Process #4"时，机器人2"KR 16-2"从"Works Process #4"上抓取焊接后的组合件，无法将从机床上取出加工后的零件放置到"Works Process #6"上，机器人2"KR 16-2"的工作将会停止，如图12-21所示。

接下来，停止仿真，选中"Works Process #5"，在"InsertNewAfterLine"下拉列表选择"2:MachineProcess: Works_Lathe:50"，修改"ProcessTime"机床加工时间为"5"，单击"ReplaceTask"按钮，修改机床加工任务的时间，再次运行仿真，流程可以循环执行，如图12-22所示。

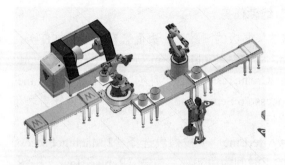

图 12-21　机床上下料工作停止

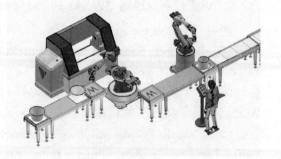

图 12-22　循环工作

12.4.3　任务处理器之间的信号传递

在机床加工时间大于前面的机器人焊接流程时间的情况下，有两个工作逻辑问题。

问题一，在机器人没有将机床加工完成后的零件放置到"Works Process #6"上之前，不允许机器人抓取"Works Process #4"上焊接后的组合件，也就是"Works Process #6"需要在物料流出之后反馈给"Works Process #4"一个允许机器人取料的信号。

问题二，第一次循环，"Works Process #6"不需要反馈信号给"Works Process #4"。

针对这两个工作逻辑问题的处理如下。

1.　设置任务处理器"Works Process #4"组件任务

选中"Works Process #4"，在其"组件属性"面板的"默认"页面，展开"Task"，在后面添加任务，在下拉列表选择"WarmUp"，单击"CreateTask"按钮，则在"InsertNewAfterLine"中创建了一个新任务"3:WarmUp"，该任务表示这个任务之前的所有任务将只循环执行一次。

再次展开"Task"，在下拉列表选择"WaitSignal"，在"SingleCompName"中输入"Works Process #6"，在"SignalValue"中输入"1"，单击"CreateTask"按钮，则在"InsertNewAfterLine"中创建了一个新任务"4:WaitSignal:Works Process #6:SensorBooleanSignal:1:True"，该任务表示 Works Process #4 等待 Works Process #6 上的物料流出时发送出的信号。

打开 3D 视图中 Works Process #4 的打开注释任务编辑器，如图 12-23 所示，复制上面两行语句，粘贴到"WaitSignal:Works Process #6:SensorBooleanSignal:1:True"语句下面，此方法与展开"Task"创建任务一样。

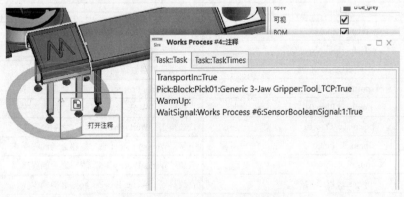

图 12-23　打开注释任务编辑器

2. 设置任务处理器"Works Process #6"组件任务

选中"Works Process #6",在其"组件属性"面板的"默认"页面,在后面添加任务,展开"Task",在下拉列表选择"WriteSignal",在"SingleCompName"中输入"Works Process #6",在"SignalValue"中输入"1",单击"CreateTask"按钮,则在"InsertNewAfterLine"中创建了一个新任务"3: WriteSignal:Works Process #6:SensorBooleanSignal:1",该任务表示Works Process #6在有物料输出后发送出一个信号。

选中"Works Process #5",在"InsertNewAfterLine"下拉列表选择"2:MachineProcess: Works_Lathe:50",修改"ProcessTime"机床加工时间为"50",单击"ReplaceTask"按钮,修改机床加工任务的时间,再次运行仿真,工序循环执行正常,如图12-24所示。

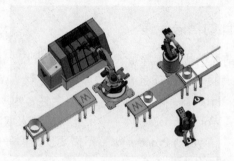

图12-24 机器人2机床上下料正常工序流程

12.4.4 机器人轨迹优化

以上仿真时,工作流程没有问题,由于机器人工作程序是自动生成的,在机床放料后,机器人停留在机床内部没有退回到安全位置,如图12-24所示,以及机器人在任意取料和放料动作过程中与零件和传送带也存在碰撞,在此需要在机器人自动生成的程序中添加过渡点。

在"程序"选项卡中,选中机器人2"KR 16-2",在"作业图"中自动生成了多个子程序,自动生成的子程序含义见表12-1。

表12-1 子程序说明

自动生成的子程序	含 义 说 明
home	原点程序
prepick_Pick01	从"Works Process #4"取料之前的程序
vcHelperJointMove	自动运算关节运动程序
vcHelperLinearMove	自动运算线性运动程序
postpick_Pick01	从"Works Process #4"取料之后的程序
preplace_Place01	放料到"Works Process #5"之前的程序
postplace_Place01	放料到"Works Process #5"之后的程序
prepick_Pick02	从"Works Process #5"取料之前的程序
postpick_Pick02	从"Works Process #5"取料之后的程序
preplace_Place02	放料到"Works Process #6"之前的程序
postplace_Place02	放料到"Works Process #6"之后的程序

1. 在 postplace_Place01 添加过渡点

选中"postplace_Place01"子程序，单击添加 Halt 命令按钮⊗，添加"HALT"暂停语句，运行仿真，等待机器人程序运行至"HALT"语句时，仿真暂停。

拖动夹爪的"TCP 操纵器"，使机器人到达如图 12-25 所示的位置，选中"postplace_Place01"子程序，单击添加 LIN 命令按钮，添加 P1 点。同时删除"HALT"语句并重置仿真。

2. 在 postpick_Pick01 添加过渡点

复制"postplace_Place01"子程序中的 P1 点语句，粘贴到"postpick_Pick01"子程序中，添加 P2 点。

3. 在 postpick_Pick02 添加过渡点

选中"postpick_Pick02"子程序，单击添加 Halt 命令按钮⊗，添加"HALT"暂停语句，运行仿真，等待机器人程序运行至"HALT"语句时，仿真暂停。

拖动夹爪的"TCP 操纵器"，使机器人到达如图 12-26 所示的位置，选中"postpick_Pick02"子程序，单击添加 PTP 命令按钮，添加 P3 点。同时删除"HALT"语句并重置仿真。

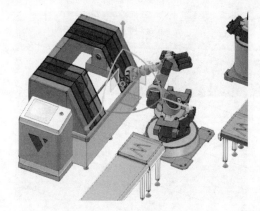

图 12-25 P1 点位置

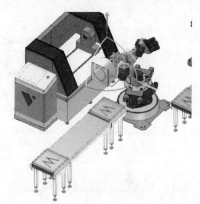

图 12-26 P3 点位置

具体仿真情况根据布局不同，依照上述方法添加合适的中间过渡点，使机器人与零件和设备不发生碰撞。

12.5 机器人 3 码垛工序

12.5.1 导入组件并定位

导入组件并定位的操作步骤如下。

1）在"电子目录"中选中"eCatalog4.1"，分别查找并导入下列组件。

① 机器人控制器"Works Robot Controller"。

② 机器人 3"KR 16L6-2"。

③ 夹爪"Generic 3-Jaw Gripper"。

④ 任务处理器"Works Process"。

⑤ 托盘生成器"Pallet Feeder"。

2）组件连接和定位布局：将焊枪夹爪"Generic 3-Jaw Gripper #2"安装到机器人 3"KR 16L6-2"手臂末端，再将机器人 3 放置到机器人控制器"Works Robot Controller"上，在"Works Robot Controller"的"组件属性"面板"默认"界面，修改"PedestalDiameter"的值为"800"，修改"PedestalHeight"的值为"800"。

将"Pallet Feeder"连接到选中的"Conveyor #4"上。选中"Conveyor #4"，在"组件属性"面板的"默认"界面，修改"ConveyorLength"的值为"6000"，修改"ConveyorWidth"的值为"900"。在"物料"下拉列表选择"dark_green"。

选中"Works Process #8"，在"组件属性"面板的"默认"界面，修改"HeightOffset"的值为"0"，将"Works Process #8"连接到"Conveyor #4"，布局如图 12-27 所示。

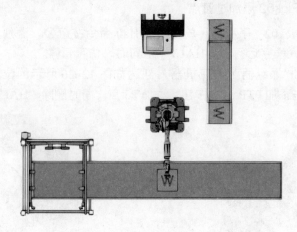

图 12-27　机器人 3 码垛工序布局

12.5.2　设置组件任务

接下来对各组件的任务进行设置。

1. 设置任务处理器"Works Process #7"组件任务

选中"Works Process #7"，在其"组件属性"面板的"默认"页面，在已有的任务下面继续添加任务，展开"Task"下拉列表选择"Pick"，在"SingleProdID"中输入新的零件 1 的名称"Block_1"，在"TaskName"中输入"Pick03"，在"ToolName"中输入夹爪的名称"Generic 3-Jaw Gripper #2"，在"TCPName"下拉列表中选择"Tool_TCP"，单击"CreateTask"按钮，则在"InsertNewAfterLine"中创建了一个新任务"Pick:Block_1:Pick03:Generic 3-Jaw Gripper #2:Tool_TCP:True"，该任务表示机器人 3"KR 16L6-2"使用夹爪"Generic 3-Jaw Gripper #3"的工具中心"Tool_TCP"抓取"Works Process #7"上的"Block_1"组件。

2. 设置任务处理器"Works Process #8"组件任务

选中"Works Process #8"，在其"组件属性"面板的"默认"页面，展开"Task"下拉列表选择"SensorConveyor"，勾选"Any"复选框，在"SensorConveyor"下拉列表中选择"TransportIn"，单击"CreateTask"按钮，则在"InsertNewAfterLine"中创建了一个新任务"1:SensorConveyor::True:TransportIn"，该任务是使"Pallet Feeder"生成的托盘流入并停止。

运行仿真，使托盘到达"Works Process #8"停止后，暂停仿真。

为了使"Block_1"能够准确地码垛在托盘上，需要对其位置进行示教。这里借用零件1来示教位置，选中零件1"Block"，在"组件属性"面板修改名称为"Block_1"，通过捕捉对齐方式，将零件1"Block"放置到托盘上，如图12-28所示。

图 12-28　对齐放置"Block_1"至托盘

再次展开"Task"下拉列表选择"PlacePattern"，在"SingCompName"中输入零件2组件的名称"Block_1"；在"AmountX"中输入"3"，在"AmountY"中输入"3"，"AmountZ"中输入"3"，在"StepX"中输入"400"，在"StepY"中输入"400"，在"StepZ"中输入"250"，在"TaskName"中输入"Place03"，在"ToolName"中输入"Generic 3-Jaw Gripper #2"，在"TCPName"下拉列表选择"Tool_TCP"，在"Selection"中输入零件2组件名称"Block_1"，单击"TeachLocation"，单击"CreateTask"按钮，则在"InsertNewAfterLine"中创建了一个新任务"2:PlacePattern:Block_1:3:2:2:400.0:400.0:250.0:1:999999:Place03:Generic 3-Jaw Gripper #2:Tool_TCP"，该任务使机器人以3×2×2的阵列方式对Block_1组件进行码垛。完成后将零件1的名称修改回"Block"。

再次展开"Task"下拉列表选择"Merge"，在"ParentProdID"中输入托盘组件的名称"Pallet"，勾选"All"复选框，单击"CreateTask"按钮，则在"InsertNewAfterLine"中创建了一个新任务"3:Merge:Pallet::True"，该任务是将托盘和码垛的零件合并，便于一起传输流出。

再次展开"Task"下拉列表选择"SensorConveyor"，勾选"Any"复选框，在"SensorConveyor"下拉列表选择"TransportOut"，单击"CreateTask"按钮，则在"InsertNewAfterLine"中创建了一个新任务"4: SensorConveyor::True:TransportOut"，该任务是将"Works Process #8"所有的组件一起传输流出。

3. 设置机器人控制器"Works Robot Controller #3"组件任务

选中"Works Robot Controller #3"，在"组件属性"面板的任务列表"TaskList"中输入"Pick03，Place03"，机器人完成抓取和码垛。

至此整条流水线仿真效果如图 12-29 所示。

图 12-29　整条流水线仿真效果

12.5.3　添加其他组件

为了使生产线更完整，添加布局组件，整条流水线的总体工艺流程布局如图 12-1 所示。

在"电子目录"中选中"eCatalog4.1"，分别查找并导入组件：安全护栏"Generic Fence"（若干）、安全门"Generic Door"（1 个）、KUKA 机器人控制柜"KRC4"（3 个）、焊丝桶"Wire Drum"（1 个）、焊机"Fronius TPSi_400"。

附　录

附录 A　"开始"选项卡命令详解表

组　名	名　称	说　明
剪贴板	复制	复制当前选择至剪贴板
	粘贴	粘贴剪切板的内容到有效区域或者某一数据类型的工作空间字段中
	删除	永久删除当前选择
	组	将两个以上的选中组件合并为一组，或者将选中组件添加到现有的组中，以便在 3D 视图中同时选中及操作一组组件
	取消组	从一个或者多个组中移除选中的组件，然后删除这些组
操作	选择	允许在 3D 视图中使用列出的四种命令之一，直接或者间接选择组件 长方形选框：通过画一个矩形框选择 自由形状选择：通过画一个随意路径以形成一个闭环进行选择 全选：选择所有组件 反选：反选当前的选定内容，将未选中的组件形成一个新的选择集
	移动	可以使用操纵器将所选组件沿一个轴或者平面移动、围绕一个轴旋转，以及捕捉 3D 视图中的一个点并与之对齐
	PnP	组件导入时的默认状态，可以移动和旋转组件 允许将选中组件拖动到其他组件上对接以形成物理连接 注意：选中组件必须具有一个物理接口，否则无法连接任何组件，其他组件必须具有对应的接口，否则，选中的组件将无法与其连接，已经相互连接的组件也不能再与其他组件连接
	交互	在 3D 视图中将鼠标指针指向组件上的可活动部件，当指针变为手形图标时，可拖动活动部件移动或转动
网络捕捉	尺寸	使用操纵器沿轴或平面移动选中组件时，定义其标尺刻度的间距
	自动尺寸	使用操纵器沿轴或平面移动选中组件时，勾选该复选框则根据缩放程度自动计算标尺刻度的间距，未勾选则可以手动输入标尺刻度的间距
	始终捕捉	开启 / 关闭使用操纵器沿轴或平面移动选中组件时的尺寸自动捕捉功能
工具	测量	测量 3D 视图中两点之间的距离和 / 或角度 附件选项显示在"测量"任务面板中 模式：测量距离、角度，或者两者都测量 设置：定义如何限制测量值，以及基于哪个坐标系获得测量值 捕捉类型：定义在 3D 视图中要捕捉的目标类型 提示：测量的结果将发送至"输出"面板
	捕捉	通过捕捉 3D 视图中的 1 ～ 3 个点来指定一个目标位置，使选中的组件移动到该位置 附加选项显示在"组件捕捉"任务面板中 模式：捕捉一个点、两点连线的中点，或者点弧中心 设置：对齐位置、方向，或者两者都对齐，以及某个轴对齐 捕捉类型：定义在 3D 视图中要捕捉的目标类型
	对齐	使用两点对齐选中组件。附加选项显示在"对齐"任务面板中 设置：对齐位置、方向，或者两者都对齐 捕捉类型：定义在 3D 视图中要捕捉的目标类型

（续）

组　名	名　称	说　明
连接	接口	开启／关闭"连接编辑器"的可见性，该编辑器可将选中组件与其他组件远程连接 注意：所选的组件必须有一个抽象接口，否则，将不会在 3D 视图中显示其编辑器。其他组件必须具有兼容接口以使它们的编辑器显示在 3D 视图中
	信号	开启／关闭"信号 I/O 端口"的可见性，可通过该端口将选中组件的信号线远程连接至其他组件 注意：选中的机器人必须具有一个数字（布尔）信号接口，否则，将不会在 3D 视图中显示其 I/O 端口。其他组件也必须具有数字（布尔）信号接口以使它们的 I/O 端口显示在 3D 视图中
层级	附加	将一个选中的组件附加到另一个组件的节点上，从而在布局中形成一个新的父子层级关系
	分离	将一个选中的组件从另一个组件的节点上分离出来，从而在布局中取消一个原有的父子层级关系
导入	几何元	导入支持文件的几何元。附加选项显示在"导入模型"任务面板中 镶嵌品质（导入质量）：定义使用三角形表现几何元的精确程度 Uri：文件的位置 镶嵌：定义几何元应包含的内容 物料创建规则：定义用物料库中的物料映射几何元的物料的规则 特征树：定义为几何元使用的层级关系 整理几何元：定义如何为几何元分组 向上轴：定义对齐几何元顶端和底端的轴 最小孔洞直径：定义删除几何元中的孔洞的容差 最小几何元直径：定义不导入基于最小界限框导入几何元集的容差 恢复容差：在一个容差范围内连接几何元的点、线和边以清除错误 单位：基于当前设置的单位制，转换导入文件的单位
导出	几何元	导出所有或者选中组件的几何元为一个可支持格式的新文件
	图像	允许捕获一个边框内的 3D 视图，然后导出为一个图片文件或者复制至剪贴板。附加选项显示在"导出图像"任务面板中 分辨率：定义边框内的 3D 视图图像的分辨率和尺寸 文件格式：选择导出图像的文件格式或者复制至剪贴板 渲染模式：调节 3D 视图的渲染模式 导出：将 3D 视图被捕获进边框的区域导出为指定格式的图像
统计	统计	启动对话框以配置图表和报告，显示在仿真期间收集的数据
	打印图表	将统计的数据以各种图表形式进行打印
	导出图形	将统计的数据以 Excel 表格或 SCV 格式文件导出保存
	间隔	统计收集仿真数据的时间间隔频率
相机	相机动画师	自定义导出至视频的视角自动切换功能
原点	捕捉	通过捕捉 3D 视图中的 1～3 个点来指定一个目标位置，使选中组件的原点移动到该位置 附加选项显示在"设定原点"任务面板中 模式：捕捉一个点、两点连线的中点，或者三点弧中心 设置：对齐位置、方向，或者两者都对齐，以及某个轴对齐 捕捉类型：定义在 3D 视图中要捕捉的目标类型 应用：保存新位置和／或原点方向
	移动	使用坐标操纵器在 3D 视图中移动所选择组件的原点位置 附加选项显示在"移动原点"任务面板中 应用：保存新位置和原点方向
窗口	恢复窗口	将当前视图的工作空间恢复至其默认设置
	显示	展开在当前工作空间视图中显示／隐藏的面板列表，用于控制相关面板的显示与隐藏

附录 B 仿真设置功能详解表

名　称	说　明
模拟运行时间	定义仿真的运行时间
自定义	可以设置仿真时间无穷大（∞）或者定义仿真的结束时间 如果要仿真定义时间限制，单击"自定义"按钮，然后在各个单元格中输入时间值或者使用向上和向下箭头调整到想要的时间值 如果要解除对仿真的时间限制，单击"∞"（无限）符号按钮
预热时间	定义开始仿真的时间点，因此在开始播放时已经执行了一段进程 如果要定义想要开始仿真的时间点，在各个单元格中输入时间值或者使用向上和向下箭头调整到想要的时间值
重置	将预热时间（仿真开始时间）重置为零
保存状态	保存 3D 视图中所有组件的当前位置和配置。默认情况下，会在仿真开始时自动完成，以便重置组件时能回到其初始仿真状态 注意：如果中途停止仿真，没有重置就再次启动仿真，那么组件的当前状态就会被作为初始状态自动保存
重复	勾选该复选框则循环运行仿真，要求该仿真已定义了运行时间或结束时间
模拟层级	表示组件运动模拟的全局精度设置 默认：精度由组件定义 详情：尽可能精确地模拟组件运动，即模拟出组件运动的整个过程 均衡：以合适的性能模拟组件运动，组件可以从一个点直接移动到另一个点，无须模拟不必要的关节运动 快速：尽可能快速地模拟组件运动，使组件可以快速达到关节配置或者从一个点直接跳至另一个点
模拟模式	定义仿真的时间模式 真实时间：仿真速度为实际操作速度，即仿真中的 1s 就是真实时间的 1s。在真实时间模式中，可以使用比例因子加快或者放慢仿真过程，从而能够让用户同步模拟真实设备的运行 虚拟时间：仿真的速度取决于计算机速度，从而使仿真能够尽可能快速地运行。在虚拟时间模式中，可以使用一个步距来定义渲染 3D 视图的虚拟帧速率。例如，0.3 的步距会每隔 0.3s 的仿真运行时间渲染一帧

附录 C "建模"选项卡命令详解表

组　名	名　称	说　明
剪贴板	复制	复制当前选择至剪贴板
	粘贴	粘贴剪贴板的内容到有效区域或者某一数据类型的工作空间字段中
	删除	永久删除当前选择
操作	选择	允许在 3D 视图中使用列出的四种命令之一，直接或者间接选择特征 长方形框选：通过画一个矩形框选择 自由形状选择：通过画一个随意路径以形成一个闭环进行选择 全选：选择活跃组件中的所有特征 反选：反转当前的选定内容，将未选中的特征形成一个新的选择集
	移动	可以使用操纵器将所选对象沿一个轴或者平面移动、围绕一个轴旋转，以及捕捉 3D 视图中的一个点并与之对齐
	交互	在 3D 视图中将鼠标指针指向组件上的可活动部件，当指针变成手形图标时，可拖动活动部件移动或转动

（续）

组　名	名　称	说　明
网络捕捉	尺寸	使用操纵器沿轴或平面移动选中组件时，定义其标尺刻度的间距
	自动尺寸	使用操纵器沿轴或平面移动选中组件时，勾选该复选框则根据缩放程度自动计算标尺刻度的间距；否则手动输入标尺刻度的间距
	始终捕捉	开启 / 关闭使用操纵器沿轴或平面移动选中组件时的标尺刻度自动捕捉功能
工具	测量	测量 3D 视图中两点之间的距离和 / 或角度 附加选项显示在"测量"任务面板中 模式：测量距离、角度，或者两者都测量 设置：定义如何显示测量值，以及基于哪个坐标系获得测量值 捕捉类型：定义在 3D 视图中要捕捉的目标类型 提示：测量的结果将发送至"输出"面板
	捕捉	通过捕捉 3D 视图中的 1 ～ 3 个点来指定一个目标位置，使选中的物体移动到该位置 附加选项显示在"组件捕捉"任务面板中 模式：捕捉一个点、两点连线的中点，或者三点弧中心 设置：对齐位置方向，或者两者都对齐，以及某个轴对齐 捕捉类型：定义在 3D 视图中要捕捉的目标类型
	对齐	使用两点对齐选中组件。附加选项显示在"对齐"任务面板中 设置：对齐位置、方向，或者两者都对齐 捕捉类型：定义在 3D 视图中要捕捉的目标类型
连接	接口	与附录 A 中的"连接"组功能一致
	信号	
移动模式	层级	允许在使用操纵器时将一个选中物体及其子系一起移动
	选中的	允许在使用操纵器时将一个物体选中时，不影响其子系的状态
导入	几何元	导入支持文件的几何元。附加选项显示在"导入模型"任务面板中 镶嵌品质（导入质量）：定义使用三角形表现几何元的精确程度 Uri：文件的位置 镶嵌：定义几何元应包含的内容 物料创建规则：定义用物料库中的物料映射几何元的物料的规则 特征树：定义为几何元使用的层级关系 整理几何元：定义如何为几何元分组 向上轴：定义对齐几何元顶端和底端的轴 最小孔洞直径：定义删除几何元中的孔洞的容差 最小几何元直径：定义不导入基于最小界限框导入几何元集的容差 恢复容差：在一个容差范围内连接几何元的点、线和边以清除错误 单位：基于当前设置的单位制，转换导入文件的单位
组件	新的	在 3D 视图中创建一个新组件
	保存	保存选中的组件至一个已存在的组件文件，或者至一个新组件文件
	另存为	保存选中的组件至一个新组件文件
结构	创建链接	在选中节点中创建一个新的子节点
	显示	复选框，在 3D 视图中开启 / 关闭选中组件节点结构的显示，包括关节偏移和自由度
几何元	特征	显示一系列可在选中节点中创建的特征，单击可添加相应的特征

组　名	名　称	说　明
几何元	工具	显示一系列工具用于编辑节点、特征和几何元，单击可使用相应的工具 分开：在 3D 视图中将选中节点中的几何元，移至一个新几何元特征。选择可以是几何元集、面，或者单个面，且必须包含在几何元特征中 反转：在 3D 视图中将选中节点中的几何元，反转以面向一个不同的方向。选择可以是几何元集、面，或者单个面，且必须包含在几何元特征中 合并：合并选中的特征树。移动节点中的选中几何元至一个新特征。选择必须包含在几何元特征中，首个选中的几何元特征将与其他选中特征合并，其他特征将被删除 合并面：合并选中面中的点 重叠：将选中特征及其层级重叠到一个新几何元特征中 切片：允许使用一个平面将选中特征中的几何元分成一个新几何元特征。在切片时，会在 3D 视图中挑选一个点，然后使用由该点定义的一个平面。平面与选中特征的几何元的交集由红色粗线条表示 选择完全相同的：允许在 3D 视图中选择几何元，然后自动查找并选择完全相同的几何元 移除孔洞：允许在 3D 视图中选择几何元，然后根据导入表面的一个条件自动移除孔洞和间隙 组件：从选中组件提取一个选中的节点 / 特征及其层级，然后形成一个新组件。选中的节点将成为新组件的子节点，而选中的特征将包含在新组件的根节点中 链接：从选中组件提取一个选中的特征及其层级，然后形成一个新节点。若特征包含在相同的节点中，则会在节点层级中的该层级形成一个新节点，或者作为根节点的一个子节点。若特征包含在不同的节点中，则会在节点层级的最顶端层级形成一个新节点，或者作为根节点的一个子节点 十分之一：根据一个标准通过合并和移动定点减少选中特征的数据计数。这是一项清理操作，会尝试保存几何元的拓扑、消除冗余顶点，通过形成新面修补间隙和裂缝 柱化：将选中几何元转换成简单的圆柱体 块化：将选中几何元转换成简单的块体 指定：设置、清除或者检查特征的材料。也可将它用于添加和编辑用户物料库中的项目 贴花：允许复制几何元并将它用于显示从一个源几何元文件载入的贴花 映射：允许将纹理坐标指定给几何元
行为	行为	显示一系列可在选中节点中创建的行为，单击可添加相应的行为
属性	属性	显示一系列可在选中组件的根节点中创建的属性，单击可添加属性
额外	向导	显示一系列的向导用于执行自动操作 Action Script（动作脚本）：建立一个选中组件的模型以支持使用 I/O 发出动作信息。在一个标记为 Python 脚本的动作脚本中定义了 I/O 信号动作的逻辑，可在属性面板中列出的动作配置区域对选中组件进行配置 End Effector（末端执行器）：将选中组件塑造成一个手臂末端工具（EOAT）或者外部轴，可使用信号和物理接口或者远程连接至机器人 IO-Control（IO 控制）：建立选中组件的关节模型，这个模型将指定给一个控制器以使用信号事件驱动至一个设定值。将为各节点创建三个实际属性以定义其开启、关闭和当前值，将创建三个布尔信号以触发和定义关节由其控制器驱动的值。标记为 [joint-Name]ActionSignal 的信号充当所创建并且与控制器配对的 Python 脚本的一个触发条件。当关节动作信号设置为 0 或 1 时，脚本会通知其配对控制器将该关节移动至其打开（0）或者关闭（1）值。例如，握爪和夹钳的抓握和释放动作。在一个流程中可以使用互不依赖的多个控制器和脚本移动关节。为一个关节创建的其他两个信号指明关节是处于打开还是关闭状态 Positioner（定位器）：创建一个选中组件模型，将至少一个关节指定给一个控制器充当工件或者机器人定位器。工件定位器会支持组件的物理连接以及其关节值的导出用于远程连接。机器人定位器会支持机器人的物理连接以及其关节值的导出 Conveyor（传送带）：将一个选中组件塑造为一条传送带，用于沿一条路径移动组件。可使用已有坐标框特征定义路径，或者沿组件界限框的顶面自动生成。可自动生成接口以支持组件与其他组件之间的物理传输。或者，路径的输入和输出端口可由已有的输送行为定义。另一个选项是在路径开头能自动生成一个组件创建器，并将其输出连接至路径的输入

（续）

组　名	名　称	说　明
原点	捕捉	通过捕捉 3D 视图中的 1～3 个点来指定一个目标位置，使选中组件或几何体的原点移动到该位置，附加选项显示在"设定原点"任务面板中 模式：捕捉一个点、两点连线的中点，或者三点弧中心 设置：对齐位置、方向，或者两者都对齐，以及某个轴对齐 捕捉类型：定义在 3D 视图中要捕捉的目标类型 应用：保存新位置和 / 或原点方向
	移动	使用坐标操纵器在 3D 视图中移动所选组件或几何体的原点位置 附加选项显示在"移动原点"任务面板中 应用：保存新位置和原点方向
窗口	恢复窗口	将当前视图的工作空间恢复至其默认设置
	显示	展开在当前工作空间视图中可以显示 / 隐藏的面板列表，用于控制相关面板的显示与隐藏

附录D　"程序"选项卡命令详解表

组　名	名　称	说　明
剪贴板	复制	复制当前选择至剪贴板
	粘贴	粘贴剪贴板的内容
	删除	永久删除当前选择
操作	选择	允许在 3D 视图中使用列出的四种命令之一，直接或者间接选择机器人动作位置点及其程序语句 长方形框选：通过画一个矩形框选择 自由形状选择：通过画一个随意路径以形成一个闭环进行选择 全选：选择机器人的所有位置点 反选：反选当前的选定内容，将未选中的机器人位置点形成一个新的选择集
	移动	可以使用操纵器将所选对象沿一个轴或者平面移动、围绕一个轴旋转，以及捕捉 3D 视图中的一个点并与之对齐
	点动	允许在 3D 视图中与机器人和其他组件的关节交互，以及直接选择一个机器人，然后使用操纵器示教该机器人 注意：操纵器的原点取决于"点动"面板中的机器人配置。例如，若机器人工具坐标框用作一个可移动的 TCP，则操纵器将位于工具坐标框的原点，工具坐标框将与操纵器一同移动，而工具坐标框的位置将被引用为定义相对于机器人 / 基坐标系的机器人位置的点和方向
网络捕捉	尺寸	使用操纵器沿轴或平面移动选中组件时，定义其标尺刻度的间距
	自动尺寸	使用操纵器沿轴或平面移动选中组件时，勾选该复选框则根据缩放程度自动计算标尺刻度的间距；否则可以手动输入刻度间距
	始终捕捉	开启 / 关闭使用操纵器沿轴或平面移动选中组件时的标尺刻度自动捕捉功能

（续）

组　名	名　称	说　明
工具和实用程序	测量	测量 3D 视图中两点之间的距离和 / 或角度 附加选项显示在"测量"任务面板中 模式：测量距离、角度，或者两者都测量 设置：定义如何显示测量值，以及基于哪个坐标系获得测量值 捕捉类型：定义在 3D 视图中要捕捉的目标类型 提示：测量的结果将发送至"输出"面板
	捕捉	通过捕捉 3D 视图中的 1 ～ 3 个点来指定一个目标位置，使选中对象或者选中机器人的手臂 /TCP 移动到该位置 附加选项显示在"组件捕捉"任务面板中 模式：捕捉一个点、两点连线的中点，或者三点弧中心 设置：对齐位置、方向，或者两者都对齐，以及某个轴对齐 捕捉类型：定义在 3D 视图中要捕捉的目标类型
	对齐	使用两点对齐选中对象。附加选项显示在"对齐"任务面板中 设置：对齐位置、方向，或者两者都对齐，以及某个轴对齐 捕捉类型：定义在 3D 视图中要捕捉的目标类型
	环境校准	对所选的机器人及其基坐标进行拟合校准
	更换机器人	使用另一个机器人更换选中的机器人，从而实现机器人互换位置、程序、工具 / 基坐标配置，以及所有接口连接 其他选项显示在"更换机器人"任务面板中 应用：单击选中机器人以绿色突出显示，与先前指定的机器人进行交换
	移动机器人世界框	允许在 3D 视图中平移或旋转选中机器人的世界坐标框
显示	连接线	开启 / 关闭 3D 视图中的线条显示，该线条表示所选机器人在执行其主程序（包括调用子程序）时要顺序到达各位置点的轨迹
	跟踪	开启 / 关闭 3D 视图中选中机器人的运动路径轨迹的可见性
连接	接口	开启 / 关闭"连接编辑器"的可见性，该编辑器可将选中组件与其他组件远程连接。对于选中的机器人，该编辑器可用于连接外部组件的活动部件 注意：所选的组件必须具有一个抽象接口，否则，将不会在 3D 视图中显示其编辑器。其他组件必须具有兼容接口以使它们的编辑器显示在 3D 视图中
	信号	开启 / 关闭信号 I/O 端口的可见性，可通过该端口将选中组件的信号线远程连接至其他组件 注意：选中机器人必须具有一个数字（布尔）信号接口，否则，将不会在 3D 视图中显示其 I/O 端口。其他组件也必须具有数字（布尔）信号接口以使它们的 I/O 端口显示在 3D 视图中
碰撞检测	检测器活跃	开启 / 关闭仿真碰撞测试中的所有检测器
	碰撞时停止	当检测到碰撞时停止一个运行中的仿真
	检测器	显示用于管理碰撞测试的一系列选项和工具 检测碰撞：检测首次或者所有碰撞 碰撞误差：检测冲击或者在一定距离误差时的碰撞 显示最小距离：若使用碰撞误差，则显示 / 隐藏在碰撞检测中的物体之间的最短距离 选择 vs 世界（所选组件在空间的碰撞性检测）：检测选中组件是否与 3D 空间中的任何其他组件发生碰撞 创建检测器：创建一个新的碰撞检测器。可通过单击一个列出的检测器访问显示在任务面板中的其他选项。单击 3D 视图中的一个组件，然后使用迷你工具栏或者任务面板将组件添加至检测器中的列表 A 或 B。在任务面板中，使用 A 或 B 选项卡及节点复选框包含 / 排除来自检测器的节点 Collision detector（碰撞检测器）复选框 注意：勾选列出检测器的复选框，才能在碰撞测试中使用检测器

（续）

组　名	名　称	说　明
锁定位置	至参考（坐标）	将机器人位置锁定在参考坐标系，从而使其位置随 3D 视图中的机器人父系坐标系移动
	至世界（坐标）	将机器人位置在 3D 空间中锁定，从而使其位置不会随机器人父系坐标系移动
限位	颜色高亮	突出显示 3D 视图中超出限制的节点
	限位停止	当检测到超出限制时停止一个运行中的仿真
	消息面板输出	将超出限制的信息发送至"输出"面板
窗口	恢复窗口	将当前视图的工作空间恢复至其默认设置
	显示	展开在当前工作空间视图中可显示 / 隐藏的面板列表，用于控制相关面板的显示与隐藏

附录 E　"图纸"选项卡命令详解表

组　名	名　称	说　明
剪贴板	复制	复制当前选择至剪贴板
	粘贴	粘贴剪贴板的内容到有效区域中
	删除	永久删除当前选择
操作	移动	可以使用操纵器将选定的视图沿一个轴或者在平面内移动、绕 Z 轴旋转，以及捕捉 2D 视图中的一个点并与之对齐
网络捕捉	尺寸	使用操纵器沿轴或平面移动选中对象时，定义其标尺刻度间距
	自动尺寸	使用操纵器沿轴或平面移动选中对象时，勾选该复选框则根据缩放程度自动计算标尺刻度的间距；未勾选则可以手动输入标尺刻度的间距
	始终捕捉	开启 / 关闭使用操纵器沿轴或平面移动选中对象时的尺寸自动捕捉功能
图纸	装入模板	导入一个模板，用于调节视图比例和自动生成物料清单，并将图纸规范为适合打印的格式
	清除	永久移除图纸上的所有内容
尺寸	线性	创建一个新尺寸，标注两点之间的距离
	角度的	创建一个新尺寸，标注两点之间的角度
注释	长方形	创建一个附着到点上的矩形注释
	气圈	创建一个附着到点上的圆形注释
	文字	创建一个可以放在任何地方的自由文字注释

（续）

组　名	名　称	说　明
BOM	创建	为所有视图或者选中的视图创建一个物料清单
	删除	删除物料清单
创建视图	选择	转换到 3D 视图中框选一个区域，然后基于该区域创建一个新视图
	顶	创建 3D 视图布局的一个俯视图
	左	创建 3D 视图布局的一个左视图
	前	创建 3D 视图布局的一个前视图
	底	创建 3D 视图布局的一个仰视图
	右	创建 3D 视图布局的一个右视图
	后退	创建 3D 视图布局的一个后视图
导出	图纸	将所有视图或者选中视图的几何元导出为一个支持格式的新文件
打印	图纸	将当前图纸或 3D 视图的全部或者选择的区域以规范的格式打印出来
窗口	恢复窗口	将当前图纸的工作空间恢复至其默认设置
	显示	展开在当前工作空间视图中可显示 / 隐藏的面板列表，用于控制相关面板的显示与隐藏

附录 F　"帮助"选项卡命令详解表

组　名	名　称	说　明
帮助和参考	帮助	打开 KUKA.Sim Pro 3.1 帮助文件
	Python API	打开 Python API 参考指南
	.NET API	打开 .NET API 参考指南
	Python 2.7	打开官方 Python 2.7.1 文档 注意：KUKA.Sim Pro 使用一个无堆栈的 Python 2.7 版本，有些模块目前可能无法执行或者不被支持
联机支持材料	学院	打开 Visual Components 学院网页
	论坛	打开 Visual Components 论坛网页
	搜索	打开 Visual Components 学院网页，搜索论坛相关技术信息
	博客	打开 Visual Components 博客网页
社交媒体	YouTube	打开 Visual Components 的 YouTube 网页
	Facebook	打开 Visual Components 的 Facebook 网页
	Linkedin	打开 Visual Components 的 Linkedin 网页
	Twitter	打开 Visual Components 的 Twitter 网页

附录 G "文件"选项卡功能详解表

名　称	说　明
清除所有	清除 3D 视图中的所有组件和已打开的布局
信息	显示 3D 视图中当前布局的基本信息、产品许可信息、版本以及用户许可协议
打开	打开一个自身格式文件或兼容格式文件作为 3D 视图中的布局
保存	将更改后的内容保存到当前 3D 视图布局文件中
另存为	将当前 3D 视图布局保存为一个新文件
打印	预览并打印 3D 视图的任一部分或者二维图中的一个选定区域
选项	显示一组配置 KUKA.Sim Pro 的选项和参数,以及管理附加组件
退出	关闭 KUKA.Sim Pro

附录 H "连通性"选项卡命令详解表

组　名	名　称	说　明
配置	导入	从 XML 或者 CFG 文件导入定义一个或多个连接的配置
	导出	将所有连接配置导出至一个 XML 格式的文件
	清除	清除连通性配置,删除所有服务器、变量组和变量对
服务器	添加服务器	为选中插件添加一个新的服务器连接
	编辑连接	在任务面板中显示对选中服务器进行编辑或者故障排查的选项
	重新连接	尝试将 KUKA.Sim Pro 与选中服务器重新连接
	断开连接	断开 KUKA.Sim Pro 与选中服务器的连接
	删除	删除一个选中服务器
变量组	添加组	添加并列出一个拥有选中连接的新变量组
	添加变量	打开一个编辑器用于将模拟变量与服务器变量连接
	删除	删除一个选中的变量组
窗口	显示变量	显示一个用于管理模拟和服务器变量之间连接的面板
	恢复窗口	将当前视图的工作空间恢复至其默认设置
	显示	展开在当前工作空间视图中可显示 / 隐藏的面板列表,用于控制相关的显示与隐藏

附录 I 本软件支持的 CAD 文件

在 KUKA.Sim Pro 中可以导入或导出下列 CAD 文件格式。

名　称	版　本	扩展名	导入	导出
3D Studio	所有版本	3da	·	·
ACIS	最高到 27 版	sat，sab	·	·
Autodesk Inventor	最高到 2018 版	ipt，iam	·	
Autodesk RealiDWG	AutoCAD2000~2013	dwg，dxf	·	·
CATIA V4	最高到 4.2.5 版	session，dlv，exp	·	·
CATIA V5	V5-6 R2017（R27）	CATDrawing，CATPart，CATShape，cgr	·	·
CATIA V6	2011 至 2013	3dxml	·	·
Creo	Elements/Pro5.0，最高到 Parametric5.0	asm，neu，prt，xas，xpr	·	·
I-DEAS	最高到 3.X（NX5）和 NX I-DEAS 6	mfl，arc，unv，pkg	·	
IFC2X	2 至 4 版	ifc，iczip	·	
IGES	5.1 至 5.3 版	igs，iges	·	·
Igrip/Quest/VNC	所有版本	pdb	·	
JT	最高到 10.0 版	jt	·	·
Parasolid	最高到 30 版	X-b，X-t，xmtm，xmt-txt	·	·
Rhino	4 至 5 版	3dm	·	·
Robface	所有版本	rf	·	·
PRC	所有版本	prc		·
Pro/Engineer	最高到 Wildfire5 版	asm，neu，prt，xas，xpr	·	
Solid Edge	19 至 20 版和 ST 至 ST9 版	asm，par，pwd，psm	·	
SolidWorks	最高到 2017 版	sldasm，sldprt	·	
STEP	最高到 AP 203E1/E2，AP 214 和 AP 242 版	stp，step	·	·
Stereo Lithography(ASCII 和 BINARY）	所有版本	stl	·	·
U3D	ECMA-363 第 1 版、第 2 版和第 3 版	u3d		·
Unigraphics(Siemens PLM Software NX)	从 11.0 版到 NX10.0 版	prt	·	·
VDA-FS	1.0 和 2.0 版	vda	·	·
VRML	1.0 和 2.0 版	wrl，vrml	·	·
Wavefront	所有版本	obj	·	·

附录 J　快捷键详解表

1. 常规处理

操　作	功　能
<Ctrl+C>	复制选定的对象到剪贴板
<Ctrl+N>	清空 3D 视图布局
<Ctrl+O>	打开一个 3D 视图布局文件
<Ctrl+S>	保存当前布局至已存在的文件或一个新文件中
<Ctrl+V>	粘贴剪贴板的内容到有效区域
<Ctrl+Alt+J>	在"输出"面板中显示本软件的版本信息

2. 视图变换

操　作	功　能
<Ctrl+F>	在当前视图区中显示 3D 空间的所有组件
先以鼠标指针指向 3D 视图中的某一组件,再按住 <Shift>(或 <Ctrl>)键,然后右击	将指定的组件显示在 3D 视图的中心位置,此即设置视觉关注中心(COI)
在 3D 视图中按住鼠标右键,然后拖动指针	旋转视图
在 3D 视图中同时按住鼠标的左键和右键,然后拖动指针	平移视图
在 3D 视图中向前或向后拨动鼠标滚轮,或者在 3D 视图中按住 <Shift> 键和鼠标右键,然后向上或向下拖动指针	缩放视图
<F11> 或 < 功能键 +F11>	在全屏模式和窗口模式之间来回切换

3. 组件操作

操　作	功　能
按住 <Ctrl> 键,在 3D 视图中的某一组件上单击	将该组件添加进当前选择集或者从当前选择集中移除
在 3D 视图中按住 <Ctrl> 键,然后按住鼠标左键拖动指针	在 3D 视图中拖画出一个矩形框以同时选择框内的组件
按住 <Ctrl> 键,然后在 3D 视图中双击一个组件	复制该组件,从而在 3D 视图中创建该组件的一个副本
在 3D 视图中,拖动一个选中组件的操纵器箭头时,按住 <Ctrl> 键,然后指向目标几何体捕捉特征点,确定其轴向位置	使选中的组件在该坐标方向上与目标几何体对齐。例如,可将地面上的组件捕捉对齐在 Z 轴上处于较高位置的组件
拖动一个选中组件的操纵器原点(粉红圈)时,按住 <Shift> 键环绕目标几何体移动	可以方便地捕捉目标几何体的中心位置,例如边缘的中点或面的中心,以将选中的组件定位到其上
拖动一个选中组件的操纵器原点(粉红圈)时,按住 <Ctrl> 键	允许在 3D 视图中自由移动组件,无须捕捉至其他组件

4. 自动捕捉

操　作	功　能
当进行测量时，按住 <Ctrl> 键并将鼠标指针环绕目标几何体移动	可选取目标几何体的中心点，例如边缘的中心点或者面的中心
当捕捉一个组件时，按住 <Ctrl> 键并将鼠标指针环绕目标几何体移动	可选取目标几何体的中心点，例如边缘的中心点或者面的中心

5. 示教机器人

操　作	功　能
在使用曲线选择工具时，按下 <Shift> 键以在示教机器人路径时修剪曲线	修剪至选中点的路径，由此将随后的任何点从路径删除并对其长度进行修剪。例如，选中长度为 200mm 的曲线，而后选择 100mm 处的曲线点以修剪至该点的曲线
在使用曲线选择工具时，按下 <Ctrl> 键以在示教机器人路径时删除曲线段	从路径删除一个曲线段。例如，选中了 4 条边，而后从路径删除 1 条边，留下 3 个曲线段
在使用曲线选择工具时，按下 <Alt> 键以在示教机器人路径时翻转曲线段	翻转曲线段点的法线，可通过显示路径的曲线进行确认

6. 几何元编辑

操　作	功　能
在"组件属性"面板中拖动特征至另一个特征或者节点时，按住 <Shift> 键	将保持该特征相对于其父系坐标系的 3D 位置不变 若不按住 <Shift> 键，该特征在 3D 空间中的位置将保持不变